W0255351

David E. Green · Robert F. Goldberger

Molekulare Prozesse des Lebens

Aus dem Englischen übersetzt von

L. und R. Träger

Mit 98 Abbildungen

Springer-Verlag Berlin · Heidelberg · New York 1971

David E. Green

Institute for Enzyme Research
University of Wisconsin
Madison, Wisconsin/USA

Robert F. Goldberger

NIAMD
National Institutes of Health
Bethesda, Maryland/USA

Übersetzer:

L. und R. Träger

Institut für Therapeutische
Biochemie der Universität
Frankfurt/M.

Titel der amerikanischen Originalausgabe:

Molecular Insights into the Living Process
© 1967 by Academic Press Inc. New York · London

Softcover reprint of the hardcover 1st edition 1967

ISBN-13: 978-3-642-65020-8 e-ISBN-13: 978-3-642-65019-2
DOI: 10.1007/978-3-642-65019-2

Vorwort zur deutschen Auflage

Es gibt nicht wenige, kürzere oder ausführliche Lehrbücher der Biochemie, es gibt jedoch sicher nicht viele, die geeignet sind, bei Medizinern und Biologen das Interesse für die biochemischen Grundlagen der Lebensprozesse in so hohem Maß zu wecken, wie es das Buch von GREEN und GOLDBERGER tut. Es ist weniger ein systematisches Lehrbuch der Biochemie als ein Lesebuch zum Gebrauch vor und nach den Vorlesungen, in dem die Beziehungen der Biochemie zur Zellphysiologie, zur Zelldifferenzierung und Pathologie besondere Berücksichtigung erfahren.

Tübingen, Dezember 1970 G. CZIHAK

Vorwort

Dieses Buch ist nach einer langen Reifezeit entstanden. Ursprünglich beabsichtigten wir, ein umfassendes Bild der gesamten Biochemie in einer leicht verständlichen Sprache unter Verzicht auf überflüssige Einzelheiten zu geben, von dem sowohl der Laie als auch der Wissenschaftler gleichermaßen profitieren sollten. Später stellte sich jedoch heraus, daß diese Konzeption zu unverbindlich und zu allgemein gewesen wäre. Da sich die Biochemie auf eine Reihe von allgemein gültigen Gesetzen zurückführen läßt, die allen lebenden Systemen gemeinsam sind, haben wir uns zunächst auf die Beschreibung dieser Grundprinzipien konzentriert. Die Biochemie wurde dabei als organisches Ganzes behandelt, was dem Verständnis der heute bekannten Vorstellungen und Mechanismen chemischer Lebensvorgänge dienen sollte. Es ist deshalb weder ein konventionelles Lehrbuch noch eine Zusammenfassung von einzelnen Aufsätzen geworden.

Beim Leser werden einige Grundkenntnisse der Chemie und Biologie vorausgesetzt. Andererseits bemühten wir uns, Formulierungen zu verwenden, denen auch der Laie folgen kann. Dieses Buch wendet sich daher sowohl an Studierende als auch an Biologen, Chemiker und Mediziner sowie an die Leser, die an den Grundlagen der Biochemie interessiert sind. Der Leser soll dabei etwas von der Faszination und dem Reiz spüren, die von den aktuellen Problemen der Biochemie ausgehen, ohne daß er dabei durch eine Vielzahl wissenschaftlicher Daten belastet wird.

Für die kritischen Bemerkungen und die Unterstützung bei der Abfassung des Buches sind wir einer großen Reihe von Kollegen zu Dank verpflichtet. Insbesondere den Herren Dr. CHARLES EPSTEIN, Dr. E. FRANK KORMAN und Dr. HAROLD BAUM haben wir für Mitarbeit und Assistenz zu danken. Dr. MARY BUELL hatte die Korrekturen und Manuskriptdurchsicht übernommen. Fräulein SONIA KINGAN schließlich hatte die mühevolle Arbeit der Manuskriptniederschrift auf sich genommen.

November 1966

DAVID E. GREEN

ROBERT F. GOLDBERGER

Inhaltsverzeichnis

Abkürzungsverzeichnis

$\sim$	Energiereiche Bindung
ACP	Acyl-Carrier-Protein
ACTH	Adrenocorticotrophes Hormon
ADP	Adenosin-5'-diphosphat
AMP	Adenosin-5'-monophosphat
ATP	Adenosin-5'-triphosphat
ATPase	Adenosintriphosphatase
BAL	British-anti-Lewisit
CoA	Coenzym A
CPH	p-Chlorphenyl-1.1-dimethylharnstoff
CTP	Cytidin-5'-triphosphat
DFP	Diisopropylfluorphosphat
DNS	Desoxyribonucleinsäure
EDTA	Äthylendiamintetraacetat
E.S.R.	Elektronen-Spin-Resonanz
ΔF	Differenz der freien Energie
FH_4	Tetrahydrofolsäure
FMN	Flavinmononucleotid, Riboflavin-5'-monophosphat
GDP	Guanosin-5'-diphosphat
GTP	Guanosin-5'-triphosphat
HbA	Hämoglobin-Komponente des Erwachsenen
HbM	Hämoglobin-Komponente bei Methämoglobinämie
HbS	Hämoglobin-Komponente bei Sichelzellenanämie
NAD^+	Nicotinamid-adenin-dinucleotid, oxydierte Form
NADH	Nicotinamid-adenin-dinucleotid, reduzierte Form
$NADP^+$	Nicotinamid-adenin-dinucleotidphosphat, oxydierte Form
NADPH	Nicotinamid-adenin-dinucleotidphosphat, reduzierte Form
NMN	Nicotinamid-mononucleotid
pH	negativer Logarithmus der Wasserstoffionenkonzentration
P	Phosphat
PP	Pyrophosphat
RNS	Ribonucleinsäure
m-RNS	Messenger-Ribonucleinsäure
t-RNS	Transfer-Ribonucleinsäure
UTP	Uridin-5'-triphosphat

Errata

Seite 1, Überschrift: statt *Einführung in die Biochemie des Lebens* lies *Einführung in die Chemie des Lebens*

Seite 63, 1. und 2. Abschnitt: statt *Pyridoxalphosphat* lies *Thiaminpyrophosphat*

Seite 105, 7. Zeile von unten: statt *komplizierte* lies *kompliziertere*

Seite 106, 12. Zeile von unten: statt *Phosphoglycerinsäure* lies *Glycerophosphat*

Seite 180, 2. Zeile von oben: statt *Änderung des genetischen Materials* lies *Änderung der genetischen Aktivität*

Seite 209: in den beiden Formelbildern zum Mehtotrexat und zur Folsäure fehlt jeweils im zweiten Benzolring von rechts ein N-Atom. Bitte ergänzen.

Kapitel 1

Einführung in die Biochemie des Lebens

In den vergangenen Jahrhunderten haben geistreiche Forscher versucht, die Natur des Lebens zu verstehen. Ihre Überlegungen erschöpften sich jedoch weitgehend in Spekulationen, und der auffällige Unterschied zwischen lebender und toter Materie wurde durch die Annahme erklärt, daß den beiden Begriffen grundsätzlich verschiedene Konzepte zugrunde lagen. Dem Leben wurden bestimmte geheimnisvolle Eigenschaften zugeschrieben, die die Erforschung und exakte Beschreibung biologischer Vorgänge wesentlich erschwerten. Diese Einstellung änderte sich erst, nachdem die Kenntnisse vom Aufbau der Atome und Moleküle und ihrer unzähligen Varianten umfangreicher geworden war. FRIEDRICH WÖHLER beschrieb 1828 erstmals die Synthese einer organischen Verbindung, des Harnstoffs, dessen Bildung bisher nur in lebenden Organismen beobachtet wurde. 70 Jahre später bewies EDUARD BUCHNER, daß die aus Hefe extrahierten Enzyme Zucker ebenso gut abbauen können wie die Hefezellen selbst. Wöhlers und Buchners Entdeckungen gaben den Anstoß für die Arbeiten, in denen die in lebenden Organismen gebildeten Verbindungen durch chemische Synthese im Laboratorium synthetisiert wurden.

Wenn die für die Hefezelle lebenswichtige Funktion zur Zuckerverwertung auch im zellfreien Extrakt wirksam ist, so sollten auch alle anderen Funktionen einer lebenden Zelle unabhängig von ihrer intakten Struktur sein. Diese Entwicklung hat inzwischen zu Ergebnissen geführt, die die Grenzen zwischen lebender und toter Materie scheinbar völlig verwischt haben. So kann man die Frage, ob ein kristallisiertes Virus ein „lebender" Organismus ist, oder ob ein im Reagensglas sich selbst replizierender Nucleinsäurestrang „lebendig" ist, nicht eindeutig beantworten.

Grundsätzlich geht die moderne Biochemie von der Feststellung aus, daß sich alle Prozesse in der Zelle durch chemische und physikalische Parameter beschreiben lassen. Eine interessante Frage stellt dabei das noch weitgehend ungelöste Problem dar, auf welchem Wege die Natur die in der Zelle erkennbare Perfektion erreicht hat, ein Problem, das noch für viele Jahre unsere Aufmerksamkeit verdienen wird. Die Zelle als kleinste Einheit lebender Organismen enthält alle zur Erhaltung des Lebens wichtigen Strukturen und Komponenten. Wird die Zelle beschädigt (und ist der Schaden nicht reparabel), so ist es nur eine Frage der Zeit, wann die verschiedenen cellulären Funktionen ihre Aktivität verlieren und sich die Zelle auflöst.

Zellen können sich weitgehend in ihrer Größe und Gestalt sowie in Art und Umfang ihrer biochemischen Aktivitäten unterscheiden (s. Abb. 1).

Unter gewissem Vorbehalt wäre nun eine Minimalzelle denkbar, deren Organisation für die Aufrechterhaltung der wichtigsten biochemischen Funktionen und Aktivitäten ausreicht.

Dazu gehören

1. Ein Membransystem, das die Zelle umschließt, den Zellinhalt in einzelne Kompartimente unterteilt und die chemischen Aktivitäten der Zelle kontrolliert.

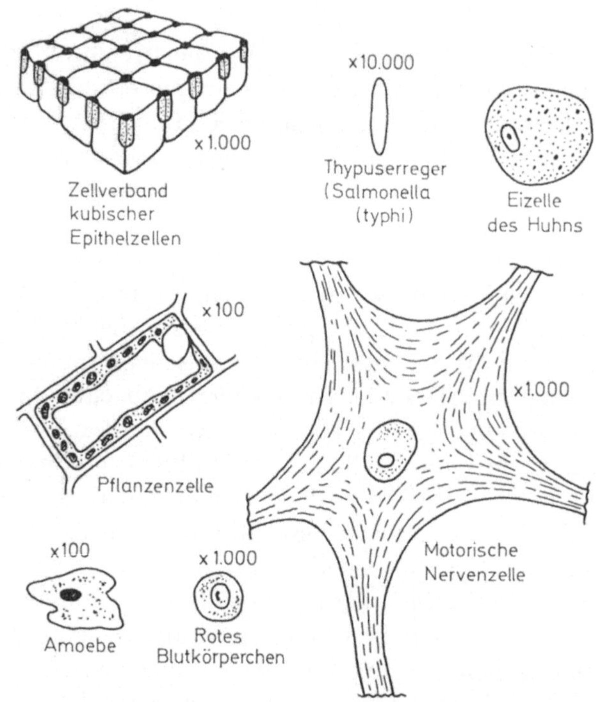

Abb. 1. Gestalt und relative Größe tierischer, pflanzlicher und bakterieller Zellen

2. Ein zur Reproduktion der Zelle geeignetes System, das zur Herstellung exakter Kopien aller für die Zelle notwendigen Bausteine verantwortlich ist.
3. Ein Apparat, der die für die cellularen Reaktionen notwendige Energie über ein System gekoppelter Oxydationen liefert.

Die in dieser Minimalausstattung einer Zelle umschriebenen Komponenten können nach ihrer Gestalt und Lokalisierung innerhalb der Zelle außerordentlich verschieden sein. So sind die bei der Bildung exakter Kopien der Zelle beteiligten Systeme in allen Zellen zwar grundsätzlich ähnlich aufgebaut, aber sowohl deren Form und Zustand und auch die Art der mit ihnen verbundenen Membranen sind außerordentlich variabel. Allgemein lassen unsere geringen Kenntnisse zur Struktur der Zelle noch keine eindeutigen Zusammenhänge zwischen Aktivität und Lokalisierung bestimmter cellulärer Funktionen erkennen. So weisen alle Zellen ein kompliziertes System unterschiedlicher Membranen auf, die wir jedoch nur unvollständig im Zusammenhang mit ihren biochemischen Leistungen klassifizieren können. Für die Replikation der Zelle lassen sich verschiedene unveränderliche Komponenten (Nucleinsäuren, Ribosomen, Transfer- und Messenger-Ribonucleinsäuren) neben veränderlichen Merkmalen nachweisen. Diese veränderlichen Bedingungen und Merkmale sind dafür verantwortlich, daß das ursprünglich klare Modell der Minimalzelle kompliziert und unübersichtlich

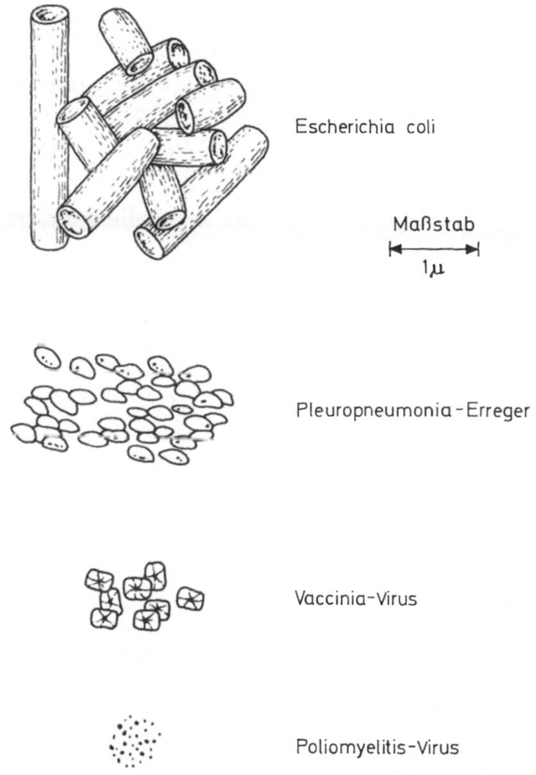

Abb. 2. Größenvergleich beim Übergang von Bakterien zu Viren

wird. So stehen der Zelle drei Mechanismen zur Verfügung, mit denen sie über oxydative Reaktionen Energie unter Synthese von Adenosintriphosphat (ATP) speichern kann.

Wird z. B. eine Minimalzelle unter anaeroben Bedingungen gehalten, so liefert das glykolytische Enzymsystem die notwendige chemische Energie für die Zelle. Aerobe Zellen wandeln Energie in einem weiteren System um, das in den Mitochondrien lokalisiert ist; und schließlich vermögen Pflanzen mit Hilfe der Chloroplasten Licht in chemische Energie umzusetzen. Die Minimalzelle kann daher entweder nur einen oder auch alle drei verschiedenen Reaktionswege einschlagen. Für die Konstruktion der Minimalzelle bleibt es dabei unerheblich, ob und in welcher Reihenfolge diese verschiedenen Mechanismen evolutionär entstanden sind.

Neben den Grundfunktionen, die die hypothetische Minimalzelle ausüben kann, existieren jedoch noch eine Reihe von Spezialaktivitäten, für die bestimmte Zelltypen verantwortlich sind, z. B. die Kontraktionsfähigkeit, die Lichtempfindlichkeit, die sekretorische Aktivität usw. Aus diesem Grunde enthalten auch bestimmte Zellen besondere Molekülarten, die für diese besonderen Funktionen notwendig sind. So transportiert Hämoglobin in roten Blutkörperchen den Sauerstoff, Rhodopsin ist für die Lichtempfindlichkeit der Netzhaut und Actomyosin für die Kontraktion der Muskelzelle verantwortlich.

Bestimmte Mikroorganismen, wie die Pleuropneumonieerreger, weisen eine oberflächliche Ähnlichkeit mit dem Modell der Minimalzelle auf. Sie sind sehr klein und gerade noch mit dem Lichtmikroskop erkennbar, sehr kompakt aufgebaut und weisen eine relativ geringe Anzahl unterschiedlicher biochemischer Aktivitäten auf. Wegen der geringen Größe der Zelle sollte man daher annehmen, daß diese Zellen kaum mehr als die für die Minimalzelle definierten Grundbausteine enthalten (Abb. 2).

Wenn man jedoch bedenkt, daß alle wichtigen bakteriellen Aktivitäten in einem so winzigen Mikroorganismus konzentriert und funktionsfähig sind, kann man nicht von einem primitiven Organismus sprechen.

Kapitel 2

Atome und Moleküle der Zelle

Selbst die kleinsten Zellen enthalten noch Billionen von Atomen und Molekülen, die nach Zusammensetzung und Funktion eine Reihe von Fragen aufwerfen:

1. Welche Atome findet man in lebenden Zellen?
2. Welche Moleküle werden aus diesen Atomen gebildet und in welchen Mengen liegen sie vor?
3. Welche Moleküle sind in allen Zellen nachweisbar?
4. Welche Moleküle werden für welche Funktion benötigt?
5. Wie erfolgt die „Selektion" der Moleküle und wie werden sie ihren speziellen Funktionen angepaßt?

Die Elemente oder Atome der Zelle

Von den knapp 100 chemischen Elementen werden nur etwa sechs von der Natur zum Aufbau der Mehrzahl der in lebenden Systemen vorkommenden Verbindungen herangezogen: Kohlenstoff (C), Wasserstoff (H), Stickstoff (N), Sauerstoff (O), Phosphor (P) und Schwefel (S). Außerdem sind 12 weitere Elemente lebensnotwendig: Calcium (Ca), Chlor (Cl), Kobalt (Co), Kupfer (Cu), Jod (J), Eisen (Fe), Kalium (K), Magnesium (Mg), Mangan (Mn), Molybdän (Mo), Natrium (Na) und Zink (Zn). In einigen Fällen fand man außerdem Bor (B), Vanadium (V) und Silicium (Si). Die Bedeutung von Fluor (F) für lebende Organismen ist noch nicht endgültig nachgewiesen.

In Abb. 3 findet man das Periodensystem der Elemente, wobei die zwölf wichtigsten in den lebenden Systemen nachweisbaren Atome fett gedruckt sind. Dabei hat die Natur deutlich die Atome mit niedriger Atomzahl für den Aufbau der lebenden Zelle bevorzugt, obwohl es einige bemerkenswerte Ausnahmen gibt. So sind die Elemente Be, Li und F, die zu den leichtesten Elementen gehören, in lebenden Systemen praktisch nicht nachweisbar (es sei denn als Verunreinigungen). Auch die Edelgase (ob niederatomar oder nicht) spielen in der Biochemie keine Rolle.

Bei der Auswahl der Elemente für biochemische Reaktionen ist deren Verfügbarkeit und Menge in der unbelebten Natur von untergeordneter Bedeutung. So sind Brom und Fluor etwa ebenso weit verbreitet wie Jod. Aber nur Jod wird in der belebten Natur gefunden. Lithium und Beryllium sind in deutlich geringerer Menge als Kalium, Natrium und Magnesium auf der Erde vorhanden, was ihrem geringen Anteil an Reaktionen der Zelle entspricht. Andererseits werden auch Elemente wie Kobalt und Molybdän für die belebte Natur benötigt, obwohl sie nur in relativ geringen Mengen im Meer bzw. in der Erde vorkommen. Neben der Verbreitung der Elemente stellen daher ihre Eigenschaften ein für die chemische Selektion der Elemente wichtiges Kriterium dar. So sind Reaktionsträgheit und Seltenheit der Edelgase gleichermaßen dafür verantwortlich, daß sie in lebenden Systemen keine Rolle spielen. Ebenso werden Beryllium und Lithium nicht in der Zelle benötigt, weil ihre chemischen Eigenschaften nicht für biochemische Reaktionen geeignet sind. Für die überwiegende Mehrzahl der Elemente dürfte deren Schwerlöslichkeit in wäßrigen Systemen bei physiologischem pH-Wert im Vergleich zu den übrigen Elementen für die Auswahl ausschlaggebend gewesen sein.

1 **H** 1.01																	2 He 4.00
3 Li 6.94	4 Be 9.01											5 B 10.8	6 **C** 12.0	7 **N** 14.0	8 **O** 16.0	9 F 19.0	10 Ne 20.2
11 **Na** 23.0	12 **Mg** 24.3											13 Al 27.0	14 Si 28.1	15 **P** 31.0	16 **S** 32.1	17 **Cl** 35.5	18 Ar 39.9
19 **K** 39.1	20 **Ca** 40.1	21 Sc 45.0	22 Ti 47.9	23 V 50.9	24 Cr 52.0	25 **Mn** 54.9	26 **Fe** 55.8	27 **Co** 58,9	28 Ni 58.7	29 **Cu** 63.5	30 **Zn** 65.4	31 Ga 69.7	32 Ge 72.6	33 As 74.9	34 Se 79.0	35 Br 79.9	36 Kr 83.8
37 Rb 85.5	38 Sr 87.6	39 Y 88.9	40 Zr 91.2	41 Nb 92.9	42 **Mo** 95.9	43 Tc (99)	44 Ru 101.	45 Rh 103.	46 Pd 106.	47 Ag 108.	48 Cd 112.	49 In 115.	50 Sn 119.	51 Sb 122.	52 Te 128.	53 **J** 127.	54 Xe 131.
55 Cs 133.	56 Ba 137.	57 La 139.	72 Hf 178.	73 Ta 181.	74 W 184.	75 Re 186.	76 Os 190.	77 Ir 192.	78 Pt 195.	79 Au 197.	80 Hg 201.	81 Ti 204.	82 Pb 207.	83 Bi 209.	84 Po (210)	85 At (210)	86 Rn (222)
87 Fr (223)	88 Ra (226)	89 Ac (227)															
			58 Ce 140.	59 Pr 141.	60 Nd 144.	61 Pm (147)	62 Sm 150.	63 Eu 152.	64 Gd 157.	65 Tb 159.	66 Dy 162.	67 Ho 165.	68 Er 167.	69 Tm 169.	70 Yb 173.	71 Lu 175.	
			90 Th 232.	91 Pa (231)	92 U 238.	93 Np (237)	94 Pu (242)	95 Am (243)	96 Cm (247)	97 Bk (247)	98 Cf (249)	99 Es (254)	100 Fm (253)	101 Md (256)	102 No (256)	103 Lr (257)	

Abb. 3. Das Periodensystem der Elemente. Die in lebenden Systemen vorzugsweise nachweisbaren Atome sind fett gedruckt

Interessanterweise erreichen die sechs in biologischem Material am häufigsten vertretenen Elemente eine stabile Konfiguration durch Akzeption entweder eines Elektrons (für H), von zwei Elektronen (für O), drei (für N), vier (für C), fünf (für P) und sechs (für S), wobei diese Angaben jeweils nur auf die stabilste Konfiguration der Elemente bezogen sind. Die Eigenschaften der sechs Elemente sind so vielseitig, daß deren Kombination zum Aufbau der Mehrzahl aller von der Zelle benötigter Moleküle ausreicht. Nur unter bestimmten Voraussetzungen ist die Beteiligung weiterer seltenerer Atome notwendig. Besonders die kleinen Atome gehen mit anderen Atomen starke und stabile Bindungen ein, an denen in der Regel ein Elektron von jedem der beiden Atome beteiligt ist. Sie können darüber hinaus ein Elektronenpaar von verschiedenen Atomen binden, z. B. Sauerstoff, der mit jedem der zwei Wasserstoffatome unter Bildung von Wasser ein Elektronenpaar gemeinsam hat. Sind zwei Elektronenpaare an der Bindung beteiligt, so spricht man von einer Doppelbindung. Eine Dreifachbindung liegt vor, wenn sechs Elektronen einem Elementpaar gemeinsam sind.

Die Zentralstellung des Kohlenstoffs

Mit Ausnahme des Wassers wird die überwiegende Mehrzahl der Moleküle in der belebten Natur unter Beteiligung des Kohlenstoffs aufgebaut. Die übrigen Atome werden erst in das vom Kohlenstoff gelieferte Gerüst organischer Moleküle eingefügt. Das charakteristische Merkmal des Kohlenstoffatoms ist dessen Fähigkeit, mit einem weiteren Kohlenstoffatom ein oder mehrere Elektronenpaare gemeinsam zu haben. Auf diese Weise können Kohlenstoffatome sich miteinander verbinden und Ketten jeder gewünschten Größe und beliebiger Struktur bilden. Hierbei spielt die Vierwertigkeit des Kohlenstoffs eine besondere Rolle, da drei der vier Valenzen zum Aufbau einer dreidimensionalen Struktur verwendet werden können, während die vierte eine funktionelle Gruppe tragen kann.

Silicium weist eine mit dem Kohlenstoff vergleichbare Tendenz zur Ausbildung kettenartiger Strukturen auf. Wegen der besonderen Reaktionsfähigkeit des Siliciums sind jedoch dessen Eigenschaften nicht für die Ausbildung einer so großen und vielfältigen Zahl von Makromolekülen geeignet. Dazu kommt die fehlende Reaktionsbereitschaft des Siliciums, Mehrfachbindungen mit anderen Atomen einzugehen. Möglicherweise ist dies der wichtigste Grund für die verschwindend geringe Beteiligung des Siliciums an Reaktionen der lebenden Zelle.

Die Zentralstellung des Wassers

Mehr als 90% des Zellgewichtes entfallen auf das Wasser. Die Bedeutung des Wassers beruht dabei nicht nur auf dieser quantitativen Relation zu den anderen Zellkomponenten, sondern auch auf seinen qualitativen physikalisch-chemischen Eigenschaften als Lösungsmittel. Tatsächlich bestimmt das Wasser die Eigenschaften der in ihm gelösten Verbindungen. Das bedeutet, daß man zwar ein lebendes System mit z. B. Alkohol als Lösungsmittel konstruieren könnte, jedoch müßte dann auch eine völlig neue Biochemie mit neuen Bausteinen zum Aufbau dieser hypothetischen Zelle existieren.

Eine der wichtigsten Eigenschaften des Wassermoleküls ist sein Dipolcharakter. Auf jedem Molekül läßt sich ein Bereich positiver und negativer Ladung abgrenzen.

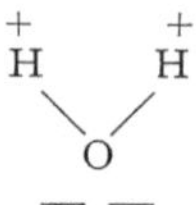

Dieser Dipolcharakter ermöglicht dem Wassermolekül, sich mit weiteren Wassermolekülen zu assoziieren. Dabei wird eine als Wasserstoffbrücke bezeichnete Bindung zwischen Wasserstoff des einen Wassermoleküls und dem Sauerstoff eines anderen hergestellt. Im gefrorenen Zustand bildet ein Wassermolekül auf diese Weise vier Wasserstoff-Brückenbindungen zu vier benachbarten Wassermolekülen aus, wobei sich eine tetraedrische Struktur ergibt. Der Dipolcharakter des Wassers bewirkt, daß sich die in Wasser gelösten Verbindungen, zumal wenn sie Ladungen tragen, nach dem Dipol des Wassers ausrichten und dabei bestimmte chemische Eigenschaften erwerben.

Wäßrige und nichtwäßrige Phasen der Zelle

Wenn alle Teile einer Zelle wasserlöslich wären, würde sie sich in kurzer Zeit auflösen. Die Zellwand und die Membransysteme der Zelle sind jedoch vollständig wasserunlöslich. Trotzdem können die Membrane und auch eine Reihe anderer Verbindungen, die an späterer Stelle besprochen werden, mit Wasser und den darin gelösten Ionen in Kontakt treten. Sie enthalten nämlich hydrophile Bereiche, die meist am Rand und räumlich von den wasserabstoßenden Bereichen dieser Moleküle oder Molekülverbände liegen. Die wasserabstoßenden oder hydrophoben Bereiche befinden sich dagegen meist im Inneren der Moleküle und ermöglichen die Bindung oder Assoziation wasserunlöslicher Verbindungen. Dieser zweiphasige Charakter der cellulären Systeme und Makromoleküle ermöglicht nicht nur den Aufbau und die Erhaltung der cellulären Struktur, sondern stellt gleichzeitig einen besonderen Bereich in der Zelle zur Verfügung, in dem *die* Reaktionen ablaufen können, die nicht in Wasser stattfinden. Es existieren demnach bestimmte Regionen, „Mikrokammern", in der Zelle, in denen unter Ausschluß von Wasser bestimmte chemische Umsetzungen stattfinden.

Anzahl, Größe und Funktion der Moleküle der Zelle

Die lebende Zelle enthält von bestimmten Molekülen sehr viele Vertreter (meist mehr als eine Billion), von bestimmten anderen jedoch nur wenige. So gehören die Verbindungen, die am Stoffwechsel der Zelle beteiligt sind, zur ersten Gruppe, die chromosomale Desoxyribonucleinsäure jedoch zur zweiten. Vereinfachend läßt sich das etwa folgendermaßen formulieren: je vielseitiger eine Verbindung in den biologischen Prozessen eingesetzt wird, desto größer ist die Anzahl ihrer Vertreter. Je spezialisierter sie verwendet wird, in desto geringerer Menge ist sie vorhanden.

Die Moleküle einer Zelle haben unterschiedliche Molekulargewichte, deren Werte innerhalb außerordentlich weiter Grenzen liegen. So beträgt das Molekulargewicht des Wassers 18, das der DNS aus Escherichia coli $3 \cdot 10^9$. Man kann die cellularen Verbindungen in drei Gruppen aufteilen:

1. Einfache Ionen oder Atome, z. B. Chlorid, Natrium und Magnesium sowie zusammengesetzte Ionen wie Phosphat, Sulfat und Carbonat.
2. Kleine organische Moleküle mit Molekulargewicht bis 1000.
3. Große organische Moleküle mit Molekulargewicht oberhalb von Tausend.

Zur ersten Gruppe gehören nur etwa 100 verschiedene Ionen bzw. Moleküle mit physiologischer Bedeutung. Dagegen kennen wir einige tausend verschiedene Verbindungen, die zur zweiten und dritten Gruppe gehören. Der Gehalt einer Zelle an all diesen Verbindungen kann ebenfalls innerhalb weiter Grenzen variieren und hängt von verschiedenen Faktoren sowie dem Zelltyp ab.

Welche Funktionen haben nun die zahllosen kleinen und großen Moleküle in der lebenden Zelle? Man kann diese Verbindungen nach ihrer Funktion in einige wenige Gruppen aufteilen.

1. Verbindungen, die als Energielieferanten dienen oder bei der Energieumsetzung eine Rolle spielen.
2. Verbindungen, die am Aufbau anderer Moleküle beteiligt sind.
3. Verbindungen, die an der Aufrechterhaltung des für die Zelle typischen Ionenmilieus beteiligt sind und schließlich
4. die Gruppe der Makromoleküle mit besonderen Aufgaben.

Die energieliefernden Moleküle oder die als Bausteine von Makromolekülen dienenden Verbindungen werden fortwährend benötigt und erleiden dabei weitgehende Veränderungen oder werden gar als Ammoniak und Kohlendioxid ausgeschieden. Die Makromoleküle haben dagegen in der Regel eine größere Stabilität, einige bleiben während der gesamten Lebensdauer der Zelle intakt. Die anorganischen Ionen werden in der Regel nicht „verbraucht". Ihr Gehalt weist aber trotzdem kontinuierliche Änderungen auf, die aus dem Zustrom und Abtransport der Ionen in die und aus der Zelle resultieren. Eine besondere funktionelle Gruppe stellen die Moleküle dar, die an den Transportvorgängen durch die Zellmembran, insbesondere dem Energietransport, beteiligt sind. Sie erleiden dabei charakteristische cyclisch verlaufende Strukturänderungen. Dieses cyclische Verhalten dient zur Unterscheidung von *den* Ionen und Molekülen, die nur einen passiven Beitrag zum Ionenmilieu der Zelle liefern.

An cellulären Prozessen beteiligte Molekülgruppen

Das Zellinnere kann als eine kleine Fabrik angesehen werden, in der die energieliefernden Verbindungen verbrannt werden (Oxydation), die zum

Aufbau der Makromoleküle geeigneten Verbindungen zusammengesetzt werden (Biosynthese und Anabolismus) und die verschiedenen Makromoleküle ihre für die Zellaktivität notwendigen Aufgaben erfüllen (Katalyse). Außerdem dirigieren einfache Ionen und durch bestimmte Kontrollzentren der Zelle gesteuerte Moleküle die chemische Aktivität der Zelle (Regulation).

Die Eigenschaften „biologischer" Moleküle

Die unterschiedlichen Funktionen der zahllosen in lebenden Zellen vorkommenden Verbindungen werden durch eine Reihe von typischen Eigenschaften dieser Moleküle ermöglicht. So müssen z. B. die am Aufbau der Knochen beteiligten Verbindungen hart und zugfest sein, die für die Augenlinse benötigen Verbindungen müssen lichtdurchlässig sein usw. Auch bei den Katalysatoren der Zelle findet man zahlreiche unterschiedliche Aktivitäten, die jeweils mit einer bestimmten Anordnung ihrer einzelnen Bausteine verbunden sind. Die cellulären Membranen schließlich stellen eine außerordentlich komplizierte biochemische Aktivität zur Verfügung. Sie bestehen aus über 100 hochspezialisierten Makromolekülen, die sowohl am Aufbau der Zelle als auch an der katalytischen Aktivität beteiligt sind.

Alle diese unterschiedlichen Eigenschaften lassen sich auf bestimmte molekulare Eigentümlichkeiten und Konfigurationen zurückführen:

1. Das Kohlenstoffskelett (d. h. Anzahl und Anordnung der Kohlenstoffatome),
2. Art und Position der an der Kohlenstoffkette gebundenen Atome und funktionellen Atomgruppen,
3. Art der Bindung zwischen den Atomen bzw. Atomgruppen und den Kohlenstoffatomen,
4. Dreidimensionale Anordnung der Atome innerhalb des Moleküls.

In einigen wenigen Beispielen sollen diese Charakteristika erläutert werden. Sowohl Hexan als auch Cyclohexan bestehen aus sechs Kohlenstoffatomen, die jeweils Wasserstoff gebunden haben. Ihre Anordnung unterscheidet sich jedoch signifikant.

$$CH_3 \cdot CH_2 \cdot CH_2 \cdot CH_2 \cdot CH_2 \cdot CH_3$$

Hexan

H_2 H_2
C—C
H_2C CH_2
C—C
H_2 H_2

Cyclohexan

Dementsprechend weisen beide Verbindungen unterschiedliche Siedepunkte, Schmelzpunkte und Dichten auf. Benzol und Hexafluorbenzol haben trotz gleicher Ringstruktur und Anzahl von Kohlenstoffatomen ebenfalls unterschiedliche physikalische Eigenschaften. Hier entstehen demnach diese Unterschiede durch den Ersatz des Wasserstoffs in Benzol durch Fluor.

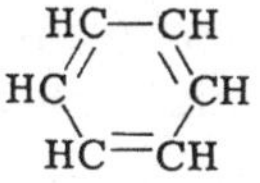

```
  HC—CH            FC—CF
HC      CH       FC      CF
  HC=CH            FC=CF
```

Benzol 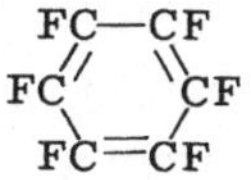 Hexafluorbenzol

Werden im Cyclohexan die Wasserstoffatome teilweise durch Hydroxylgruppen ersetzt, so verändern sich sowohl physikalische als auch chemische Eigenschaften des Moleküls. Hexahydroxycyclohexan ist wasserlöslich, während Cyclohexan in Wasser unlöslich ist.

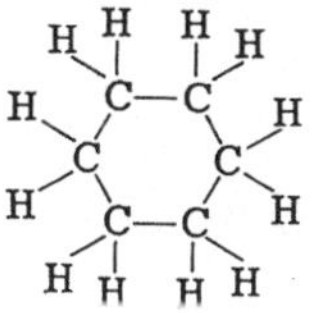

```
   H H  H H              H
    \|  |/             H O  H
     C—C                \|  | OH
 H  /    \  H        HO  C—C   H
  C        C           C      C
 H  \    /  H        H   C—C   OH
     C—C                /|  |\
    /|  |\             HO H  O H
   H H  H H                  H
```

Cyclohexan 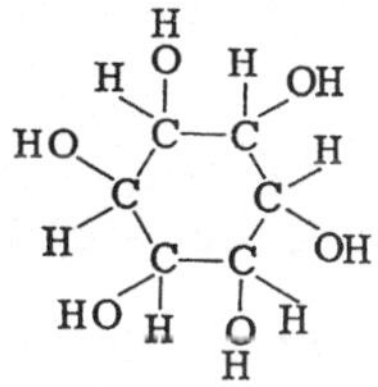 Hexahydroxycyclohexan

Neben unterschiedlichem Schmelzpunkt, Siedepunkt und anderen physikalischen Daten ist insbesondere die chemische Reaktionsfähigkeit der beiden Verbindungen extrem verschieden.

Als weiteres Beispiel sei das Paar Cyclohexan/Benzol angeführt. Beide Verbindungen weisen sechs Kohlenstoffatome in einem ringförmigen Molekül auf. Allerdings sind die im Benzol zwischen den Kohlenstoffatomen bestehenden Bindungen verschieden von denen im Cyclohexan. Auch hier resultieren aus der unterschiedlichen chemischen Struktur Abweichungen im physikalischen und chemischen Verhalten, z. B. Wasserlöslichkeit, Toxicität (Benzol ist bei Mäusen 200mal so giftig wie Cyclohexan) und Reaktionsbereitschaft. Hierfür ist in erster Linie der Ersatz der Einfachbindungen im Cyclohexan durch die Doppelbindungen des Benzols verantwortlich, wobei gleichzeitig sechs Wasserstoffatome eliminiert werden.

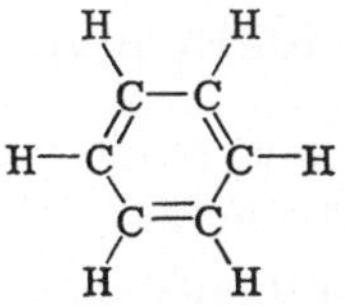

```
   H     H             H HH H
    \   /               \/ \/
     C—C              H  C—C  H
H—C      C—H            C      C
     C=C              H  C—C  H
    /   \               /\ /\
   H     H             H HH H
```

Benzol 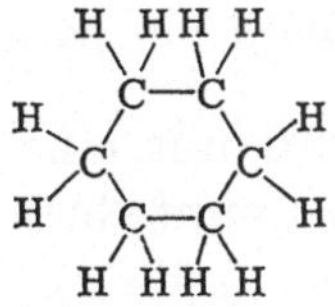 Cyclohexan

Bei den bisherigen Formelbildern für Benzol und Cyclohexan fehlt ein Merkmal, das von außerordentlicher Bedeutung für die Eigenschaften der Moleküle sein kann. Die alternierenden Doppelbindungen im Benzolring führen zu einer ebenen Anordnung der sechs Kohlenstoffatome. Im Cyclohexan besteht keine vergleichbare Bedingung, und der Ring kann in mehreren unterschiedlichen gewinkelten Strukturen vorliegen: die Wannen- und Sesselform des Cyclohexans. Die Eigenschaft, in einer planaren Struktur einerseits oder in einer der beiden nichtplanaren

Konformationen vorzuliegen, bestimmt bei den cyclischen Verbindungen wesentlich die chemischen, physikalischen und damit auch biologischen Eigenschaften. In den nachfolgenden Kapiteln werden daher auch zahlreiche Beispiele für den Zusammenhang zwischen dreidimensionaler Molekülstruktur und der biologischen Aktivität der Moleküle behandelt werden. Grundsätzlich kann man ein Molekül mit jeder gewünschten Kombination unterschiedlicher Eigenschaften durch Auswahl des „richtigen" Kohlenstoffskelets und der daran gebundenen Atome und funktionellen Gruppen konstruieren. Vielleicht wird man einmal sogar in der Lage sein, für einen Komputer ein Programm aufzustellen, mit dessen Hilfe die Struktur eines Moleküls jeder gewünschten Eigenschaft vorausgesagt werden kann.

Anpassung der Moleküle für die cellulären Aufgaben

Eine Vielzahl unterschiedlicher Funktionen werden durch die Bausteine der Zelle ausgeübt. Eine der Schlüsselverbindungen der Zelle ist Coenzym A, das als wichtige funktionelle Gruppe die Sulfhydryl- (oder Thiol-)Gruppe enthält. Die biologische Aktivität des Coenzyms A wird durch Kontakt mit bestimmten Makromolekülen (Enzymen) gesteuert, mit denen es einen für die Wirkung notwendigen Komplex eingeht. Andere sulfhydrylhaltige Verbindungen mit ähnlicher Struktur wie Coenzym A werden nicht durch dieses Enzym akzeptiert. Ihnen fehlt daher auch jede vergleichbare biologische Aktivität. Diese Einpassung kleiner Moleküle in Makromoleküle ist das Grundprinzip für eine Vielzahl biologischer Aktivitäten. Die Aktivität einer niedermolekularen Verbindung läßt sich daher nicht nur auf dessen Reaktionsbereitschaft als einzelnes Molekül, sondern auf dessen Fähigkeit, mit bestimmten makromolekularen Strukturen der Zelle in Wechselwirkung zu treten, zurückführen. Dieser Anpassungsprozeß scheidet gleichzeitig strukturell ähnliche Verbindungen mit geringerem biologischen „Wert" in Konkurrenz zum biologisch aktiven Molekül aus.

Auswahl der Moleküle für biologische Aufgaben

In der Regel wird nur eine Verbindung aus einer großen Reihe ähnlicher Moleküle für eine bestimmte biologische Aufgabe herangezogen. So wird vornehmlich D-Glucose in der Zelle als Energielieferant akzeptiert; Fettsäuren werden von der Zelle Fettalkoholen vorgezogen; Essigsäure, und nicht Ameisensäure oder Äthylalkohol, ist die Ausgangsverbindung zur Fettsäuresynthese usw. Im Falle der D-Glucose lassen sich verschiedene Eigenschaften definieren, die für die Selektion der Zucker verantwortlich waren:

1. Das Molekül enthält einen beträchtlichen Energievorrat.
2. Es ist rasch oxydativ spaltbar.
3. Es ist wasserlöslich.

Diese zunächst für alle Zucker typischen Eigenschaften haben sicherlich frühzeitig in der Evolution organischer Verbindungen zur bevorzugten Verwendung von Zuckern für den Energiehaushalt der Zelle geführt, lange bevor D-Glucose die heute beobachtbare Sonderstellung erreichte. Aus der Gruppe der Zucker werden schließlich diejenigen Vertreter an Bedeutung gewonnen haben, deren Eigenschaften besondere Vorteile für die Zelle boten. So sind die sechs Kohlenstoffatome enthaltenden Zucker (Hexosen), zu denen die D-Glucose gehört, stabiler als die kurzkettigen Zucker, andererseits reaktionsfähiger als die längerkettigen Vertreter. Untersucht man die Anpassung der verschiedenen Hexosen an das enzymatische System der Zelle, das deren oxydativen Abbau katalysiert, so stellt man fest, daß die Oxydation der Glucose energetisch und kinetisch günstiger verläuft, als die der übrigen Hexosen. Dieses enzymatische System, das sicherlich ursprünglich zur Spaltung *aller* Zucker in der Lage war, muß sich während der Evolution auf die D-Glucose spezialisiert haben. Zeitpunkt und Art des Evolutionsdruckes sind bisher unbekannt geblieben, und es bleibt auch offen, auf welcher Entwicklungsstufe D-Glucose der optischen Antipode L-Glucose vorgezogen wurde. Dieser Schritt kann unter Umständen ein zufälliges Ereignis gewesen sein, auf das sich dann allerdings zwangsläufig alle weiteren Enzymsysteme einstellen mußten.

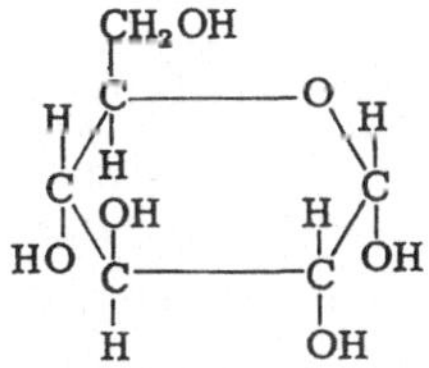

α-D-Glucose 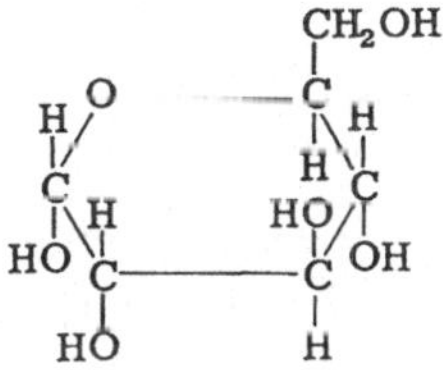 α-L-Glucose

Bei der Verwertung der D-Glucose und deren Einfluß auf die Selektion geeigneter Enzymsysteme spielt noch die Bildung bestimmter Bruchstücke der Glucose eine Rolle, die beim oxydativen Abbau der Glucose entstehen. Sie dienen für weitere Synthesen und Reaktionen als Zwischenprodukte (z. B. Milchsäure, Acetaldehyd, Brenztraubensäure, α-Glycerophosphat usw.), und können damit ebenfalls die Sonderstellung der Glucose forciert haben.

Die verschiedenen Eigenschaften und Merkmale der D-Glucose, die deren bevorzugte biologische Stellung unterstreichen, lassen sich auch aus den Eigenschaften der einzelnen Atome, der Rolle der Atomgruppen und ihrer Wechselwirkung im Molekül ableiten. Von diesen verschiedenen Aspekten soll hier nur noch ein biologisches Merkmal der Glucose, ihre Stabilität, herausgegriffen werden. Hierbei erweist es sich am nützlichsten, zunächst von einem einfachen Modell auszugehen, mit dessen Hilfe *die* Eigenschaften der Glucose erarbeitet werden können, die für die Stabilität dieser Hexose verantwortlich sind. Cyclohexan ist als stabiler sechsgliedriger Ring bekannt, und weist enge Beziehungen zur Glucose auf. Schreibt man das cyclische Molekül in der üblichen Strukturformel, so besagt diese Abbildung noch nichts über die dreidimensionale Anordnung im Raum. Man könnte z. B. annehmen, daß die sechs Kohlenstoffatome auf einer Ebene liegen.

Tatsächlich aber weist Cyclohexan eine räumliche Struktur auf, die auf die tetraedrische Konfiguration der vier Einzelvalenzen des Kohlenstoffs zurückzuführen ist. Jedes der vier durch Kohlenstoff gebundenen Atome sitzt an den Ecken eines Tetraeders. Die sechs Kohlenstoffatome des Cyclohexans können nur dann einen Ring unter Beibehaltung dieser tetraedrischen Struktur bilden, wenn sie eine gewinkelte räumliche Struktur bilden.

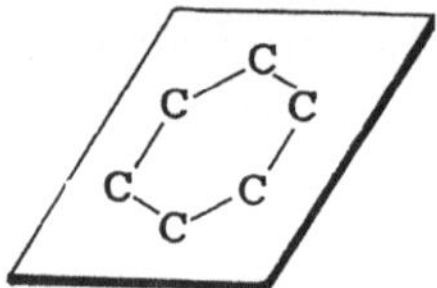

Während bisher nur die Position der Kohlenstoffatome beachtet wurde, stellt sich auch die räumliche Anordnung der Wasserstoffatome als wichtiges Strukturmerkmal heraus. In der Abb. 4 kann man erkennen, daß die Wasserstoffatome in zwei verschiedenen räumlichen Positionen vorkommen. Sechs Wasserstoffatome bilden einen äquatorialen Gürtel um den sechsgliedrigen Ring (äquatoriale

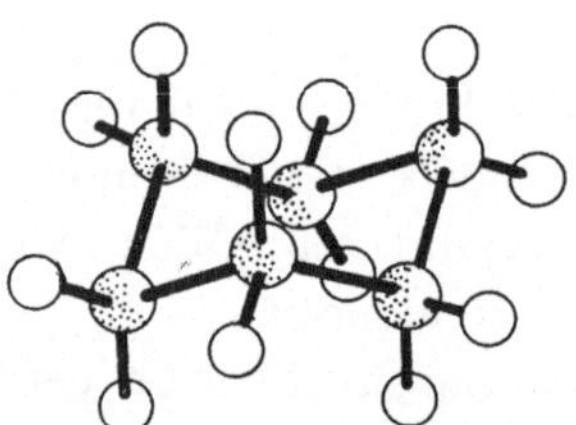

Abb. 4. Die gewinkelte Ringstruktur des Cyclohexans (nach D. J. Cram und G. S. Hammond in „Organic chemistry")

Substituenten), während die sechs übrigen Wasserstoffatome parallel zu einer (hypothetischen) Molekülachse liegen und daher axial genannt werden.

Die unterschiedliche räumliche Orientierung der axialen und äquatorialen Positionen ist mit einer unterschiedlichen Stabilität und Reaktionsbereitschaft der dort gebundenen Substituenten verbunden. So ist die Entfernung zwischen den axialen Wasserstoffatomen geringer als zwischen den äquatorialen. Infolgedessen haben die axialen Substituenten die Fähigkeit, sich gegenseitig zu nähern und anzustoßen, während bei den äquatorialen Substituenten diese Eigenschaften schwächer ausgeprägt sind. Dieser Effekt wird besonders in den Fällen deutlich, in denen die axialen Substituenten großräumig sind. Infolgedessen sind die axialen

Positionen für große Substituenten ungünstiger als die äquatorialen. Wenn man diese Merkmale auf die Chemie der Glucose überträgt, stellt man fest, daß D-Glucose in einem räumlich gewinkelten sechsgliedrigen Ring vorliegt, in dem Sauerstoff als eines der sechs Ringglieder fungiert.

Trotz des Ersatzes eines Kohlenstoffatoms durch den Sauerstoff im Ring ähneln sich die Strukturen der D-Glucose und des Cyclohexans weitgehend. Das

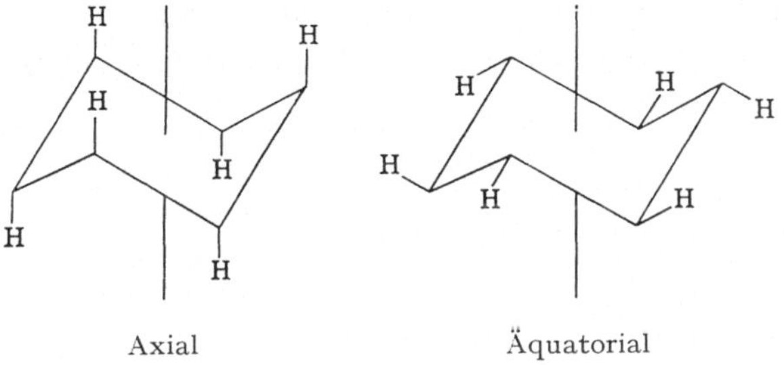

Axial A — Äquatorial B

Abb. 5. Axiale und äquatoriale Wasserstoffatome des Cyclohexans

Molekül der D-Glucose ist also ebenfalls gewinkelt und weist axiale und äquatoriale Gruppen auf, wobei alle großen Substituenten in äquatorialer Position fixiert sind. Keine der übrigen Hexosen weist dieses räumliche Merkmal auf, d. h. in allen anderen Hexosen ist mindestens eine räumlich große Gruppe axial gebunden. Das bedeutet aber, daß Glucose von allen Hexosen die höchst mögliche Stabilität aufweist.

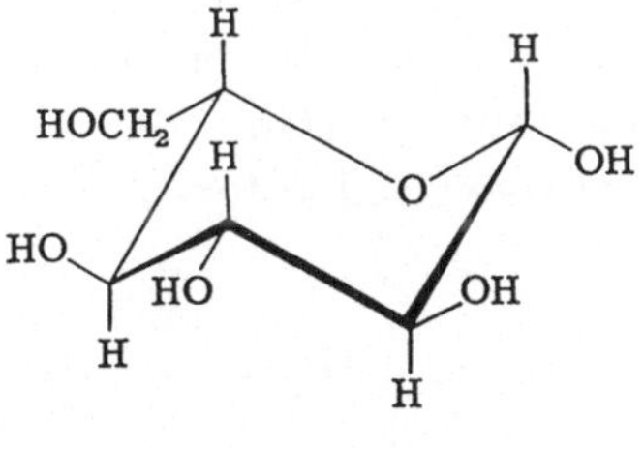

Abb. 6. Dreidimensionale Struktur der D-Glucose

Langkettige Fettsäuren weisen gegenüber Glucose einen höheren Energiegehalt auf und setzen zweimal so viel Energie pro Kohlenstoffatom frei als Glucose. Da jedoch Glucose wesentlich wasserlöslicher ist als langkettige Fettsäuren und deren Salze, wird in wäßrigem Milieu in erster Linie Glucose als Energielieferant verwandt. Die meisten biologisch wichtigen Fettsäuren enthalten 16 oder 18 Kohlenstoffatome. Fettsäuren mit noch längerer Kohlenstoffkette sind in Wasser praktisch unlöslich, so daß sie in wäßrigem Milieu nicht zugänglich sind. Fettsäuren kürzerer Kettenlänge sind andererseits so gut wasserlöslich, daß sie insbesondere bei höheren Konzentrationen die empfindlichen Membransysteme der

Zelle zerstören können. Demnach stellt die Anzahl von gerade 16 bzw. 18 Kohlenstoffatomen in der Fettsäurekette den günstigsten Kompromiß zwischen den löslicheren aber „gefährlicheren" kurzkettigen und den unlöslichen und daher weniger verfügbaren langkettigen Fettsäuren dar. Aus ähnlichen Gründen werden Fettsäuren den Fettalkoholen oder Fettaminen vorgezogen. Darüber hinaus sind die Fettsäuren, insbesondere nach Bildung des Thioesters mit Coenzym A, besonders reaktionsfähig.

Essigsäure wurde von der Natur als Grundbaustein zum Aufbau größerer Moleküle ausgewählt. Die Arithmetik der Synthese langkettiger Fettsäuren läßt sich daher durch die Serie

$$2+2+2+\dots$$

und nicht durch $1+1+1+\dots$ oder $3+3+3+\dots$ beschreiben. Die Zahlen beziehen sich dabei auf die Anzahl der Kohlenstoffatome des Einzelbausteins (Essigsäure) oder den daraus gebildeten Kohlenstoffketten. Ameisensäure als Einkohlenstoffsäure scheidet aus zahlreichen chemischen Gründen aus. So fehlt die für Fettsäuren typische terminale CH_3-Gruppe. Dies bedeutet, daß aus Ameisensäure nur unter besonderen Bedingungen eine langkettige Fettsäure aufgebaut werden kann. Die Dreikohlenstoffatomsäure Propionsäure ist in der Regel zu reaktionsträge, um sich zu längerkettigen Molekülen kondensieren zu können. Es verbleiben demnach die Zweikohlenstoffverbindungen Essigsäure (CH_3COOH), Äthylalkohol (CH_3CH_2OH) oder Acetaldehyd (CH_3CHO) zur Kettenbildung. Der Alkohol scheidet wegen mangelnder Reaktionsbereitschaft aus, der Aldehyd wiederum ist zu reaktionsfreudig und instabil. Auch von allen weiteren denkbaren Verbindungen weist keine die günstigen chemischen Eigenschaften auf, wie sie die Essigsäure zum Aufbau langer Kohlenstoffketten über Kondensationsreaktionen mitbringt. In der Natur wird diese Reaktion mit Hilfe des Coenzyms A (abgekürzt CoA) durchgeführt, das zunächst mit der Essigsäure unter Bildung des chemisch außerordentlich reaktiven Thioesters Acetyl-Coenzym A reagiert.

```
    H  O
    |  ‖
H—C—C∼SCoA
    |
    H
```

Die Bindung zwischen der Carbonylgruppe der Essigsäure und dem Schwefelatom des CoA ist „energiereich", was durch das Symbol $\sim$ gekennzeichnet wird. Der CoA-Ester mit der Essigsäure ist ebenso reaktionsfähig wie Acetaldehyd; nur läßt sich diese Reaktionsbereitschaft in der Zelle besser kontrollieren als die des freien Acetaldehyds.

Die Vorstellung von der Anpassung der Moleküle an das intracelluläre Enzymsystem kehrte in den vorangehenden Abschnitten immer wieder. Auch bei der Beschreibung des chemischen „Energiespeichers" der Zelle wird man auf eine bestimmte von der Natur ausgewählte Verbindung stoßen, die dieser Aufgabe am besten angepaßt ist: Adenosintriphosphat, abgekürzt ATP. In der Kette aus drei Phosphatgruppen sind die zwei P-O-P-Bindungen relativ energiereich (entsprechend der Energie der C-S-Bindung im Acetyl-CoA). Auch andere Triphosphate, die in naher Beziehung zum ATP stehen, weisen solche energiereichen Phosphorsäurebindungen auf. Möglicherweise ist die ursprüngliche Auswahl des ATP rein zufällig erfolgt. Sie führte dazu, daß nunmehr alle Zellsysteme nur noch ATP und keine anderen Triphosphate als Energiespeicher akzeptierten. Die P-O-P-Bindung des ATP stellt einen für die Mehrzahl der chemischen Reaktionen ausreichenden Energievorrat zur Verfügung, der gerade so groß ist, daß bei der Spaltung Energieverluste weitgehend vermieden werden. Ebenfalls erfüllt ATP die für einen Energiespeicher wichtige Bedingung der chemischen Stabilität, was für eine Reihe anderer energiereicher Verbindungen bei Körpertemperatur und in wäßrigem Milieu nicht zutrifft.

Die Universalität der cellulären Komponenten

Eine Anzahl verschiedener Verbindungen kommen in allen lebenden Organismen vor. ATP gehört zu diesen Verbindungen; ebenso ist Glucose der Zucker, der in nahezu allen Zellen Hauptenergielieferant ist. Bestimmte Purine und Pyrimidine dienen in allen Zellen zur Synthese der Nucleinsäuren. All diese Verbindungen nehmen an Reaktionen teil, die allen Zellen gemeinsam sind. Der evolutionäre Prozeß bei der Ausbildung dieser universalen Systeme muß demnach vor der Differenzierung der Lebewesen stattgefunden haben. Nur auf diese Weise konnte garantiert werden, daß der biochemische Apparat mit seiner Vielfalt spezialisierter Moleküle zum Bestandteil aller Formen des Lebens wurde.

Kapitel 3

Makromoleküle

Neben den niedermolekularen Verbindungen, die in der Regel aus nicht mehr als 20 bis 30 Atomen bestehen, findet man in der Natur die große Gruppe der Makromoleküle, in denen hunderte bis tausende präformierte niedermolekulare Bausteine zu einem kettenförmigen Gebilde zusammengefügt sind. Wie an späterer Stelle noch ausführlich dargelegt wird, setzt die Natur diese Makromoleküle für zahlreiche lebenswichtige Funktionen ein, so daß Makromoleküle fundamentale Eigenschaften lebender Systeme bestimmen. An dieser Stelle sollen zunächst einige Vertreter cellulärer Makromoleküle charakterisiert und die Regeln zum Aufbau dieser Verbindungen beschrieben werden.

Polysaccharide

Aus einer großen Anzahl meist gleicher Zuckerreste, wie z. B. Glucose oder Fructose oder auch alternierend auftretenden Zuckerresten, wie D-Glucuronsäure und N-Acetyl-D-glucosamin in der Hyaluronsäure, werden die makromolekularen Polysaccharide aufgebaut. Ihre Eigenschaften werden dabei weitgehend durch die Anordnung der Kettenglieder festgelegt:

1. Natur und Anzahl der Untereinheiten der Ketten, in diesem Falle also die der Zuckerreste, und
2. Art und räumliche Lage der Bindung zwischen den Kettengliedern.

Sie bestimmen die chemischen und biologischen Qualitäten der Polysaccharide. Beide Merkmale sind auf vielfältige Weise variierbar und lassen daher den Aufbau einer geradezu unüberschaubaren Vielzahl von Polysacchariden in der Natur zu. Selbst wenn man von einem gleichartigen Kettenglied, wie der D-Glucose in Stärke, Glykogen und Cellulose ausgeht, erhält man allein durch die unterschiedliche Anordnung dieses Zuckers im Makromolekül grundverschiedene Polysaccharide. Stärke und Glykogen stellen die Depotform dar, in der Glucose bei Tier und Pflanze fixiert wird. Cellulose ist dagegen für die Stabilität pflanzlicher Gewebe verantwortlich. Während sich Stärke und Glykogen im wesentlichen durch die Anzahl der Verzweigungsstellen auf der makromolekularen Zuckerkette unterscheiden, im übrigen aber alle Untereinheiten über eine α-glykosidische Bindung verknüpft sind, liegen die Glucosereste der Cellulose unverzweigt und über β-glykosidische Bindung verknüpft vor. Diese α- oder β-Orientierung der

Polysaccharid-Untereinheiten spielt auch bei allen anderen Vertretern dieser Verbindungsklasse eine überragende Rolle. Bei der Reaktion zwischen der Aldehydgruppe mit dem Hydroxylrest am C–5 des gleichen Glucosemoleküls bildet sich ein sechsgliedriger Ring aus, indem der Sauerstoff eine Brücke zwischen den C-Atomen 1 und 5 schlägt, und gleichzeitig am C-Atom 1 ein neues Asymmetriezentrum entsteht.

Dieser aus fünf C-Atomen und einem Sauerstoffatom bestehende Ring wird Pyran, die Struktur der Glucose daher pyranoid genannt. Hierbei kann der Hydroxylrest am C-Atom 1 ober- oder unterhalb des Pyranringes liegen, was durch die Bezeichnung β oder α umschrieben wird. In einer wäßrigen Glucose-

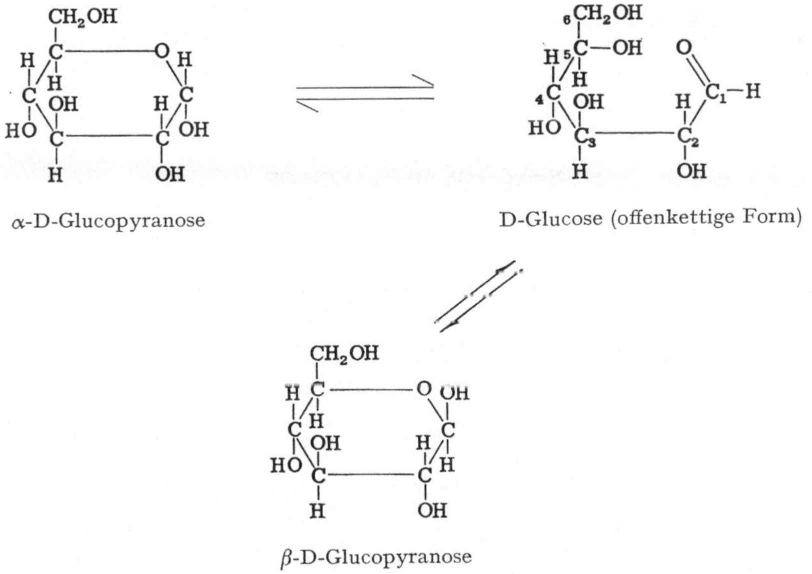

α-D-Glucopyranose

D-Glucose (offenkettige Form)

β-D-Glucopyranose

Abb. 7. Gleichgewicht zwischen der offenkettigen Aldehydform und den beiden α- bzw. β-pyranoiden Strukturen der D-Glucose

lösung liegen beide Konfigurationen in einem Gleichgewicht nebeneinander vor, wobei nur außerordentlich wenig freie Aldehydform nachweisbar ist. Werden dagegen zwei Glucosereste am C-Atom 1 kovalent verbunden, so bildet sich ein Disaccharid, in dem nunmehr die α- oder β-Konfiguration der Bindung zwischen dem C-Atom 1 des einen Zuckers und einem weiteren C-Atom des zweiten Zuckerrestes festgelegt ist. Die Entscheidung, ob die miteinander reagierenden Zuckerreste über eine α- oder β-orientierte Bindung an C–1 verbunden werden, hängt dabei weitgehend von den Bedingungen ab, unter denen die Kondensation der Reaktionspartner stattfindet.

Solche über eine Bindung zwischen den C-Atomen 1 und 4 und in α-Konfiguration fixierten Glucosereste bilden ein Makromolekül, das die Eigenschaft hat, sich räumlich in einer Helixstruktur zu stabilisieren, die dem Verlauf eines rechtsgängigen Schraubengewindes entspricht. Ebenfalls über 1–4-Bindungen aber

β-glykosidisch fixierte Glucosereste können dagegen keine vergleichbaren Schraubenstrukturen ausbilden. Sie können stattdessen mit Nachbarpolysacchariden assoziieren und bilden dabei ausgedehnte und stabile dreidimensionale Netzwerke. Gerade dies ist aber das Kennzeichen und die Funktion der Cellulose. Diese Eigenschaft beruht im wesentlichen darauf, daß die β-Orientierung die Zahl der aus der Kette herausragenden Hydroxylreste und damit die Anzahl der Berührungspunkte zwischen zwei benachbarten Ketten erhöht. Haben sich zwei solcher Ketten nur an einem solcher Berührungspunkte genähert, so können die benachbarten Hydroxylreste mit größerer Effektivität das Lösungsmittel von der Kettenoberfläche zurückdrängen, und sie assoziieren in einer recht plastisch als Reißverschlußmechanismus bezeichneten Reaktion zu den nunmehr wasserunlöslichen Celluloseaggregaten.

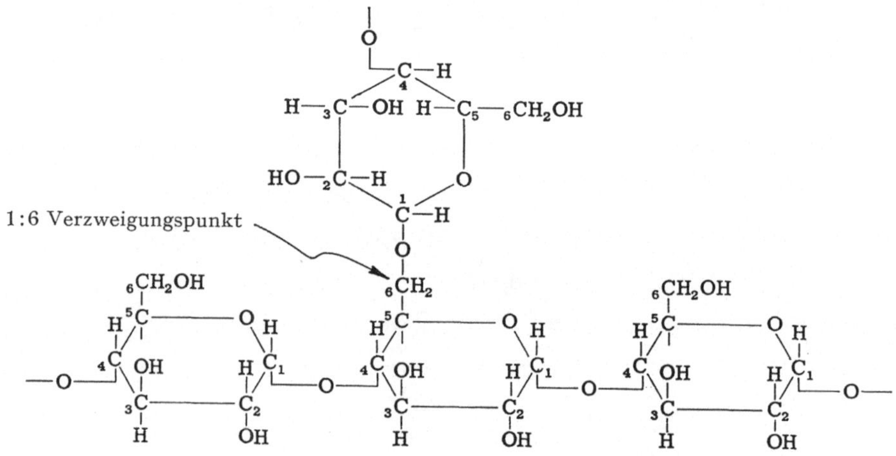

1:6 Verzweigungspunkt

Abb. 8. Struktur von Stärke und Glykogen am Verzweigungspunkt

Während in der Cellulose die Glucose durchwegs 1:4 β-glykosidisch gebunden ist, liegen in Stärke und Glykogen die Glucosereste nicht nur in 1:4 α-glykosidischer Bindung vor. Vielmehr werden durch gleichzeitige 1:6-Kondensationen Verzweigungspunkte geschaffen.

Solche Verzweigungsstellen ermöglichen ein rascheres Molekül-„Wachstum", weil nicht nur an den beiden Enden einer linearen Kette Bausteine angeheftet werden können, sondern unter dem Einfluß eines „Verzweigungsenzymes" auch neue Seitenketten begonnen und bereits bestehende Seitenketten verlängert werden können. Dabei entsteht ein dreidimensionales vielfach verzweigtes Gebilde mit Molekulargewichten bis zu mehreren Millionen.

Im Glykogen befindet sich etwa bei jedem 6. Glucoserest ein Verzweigungspunkt, im Amylopektin an jedem 12. Glucoserest. In Amylose, einer besonderen Stärkeart, sind keine Verzweigungsstellen nachweisbar. Die Abschnitte zwischen den Verzweigungsstellen weisen jeweils helixartige Strukturen auf, wobei die polaren Reste aus der Schraubenoberfläche herausragen und die Wasserlöslichkeit der Stärke und des Glykogens garantieren. Andererseits sind im Helixinneren auffallend wenig polare Reste verblieben, so daß sich der in der Achse dieser Schraubenstruktur befindliche Hohlraum wie ein apolares organisches Lösungsmittel verhält.

Zusammensetzung und Aufbau des Glykogens stehen in mehrfacher Beziehung zu Funktion und Wirkungsweise bei Tier und Pflanze. Zunächst kann Glykogen als Makromolekül nicht frei zwischen den Zellen diffundieren und stellt daher ein stabiles und örtlich fixierbares Glucosedepot dar. Die Assoziation zahlreicher diskreter Glucosereste in einem einzigen Glykogenmolekül löst darüber hinaus

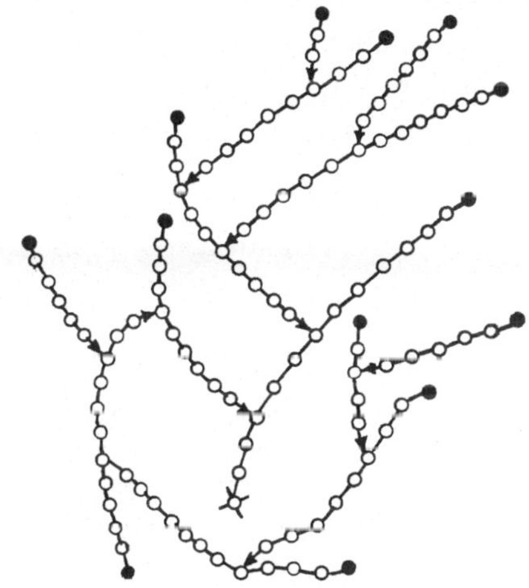

○ Glucose-Rest
● Glucose-Rest mit einer freien, nicht-reduzierenden OH-Gruppe an C-4
Glucose-Rest mit einer freien, reduzierenden OH-Gruppe an C-1
– α-1.4-glykosidische Bindung
↓ α-1.6-glykosidische Bindung (Pfeilspitze am C-6)
Glucose-Rest am Verzweigungspunkt C-1, C-4 bzw. C-6

Abb. 9. Ausschnitt aus einem Glykogenmolekül

das osmotische Problem, das in der Zelle wegen der sonst außerordentlich hohen Glucosekonzentration entstehen würde. Und schließlich vereinfacht das Glykogen- bzw. Stärkedepot der Zelle deren Anpassung an den wechselnden Glucosebedarf, indem bei zu niedriger Glucosekonzentration die Ablösung der Glucose, bei zu hoher eine Kettenverlängerung initiiert wird. Für beide Vorgänge sind eine Reihe von Enzymen notwendig, die die Spaltung bzw. Neubildung der α 1:4-Bindung katalysieren. Durch die verzweigte Struktur des Glykogens wird außerdem eine große Oberfläche zur Verfügung gestellt, auf der diese Enzyme die Glucoseabspaltung bzw. -kondensation in einem günstigen Substrat/Produktverhältnis katalysieren können. Der niedrigere Verzweigungsgrad der Stärke im Vergleich zum Glykogen spiegelt dabei den geringeren Zuckerstoffwechsel pflanzlicher Zellen im Vergleich zum Tier wider.

Proteine

In jeder Zelle befindet sich eine große Zahl unterschiedlicher Proteine, die für bestimmte Aufgaben — wie Katalyse, Aufbau cellulärer Strukturen oder Transportphänomene — benötigt werden. Diese Vielfalt läßt sich auf die Variabilität ihrer Primärstrukturen zurückführen, an denen nur etwa 20 Aminosäuren teilnehmen, wobei die Seitengruppen des Peptidrückgrates positive oder negative Ladungen tragen und kurz oder lang sein, mehr polaren (hydrophilen) oder mehr wasserabstoßenden (hydrophoben) Charakter haben können. Neben einigen selteneren Vertretern kommen in nahezu jedem Protein 20 verschiedene Aminosäuren vor. Jede dieser Aminosäuren weist zwei funktionelle Gruppen auf — die Aminogruppe (NH_2) und die Carboxylgruppe (COOH) — und unterscheidet sich durch den Seitenrest R von den übrigen.

$$\begin{array}{c} R\text{—}CH\text{—}COOH \\ | \\ NH_2 \end{array}$$

Nur Prolin weicht von diesem Bauplan ab (s. Abb. 10).

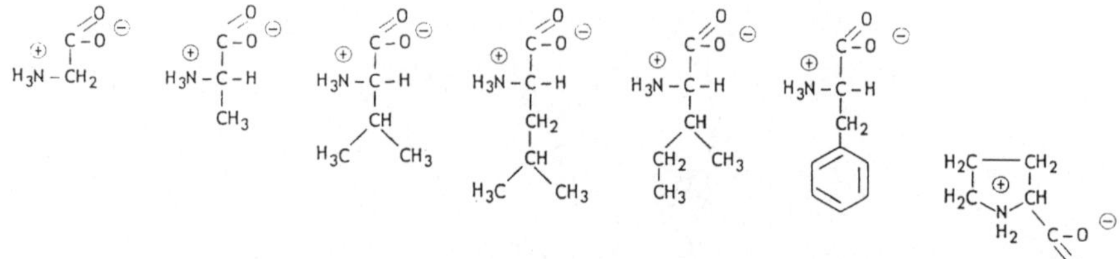

Glycin (Gly) L-Alanin (Ala) L-Valin (Val) L-Leucin (Leu) L-Isoleucin (Ileu) L-Phenylalanin (Phe) L-Prolin (Pro)

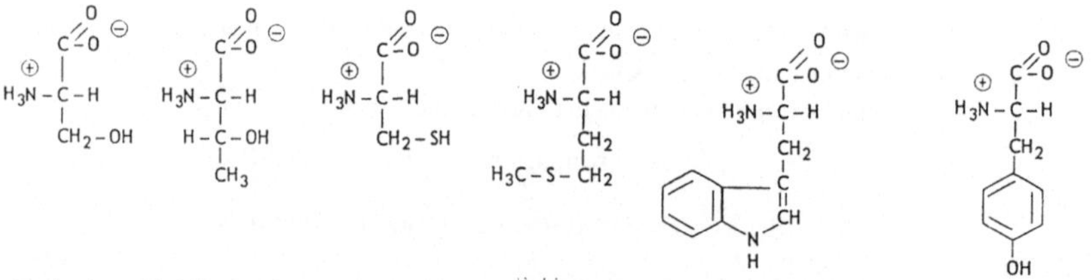

L-Serin (Ser) L-Threonin (Thr) L-Cystein (Cys) L-Methionin (Met) L-Tryptophan (Try) L-Tyrosin (Tyr)

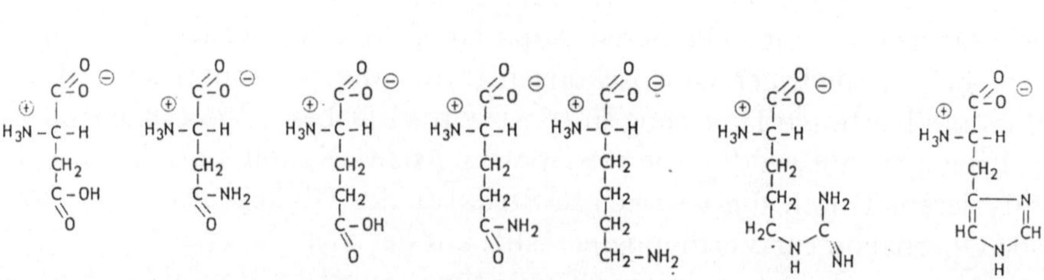

L-Asparaginsäure (Asp) L-Asparagin (Asn) L-Glutaminsäure (Glu) L-Glutamin (Gln) L-Lysin (Lys) L-Arginin (Arg) L-Histidin (His)

Abb. 10. Strukturformeln der wichtigsten Aminosäuren

Werden zwei Aminosäuren miteinander verknüpft, so bilden sie die als Peptidbindung bezeichnete Säureamidgruppe.

$$\mathrm{H_2N{-}CH(R_1){-}C({=}O){-}\boxed{OH\quad H}{-}N(H){-}CH(R_2){-}C({=}O)OH} \longrightarrow \mathrm{H_2N{-}CH(R_1){-}\boxed{C({=}O){-}NH}{-}CH(R_2){-}C({=}O)OH}$$

Peptidbindung

Aus diesem Dipeptid erhält man schließlich durch Bindung einer weiteren Aminosäure ein Tripeptid usw. und schließlich lange Ketten von Aminosäuren, in denen mehr als 100 Aminosäuren fixiert sein können. Diese größeren Moleküle werden als Proteine bezeichnet. Das Rückgrat dieser Proteinketten besteht aus der stetig sich wiederholenden Sequenz

$$\mathrm{{-}NH{-}CH(R){-}C({=}O){-}}$$

aus der die Seitengruppen R herausragen. Durch Übereinkunft schreibt man die Richtung der Aminosäuren auf der Peptidkette so, daß am linken Ende die freie NH_2 Gruppe der ersten, am rechten die freie COOH-Gruppe der letzten Aminosäure steht.

Natürliche Proteine, die eine Vielzahl unterschiedlicher Aminosäuren enthalten, lassen sich durch folgendes Formelschema wiedergeben

$$\mathrm{H_2N{-}CH(R_1){-}C({=}O){-}NH{-}CH(R_6){-}C({=}O){-}NH{-}CH(R_3){-}C({=}O)\ldots NH{-}CH(R_{18}){-}C({=}O){-}NH{-}CH(R_{19}){-}COOH}$$

Aus der verfügbaren Anzahl von 20 Aminosäuren lassen sich auf diese Weise eine unüberschaubare große Anzahl verschiedener Kombinationen konstruieren, die die Vielfalt der natürlichen Eiweißkörper garantieren. Daher sagt die bloße Angabe des Aminosäurengehaltes eines Proteins noch nichts Wesentliches über seine biologische Bedeutung aus. Erst die Reihenfolge dieser Aminosäuren stellt ein eindeutiges Merkmal für jedes Protein dar. Sie wird als Primärstruktur bezeichnet.

Die Struktur der Proteine

In der Primärstruktur der Proteine ist nicht nur die Reihenfolge der Aminosäuren in der makromolekularen Polypeptidkette niedergelegt, sondern es sind darüber hinaus auch die von bestimmten Cysteinresten ausgehenden Disulfidbrücken kenntlich gemacht. Solche Peptidketten versuchen, sich in bestimmten räumlichen Formen zu stabilisieren. In erster Linie handelt es sich hierbei um den Aufbau einer Helix, wie sie z. B. in Abb. 11 wiedergegeben ist.

Das Rückgrat der Polypeptidkette beschreibt in dieser α-Helixstruktur eine Spirale wie das Gewinde einer Schraube, wobei 3,6 Aminosäurenreste pro vollständiger Schraubenwindung kommen. Der Carboxylrest einer jeden Aminosäure bildet mit der Aminogruppe der vier Reste später stehenden Aminosäure eine Wasserstoffbrücke aus, deren Bindungsrichtung mit der Helixachse parallel verläuft. Diese Wasserstoffbrückenbindung stabilisiert dabei die Spiralstruktur. Allerdings lassen sich bestimmte Aminosäuren nicht in diese Struktur einordnen,

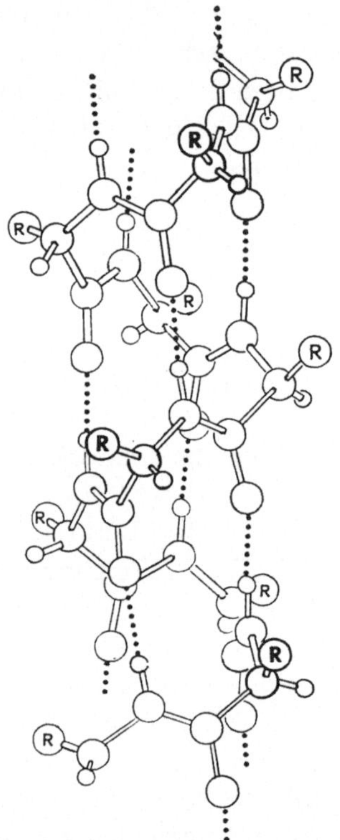

Abb. 11. Die α-Helixstruktur einer Polypeptidkette. Wasserstoff-Brückenbindungen sind durch punktierte Linien angedeutet

so daß an diesen Stellen die α-Helixstruktur der Peptidkette gestört ist. Bereits im Abstand von wenigen Aminosäuren kann sich aber nach einer solchen Störstelle wieder eine über eine α-Helix stabilisierte Peptidstruktur ausbilden. Aus diesem Grunde enthalten Proteine unterschiedlicher Primärstruktur auch verschieden große α-Helixbereiche, deren Anteil jeweils aus der Primärstruktur abgeleitet werden kann.

Neben den α-Helixbereichen findet man in einer Reihe von Faserproteinen wie Seide, Collagen usw. eine als β- oder Faltblattstruktur bezeichnete Sekundärstruktur. Hierbei lagern sich einzelne nichthelixartig stabilisierte Polypeptidketten parallel und bilden blattförmige Assoziate, die ebenfalls über Wasserstoffbrückenbindungen stabilisiert werden.

Helixförmige oder auch helixfreie Proteinketten bilden charakteristische dreidimensionale Gebilde, die als Tertiärstrukturen bezeichnet werden. Würde sich nämlich die Polypeptidkette, selbst wenn sie bereits in einer Helixstruktur vorliegt, geradlinig ausstrecken, so würde sie ein außerordentlich langes und dünnes Gebilde darstellen. Die Mehrzahl natürlicher Proteine besteht dagegen aus kompakten globulären Molekülen, die selbst bei größter Dehnung nicht in dünne fadenförmige Gebilde übergehen. Dieses Verhalten beruht auf der räumlichen

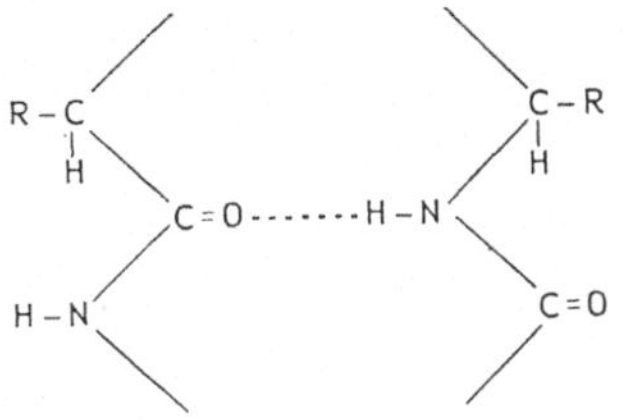

Abb. 12. Wasserstoffbrückenbindung zwischen zwei Peptidgruppen entlang der punktierten Linie

Faltung der Polypeptidkette, die ebenfalls durch Wasserstoffbrückenbindungen (s. Abb. 11 und Abb. 12), hydrophobe Bindungen (Abb. 13) und andere Faktoren stabilisiert wird. Hinzu kommt die Tendenz, hydrophile Aminosäurereste auf der Außenseite der Makromoleküls zu fixieren, während sich die hydrophoben Gruppen vornehmlich im Innern der Proteine befinden.

Schließlich können auch Disulfidbrücken zwischen zwei Cysteinresten die Tertiärstruktur festigen. Die Cysteinreste können dabei ursprünglich auf der

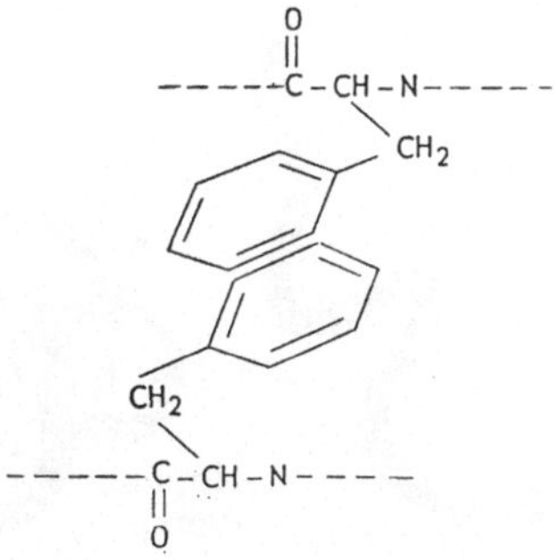

Abb. 13. Hydrophobe Bindungen zwischen den Benzolringen zweier Phenylalaninreste

Peptidkette weit voneinander entfernt liegen. Durch die Faltung werden sie dagegen in so nahen räumlichen Kontakt gebracht, daß sie durch kovalente Bindung zwischen den beiden S-Atomen miteinander reagieren können.

In einem späteren Kapitel (11) wird die in diesem Zusammenhang interessierende Frage diskutiert werden, auf welcher Stufe diese dreidimensionalen Gebilde aus der ursprünglich linearen Struktur bei der Biosynthese der Polypeptidkette entstehen, da die Reihenfolge der Aminosäuren im Protein Art und Weise der dreidimensionalen Faltung des fertigen Proteins bestimmt. Diese

Behauptung ist insofern von überragender Bedeutung, weil die „richtige“ Tertiärstruktur die biologische Aktivität desProteins bestimmt.

Bilden mehrere gleichartige oder verschiedene Polypeptide eine funktionelle Einheit, so stellt dieses Aggregat die Quartärstruktur der einzelnen nun vereinigten Polypeptidketten dar. Die Fähigkeit zur Quartärstrukturbildung weisen nur solche Proteine auf, die aus mehreren durch nichtkovalente Bindungen fixierten Untereinheiten bestehen. Die Quartärstruktur verleiht dem kompletten Protein besondere funktionelle Aktivitäten, die durch geringfügige Lageänderungen der einzelnen Untereinheiten zueinander reguliert und kontrolliert werden können.

```
          O
          ‖
-----C-CH-N-----
           |
          CH2
            \
             S—S
                \
                 CH2
                  |
          -----C-CH-N-----
               ‖
               O
```

Abb. 14. Disulfidbindung zwischen zwei Cysteinresten

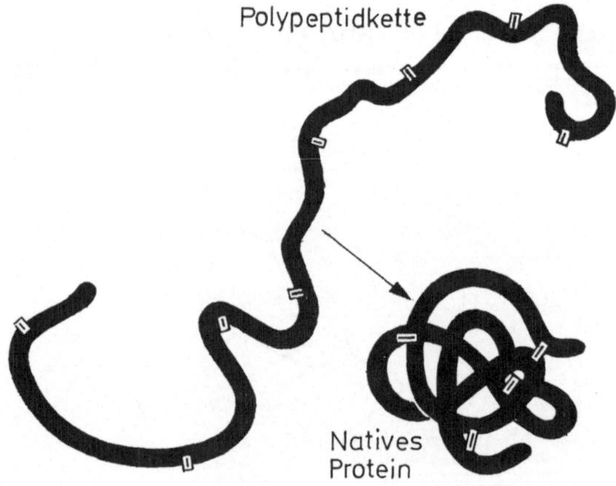

Abb. 15. Nach Faltung der ursprünglich gestreckten Aminosäurekette kommen Cysteinreste (Quadrate) in Kontakt und bilden Disulfidbrücken (Rechtecke)

Proteine können mit verschiedenen Methoden analysiert werden, wobei man sehr unterschiedliche Fragen zu beantworten versucht. Zum einen läßt sich die Zusammensetzung der Proteine und damit der Gehalt an den verschiedenen Aminosäuren bestimmen. Mit Hilfe einer erst in den letzten Jahren ausgereiften Technik wird in mühevoller Kleinarbeit die Sequenz der Aminosäuren und damit die Primärstruktur des Proteins aufgeklärt. Durch mehr physikalisch-chemische Verfahren erhält man schließlich Auskunft über die Häufigkeit und die Verteilung elektrischer Ladungen auf dem Molekül, über die globuläre oder gestreckte räumliche Form und auch über die einfache Frage nach den Untereinheiten des Proteins. Durch chemische Modifikation können bestimmte Gruppierungen im Protein selektiv maskiert werden. Daraus kann man wiederum Rückschlüsse auf den Zusammenhang zwischen biologischer Aktivität und der Primärstruktur des Proteins ziehen. Insbesondere läßt sich auf diese Weise entscheiden, welche Aminosäuren für die biologische Wirkung des Proteins unbedingt notwendig sind und in welchen Teilen des Moleküls Strukturänderungen ohne oder mit nur geringem Aktivitätsverlust stattfinden dürfen.

Durch Aufnahme von Röntgenstrahlenbeugungsmustern läßt sich relativ einfach der Anteil der Sekundärstrukturen (α-Helix und β-Strukturen) neben gestreckten strukturfreien Abschnitten abschätzen. Erheblich schwieriger gestaltet sich die Aufgabe, mit dieser Methode ein räumliches Molekülmodell aufzustellen, in dem die Lage eines jeden Atoms im Molekül festgelegt werden soll. Diese Methode wurde zum ersten Mal bei der Untersuchung des Myoglobins von J. C. KENDREW angewandt, der 1957 zusammen mit seinen Mitarbeitern an der Universität Cambridge dieses relativ niedermolekulare Protein mit einem Molekulargewicht von 16000 untersuchte. Zwei Jahre später konnte MAX PERUTZ die dreidimensionale Struktur des Hämoglobins aufklären, das aus vier Untereinheiten besteht, die jede für sich dem von KENDREW beschriebenen Myoglobin ähneln. PERUTZ fand schließlich, daß Hämoglobin bei der Bindung und Abspaltung des Sauerstoffs kleine aber definierte Gestaltsänderungen erfährt, die auf Grund früherer biologischer Untersuchungen bereits vorausgesagt worden waren. 1965 klärte der Arbeitskreis von D. C. PHILLIPS an den Faraday-Forschungslaboratorien die Struktur des Lysozyms, eines Enzyms mit dem Molekulargewicht von 14000, auf und baute ebenfalls ein dreidimensionales Molekülmodell auf, in dem jede der 129 nachgewiesenen Aminosäuren dieses Proteins eine definierte Position besetzt.

Im Falle des Lysozyms ermöglichte die Röntgenstrahlenbeugung darüber hinaus noch Aussagen zum aktiven Zentrum des Enzyms. Hierzu ließ man Hemmstoffe des Lysozyms, die mit den normalen Substraten um die Bindung am Enzym konkurrieren können, auf das Protein einwirken. Sie werden dabei am aktiven Zentrum gebunden und maskieren dadurch den Bereich auf der Proteinoberfläche, der die Umwandlung des Substrates katalysiert. Auf diese Weise fand man, daß das aktive Zentrum des Lysozyms in einer tiefen Falte sitzt, wie es in Abb. 16 durch den Pfeil gekennzeichnet wird.

Alle bisherigen röntgenkristallographischen Untersuchungen wurden an relativ niedermolekularen Proteinen durchgeführt. Theoretisch sollte sich diese Methode jedoch auch bei größeren Proteinen anwenden lassen. Dabei wäre es interessant, solche Proteine zu untersuchen, die nicht nur katalytisch wirken und aktive Zentren aufweisen, sondern gleichzeitig durch Assoziation niedermolekularer Verbindungen in ihrer Funktion reguliert werden können (s. Kap. 12). Für die Anlagerung der niedermolekularen Stoffe macht man regulative Zentren verantwortlich, die nach Bindung dieser Verbindungen eine Deformation des gesamten Proteins einleiten, ein Vorgang, wie er bereits für die Sauerstoffbindung und -abspaltung am Hämoglobin erwähnt wurde. Solche Proteine nennt man allosterisch.

Da die Röntgenstrahlenkristallographie einer sehr aufwendigen und mühsamen Technik bedarf, kann man nicht erwarten, daß sie sich zu einer Routinemethode entwickeln wird. Andererseits vermittelt die Röntgenstrahlenbeugung Angaben zur Struktur der Proteine, die für das Verständnis von Funktion und Wirkungsweise dieser Makromoleküle von enormer Bedeutung sind.

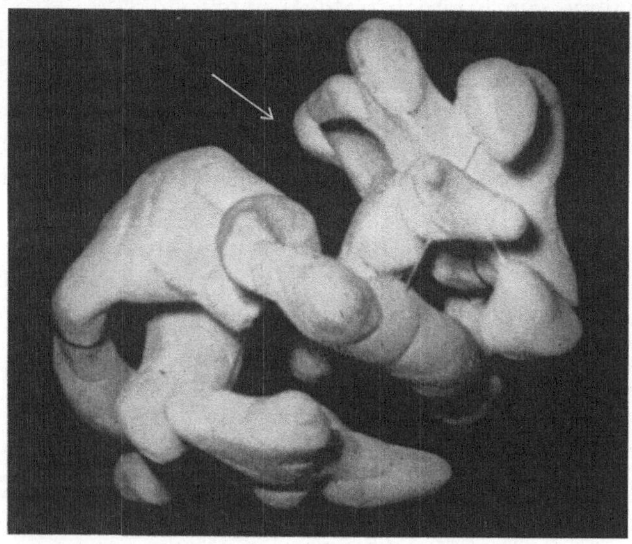

Abb. 16. Dreidimensionales Molekülmodell des Lysozyms. Nach Röntgenstrahlenbeugungsaufnahmen bei 6 Å Auflösung abgeleitet. Der Pfeil markiert die tiefe Falte, in deren Boden sich das aktive Zentrum des Enzyms befindet

Nucleinsäuren

Der Bauplan zum Aufbau aller Komponenten der Zelle, der überdies bei der Teilung der Zelle auf die Tochtergeneration weitergegeben werden muß, ist an Struktur und Integrität der Nucleinsäuren gebunden. Sie sind ebenfalls Makromoleküle und bestehen aus Untereinheiten, den Nucleotiden, deren Beitrag zur Struktur der Nucleinsäuren dem der Aminosäuren bei den Proteinen oder dem der Zucker bei den Polysacchariden entspricht. Jedes Nucleotid besteht aus drei miteinander verbundenen Verbindungsgruppen (Abb. 17).

1. Einer basischen heterocyclischen N-haltigen Verbindung aus der Gruppe der Purine bzw. Pyrimidine,
2. Einer Pentose, also einem aus 5 C-Atomen bestehenden Zucker (Ribose oder Desoxyribose).
3. Orthophosphorsäure.

Als stickstoffhaltige Basen der Nucleinsäuren kommen die Purine Adenin und Guanin bzw. die Pyrimidine Cytosin, Thymin und Uracil in Frage (Abb. 18).

Wenn sie in den Nucleotiden mit Phosphorsäure und Ribose verknüpft sind, werden sie als Adenylsäure und Guanylsäure bzw. Cytidylsäure, Thymidylsäure und Uridylsäure bezeichnet. Jedes Nucleotid wird in der Nucleinsäure durch eine Phosphatgruppe mit dem nächsten Nucleotid zwischen C–3′ der Pentose des einen Nucleotids und C–5′ des anderen kovalent verknüpft.

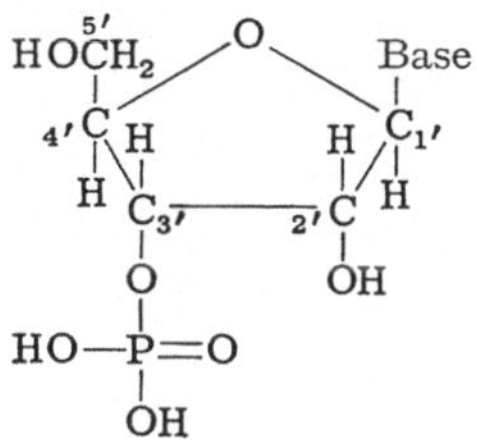

Abb. 17. Zusammensetzung eines Nucleotides. Am C–1′ der Ribose ist eine Stickstoff-haltige Base gebunden. Die Phosphorsäure kann statt an C–3′ auch an C–5′ gebunden sein

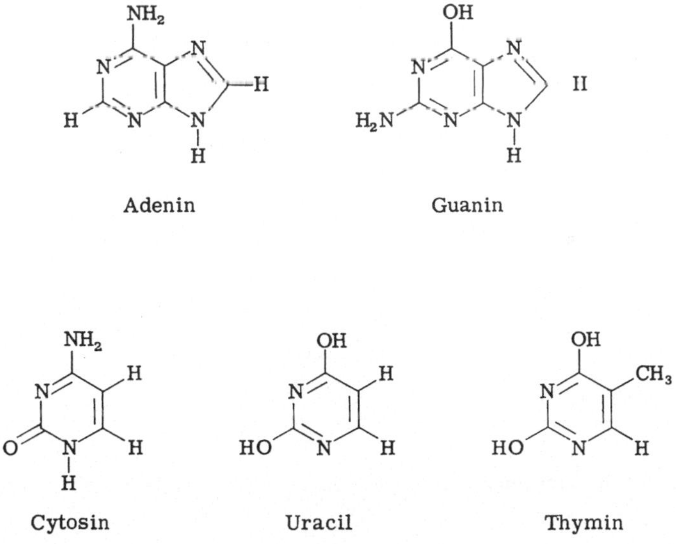

Adenin

Guanin

Cytosin

Uracil

Thymin

Abb. 18. Die wichtigsten in Nucleinsäuren vorkommenden Purin- und Pyrimidinbasen

Je nach Art der in den Nucleinsäuren vorhandenen Pentose unterscheidet man zwischen Ribonucleinsäure (RNS) und Desoxyribonucleinsäure (DNS). In der Desoxyribose ist am C–2′ im Unterschied zur Ribose keine Hydroxylgruppe gebunden, sondern ein Wasserstoffatom.

RNS besteht in erster Linie aus den vier Nucleotiden Adenylsäure, Guanylsäure, Cytidylsäure und Uridylsäure, die DNS aus Desoxyadenylsäure, Desoxyguanylsäure, Desoxycytidylsäure und Thymidylsäure. Demnach kommt Uracil nur in RNS, Thymin nur in DNS vor. Ebenso wie bei den Proteinen die Aminosäuren können sich die vier Bausteine der beiden Nucleinsäuren in vielen unterschiedlichen Varianten zum Aufbau eines Makromoleküls zusammenfinden. Faßt man jeweils drei hintereinander liegende Nucleotide zu einer Gruppe zusammen (Triplett), so können sie in $4^3 = 64$ verschiedenen Kombinationen vorliegen. Da Nucleinsäuren zwischen 25 bis 10000 solcher Tripletts enthalten, wird die Anzahl der theoretisch denkbaren unterschiedlichen Basensequenzen auf den Nucleinsäuren astronomisch hoch.

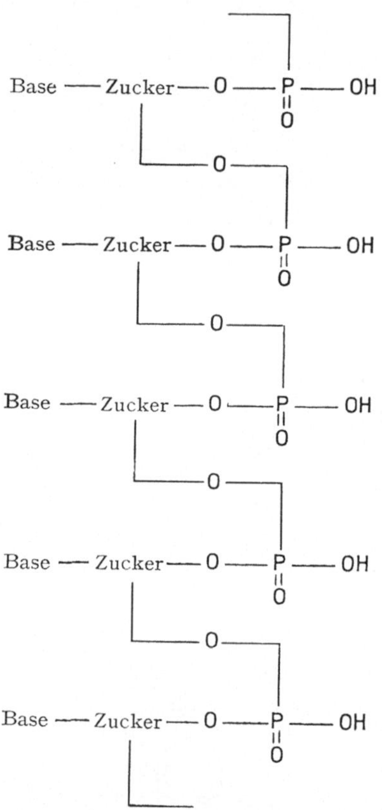

Abb. 19. Die Bindungen zwischen benachbarten Nucleotiden in einer Nucleinsäure

Phospholipide

Phospholipide sind Bestandteil cellularer Membranen und anderer wichtiger Zellkomponenten. Sie bestehen aus den drei Komponenten Glycerin, Phosphorsäure und Fettsäure, die durch Esterbindung miteinander verknüpft sind.

In den meisten Phospholipiden ist die Phosphorsäure noch zusätzlich durch Cholin (in Lecithin), Äthanolamin (in Phosphatidyläthanolamin), Glycerin (in Cardiolipin) oder Inosit (im Phosphatidylinosit) verestert. Außerdem sind zahlreiche weitere Phospholipidvarianten bekannt, in denen die Phosphorsäuregruppe durch Sulfat oder in den Glykolipiden durch einen Zuckerrest ersetzt ist. Allen Lipiden ist das Strukturprinzip gemeinsam, daß sie aus einem hydrophoben

Bereich (den langkettigen Fettsäuren) und einem polaren Teil (dem übrigen Rest des Moleküls) bestehen.

Dieser ausgeprägte Doppelcharakter der Phospholipide, der innerhalb eines Moleküls zwei so gegensätzliche Eigenschaften, wie Wasserabstoßung und Wasserbindung, vereinigt, ist die Grundlage für die Membran- und Micellenbildung.

Phospholipide, die langkettige Fettsäuren (Kettenlänge größer als 16) enthalten, sind vollständig wasserunlöslich. Unter bestimmten Bedingungen arrangieren

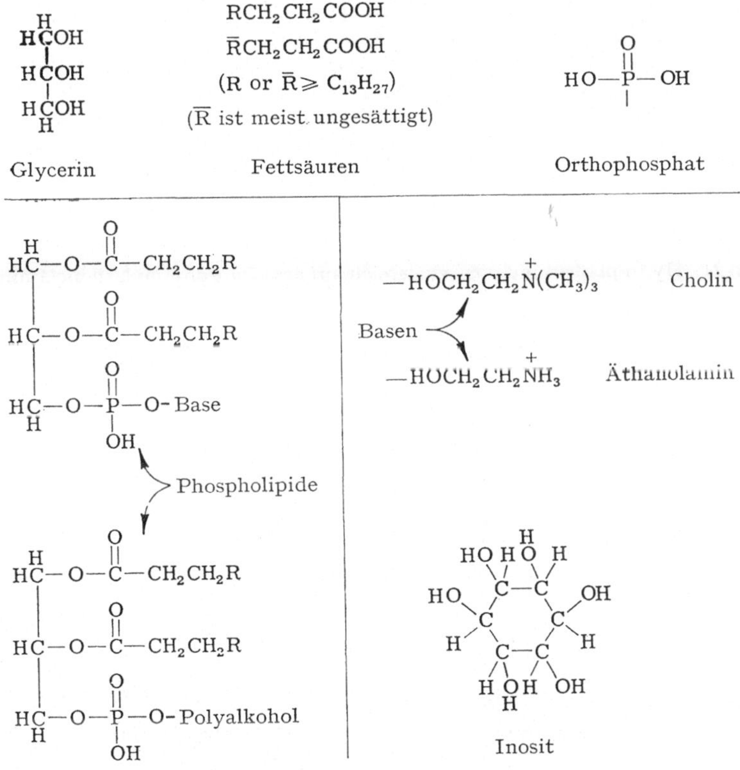

Abb. 20. Die Bestandteile der Phospholipide

sich jedoch die polaren Bereiche der Phospholipide so, daß das ganze Aggregat wasserlöslich wird, während die hydrophoben Bereiche nach innen gerichtet und dem Lösungsmittel unzugänglich sind. Diese räumliche Orientierung mehrerer Phospholipidmoleküle nennt man Micellenbildung. Die an sich niedermolekularen Phospholipide verhalten sich nach Micellenbildung wie ein Makromolekül und entwickeln Eigenschaften, die denen makromolekularer Proteine entsprechen. Im Gegensatz zu den in Proteinen bestehenden Bindungen sind die in den Micellen assoziierten Phospholipidmoleküle ausschließlich durch hydrophobe Wechselwirkungen miteinander verknüpft. Dies sind zwar für sich allein außerordentlich schwache Kräfte, in der Summe führen diese Bindungen jedoch zu sehr stabilen Aggregaten. Die Micelle besteht in erster Linie aus einem bimolekularen Film, in dem die Phospholipide so angeordnet sind, daß sich ihre hydrophoben Bereiche gegenüber stehen, während sich die hydrophilen Reste auf den beiden äußeren Schichten des Filmes befinden. Hier erfolgen auch die spezifischen Assoziationen

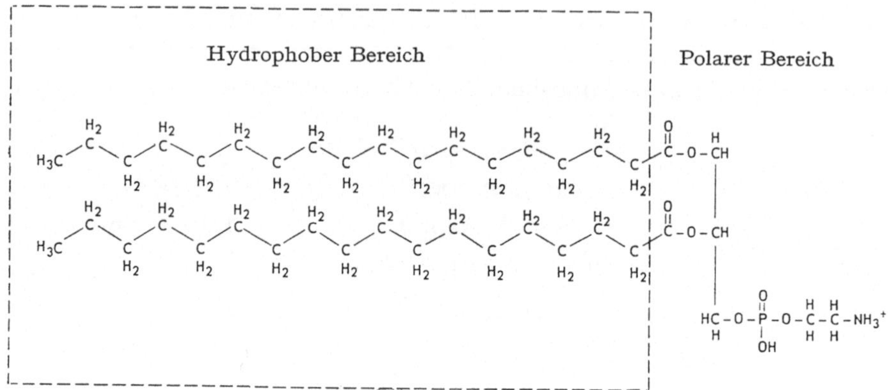

Abb. 21. Hydrophober und polarer Bereich auf dem Phosphatidyläthanolaminmolekül

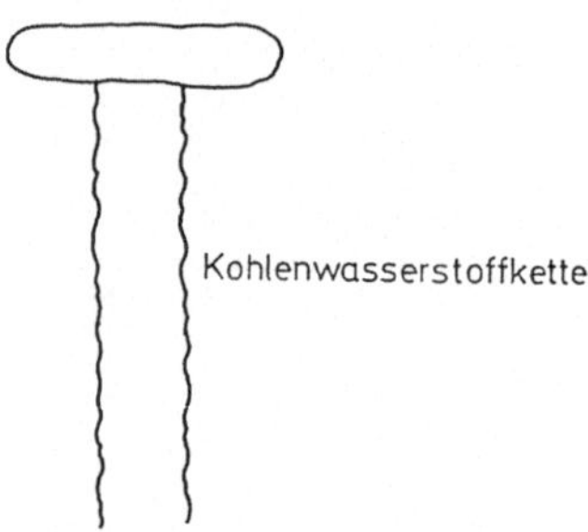

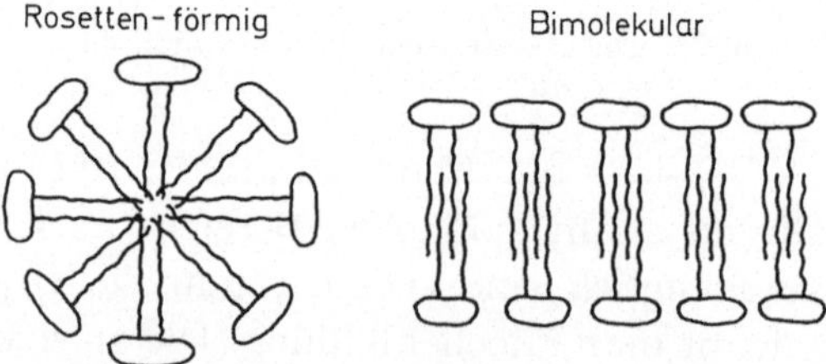

Abb. 22. Anordnung der Phospholipide in einer Mizelle

mit Proteinen, die wiederum die Eigenschaften der Micelle beeinflussen. Die Vielfalt unterschiedlicher biologischer Membrane beruht daher nicht nur auf der Variabilität der Phospholipidstruktur, die von der Art der Fettsäuren, der N-haltigen Basen und des Polyalkohols abhängt, sondern auch auf der Fähigkeit zur Selektion und Bindung bestimmter Proteine.

Kapitel 4

Enzyme

In jeder lebenden Zelle finden hunderte verschiedener chemischer Reaktionen statt, von denen nur wenige unter den physiologischen Bedingungen der Zelle, insbesondere dem pH-Wert und der Zelltemperatur, von allein ablaufen würden. Diese Reaktionen werden vielmehr durch Katalysatoren, den Enzymen, erleichtert, die in der Regel hochspezifisch sind und nur eine bestimmte oder höchstens wenige ähnliche Reaktionen katalysieren. Alle Enzyme sind Proteine, deren Größe mit Molekulargewichten zwischen 10000 und 1000000 zwischen außerordentlich großen Grenzen liegen kann. Jedes Enzym weist eine charakteristische Sequenz von Aminosäuren und daher auch eine bestimmte dreidimensionale Struktur auf, durch die seine Funktion im Unterschied zu allen anderen Enzymen festgelegt ist. Enzyme werden meist nach der Art der Reaktion benannt, die durch sie katalysiert wird. So katalysieren Decarboxylasen die Decarboxylierung von Keto- oder Aminosäuren, Ribonuclease die Spaltung von RNS usw. Die angehängte Silbe -ase unterscheidet die Enzymbenennung von ähnlichen Eigennamen anderer Verbindungsklassen.

Die Spezifität der Enzyme

Die Verbindung, die mit Hilfe eines Enzyms umgesetzt wird, bezeichnet man als dessen Substrat. Enzym und Substrat stehen strukturell in einem Schlüssel-Schloßverhältnis zueinander, d. h. nur das passende Substrat wird von dem Enzym akzeptiert. Nach der Bindung durch das Enzym erlangt das meist reaktionsträge Substrat eine außerordentliche Reaktionsbereitschaft, die für die Richtung und Schnelligkeit der zu katalysierenden Reaktion eigentümlich ist. Diese Substrataktivierung verläuft über eine Reihe unterschiedlicher chemischer Kräfte, die das Enzym im Bereich des aktiven Zentrums auf das Substrat richtet und dabei spezifisch bestimmte chemische Änderungen im Substrat durchführt.

Während der Bildung des Enzym-Substratkomplexes erleiden beide Partner in der Regel strukturelle Änderungen, die man mit einer plastischen Deformation vergleichen kann. Das Enzym bläht sich auf oder schrumpft je nach Art des fixierten Substrates und öffnet dabei bestimmte Bereiche des Proteins, die für die katalysierte Reaktion benötigt werden. Wenn ein Enzym mehrere aktive Zentren besitzt, können sie auf diese Weise nacheinander mit dem Substrat in Kontakt treten und dabei schrittweise eine ganze Reihe aufeinanderfolgender Reaktionen beeinflussen.

Bei der Mehrzahl der Enzyme ist die Spezifität für eine bestimmte Reaktion sehr ausgeprägt. So werden von den Enzymen des Aminosäurestoffwechsels nur die L-Aminosäuren als Substrat akzeptiert, während die D-Aminosäuren nicht metabolisiert werden, L-Äpfelsäuredehydrogenase katalysiert nur die Oxydation der L-Äpfelsäure und nicht der D-Isomeren usw. Im Falle geometrischer Isomerie, wie sie in der trans- und cis-Fumarsäure vorliegt, besteht eine ähnliche Spezifität, wie sie bereits für die L- und D-Isomeren definiert wurde. So katalysiert Fumarase nur die Wasseraddition an Fumarsäure, nicht an Maleinsäure, und Bernsteinsäuredehydrogenase oxydiert nur zu Fumarsäure, während bei dieser Reaktion die cis-Isomere Maleinsäure nicht gebildet wird.

```
HOOC                    HOOC  COOH
   |                       |    |
  HC=CH                   HC=CH
      |
     COOH

Fumarsäure              Maleinsäure
trans-Form              cis-Form
```

Abb. 23. Geometrische Isomerie zwischen trans-Fumarsäure und cis-Maleinsäure. Fumarase katalysiert nur die Wasseranlagerung an trans-Fumarsäure, die wiederum nur durch Oxydation aus Bernsteinsäure mit Hilfe der Bernsteinsäuredehydrogenase entsteht

Andere Enzyme weisen dagegen eine weitaus geringere Spezifität auf und katalysieren, wie z. B. die Alkoholdehydrogenase, die Oxydation vieler organischer Verbindungen, die eine OH-Gruppe enthalten. In allen Fällen jedoch bindet das Enzym ein Molekül Substrat, katalysiert die entsprechende Reaktion, wirft das gebildete Produkt ab und steht nun für die erneute Substratbindung zur Verfügung. Dieser Vorgang spielt sich außerordentlich oft und so lange ab, bis keine Substratmoleküle mehr vorhanden sind oder das Enzym durch Abbau oder Zerstörung inaktiviert ist. Enzyme haben in der Regel eine bestimmte mittlere „Lebensdauer", die Tage oder auch Jahre lang sein kann. An der Inaktivierung sind vor allem proteolytische Enzyme beteiligt, die die Proteine bis zu den Aminosäuren abbauen können, die nunmehr für die erneute Synthese anderer Proteine zur Verfügung stehen.

Einfluß von Temperatur und Wasserstoff-Ionenkonzentration

Im allgemeinen steigt die Geschwindigkeit der durch das Enzym katalysierten Reaktion mit steigender Temperatur an, allerdings nur bis zu einem Temperaturbereich zwischen 40 und 50 °C, weil dann das Enzymprotein instabil wird und der Anstieg der Reaktionsgeschwindigkeit durch den Zerfall des Enzyms aufgehoben wird. Dieser Vorgang wird als Hitzedenaturierung bezeichnet und geht meist mit der Bildung eines wasserunlöslichen Coagulates einher.

Normalerweise sind die Enzyme nur in einem bestimmten engbegrenzten pH-Bereich wirksam. Bei niedrigerem oder höherem pH-Wert verlieren sie ihre biologische Aktivität irreversibel, so daß das Enzym auch bei nachträglicher Einstellung der optimalen Bedingungen inaktiv bleibt. Das pH-Optimum ist für *die* Enzyme besonders scharf ausgeprägt, bei denen elektrostatische Wechselwirkungen zwischen Enzym und Substrat bestehen. Im allgemeinen entsprechen die günstigsten Bedingungen für die Aktivität isolierter Enzyme den in der lebenden Zelle vorherrschenden Temperaturen bzw. den dort meßbaren pH-Werten. Allerdings sind auch zahlreiche Ausnahmen davon bekannt geworden.

Enzymgehalt der Zelle

Der Anteil bestimmter Enzyme in der Zelle kann in weiten Grenzen variieren. Die an den Hauptreaktionen des cellulären Stoffwechsels beteiligten Enzyme sind naturgemäß in hohen Konzentrationen nachweisbar — 1000 und mehr Moleküle eines jeden Enzyms pro Zelle — während Enzyme, die Ausweichreaktionen und untergeordnete Stoffwechselwege katalysieren, nur in sehr geringer Menge vorliegen können.

Während keine Zellart bekannt ist, in der *alle* Enzyme nachweisbar sind, weisen jedoch alle Zellen eine bestimmte Grundausstattung an Enzymen auf. Zu diesen Proteinen gehören die an der Proteinsynthese, DNS- und RNS Synthese, Glykolyse usw. beteiligten Enzyme. Dagegen werden all die Enzyme, die für die Eigenschaften und Funktionen spezialisierter Zellen und Organe notwendig sind, nur dort zu finden sein, wo diese spezialisierten Aktivitäten notwendig sind. Der Gehalt eines bestimmten Enzyms ist in verschiedenartigen Zellen nicht gleich, und man wird von diesem Enzym in einer Zellart außerordentlich große Mengen nachweisen können, während es in anderen Zellen nur in verschwindend geringem Umfang zu finden ist. Daher existiert für jede Zellart ein charakteristisches Enzymmuster, das das relative Verhältnis der verschiedenen Enzyme zueinander widerspiegelt. Außerdem läßt sich zellabhängig die Synthese bestimmter Enzyme durch niedermolekulare Verbindungen steigern. Die Menge dieser induzierbaren Enzyme hängt daher sowohl in tierischen Zellen als auch in Mikroorganismen von äußeren Faktoren ab.

Geschwindigkeit enzymatischer Reaktionen

Die Geschwindigkeit einer enzymatischen Reaktion kann durch die Anzahl der Substratmoleküle gekennzeichnet werden, die pro min an einem Enzymmolekül unter Standardbedingungen umgesetzt werden. Bei einigen Enzymen wird nur der Umsatz von kaum 100 Substratmolekülen pro min bei 38 °C katalysiert, während andere Enzyme an mehr als 1 Million aufeinanderfolgender Reaktionscyclen teilnehmen. Die Geschwindigkeit, mit der die Substratmoleküle umgesetzt werden, hängt u. a. von der Art der katalysierten Reaktion ab. Die Bildung oder Spaltung relativ kleiner Moleküle, z. B. die enzymatische Zersetzung von H_2O_2 in Wasser und

Sauerstoff, verläuft in der Regel sehr rasch. Je größer und komplizierter das Substrat ist, desto langsamer erfolgt dessen Umsatz. Ebenso verlangsamt sich die Reaktionsgeschwindigkeit, je mehr verschiedene molekulare Species in einer Reaktionsfolge am gleichen Enzym umgesetzt werden müssen. Aber auch diese Regeln zur Geschwindigkeit enzymatischer Reaktionen sind nicht ohne Ausnahmen.

Struktur der Enzyme

Betrachtet man eine bestimmte enzymatische Reaktion, so kann das dafür verantwortliche Enzym in verschiedenen Organen, Pflanzen, Tieren oder Mikroorganismen weitgehend identisch sein. Andererseits findet man, daß in verschiedenen Organen des gleichen Tieres eine bestimmte chemische Reaktion durch unterschiedliche Enzyme katalysiert wird, ja selbst innerhalb einer Zelle können verschiedene Enzyme gleichartige oder ähnliche Reaktionen durchführen.

Die Struktur der Zelle unterliegt einer großen Reihe von Faktoren, die bereits bei der Betrachtung der optimalen Bedingungen für die Aktivität der Enzyme eine Rolle spielten. So sind pH-Wert, Salzkonzentration und Temperatur für die Aufrechterhaltung der Enzymstruktur wichtig, ohne daß wir im einzelnen die Bedeutung dieser und weiterer Komponenten für die Integrität des Enzyms abgrenzen können. Die Struktur des Enzyms ist die Grundlage für die Wechselwirkung mit dem passenden Substrat. Wenn man aus Organismen oder Zellen mit bestimmten Methoden Enzyme isoliert und anreichert, steht die Frage im Mittelpunkt, ob das so gewonnene Protein noch seine ursprüngliche Struktur und damit auch seine nativen Eigenschaften besitzt, oder ob die Isolierung mit einer teilweisen Änderung der Enzymstruktur verbunden ist, was zwangsläufig zu Änderungen der biologischen Qualität des Enzyms führt.

Enzyme bestehen sehr oft aus zwei oder mehr Untereinheiten, deren Anordnung zueinander die Aktivität des Enzyms bestimmt. Darüber hinaus können die Untereinheiten in verschiedenen Formen vorliegen, die jeweils unterschiedliche physikalisch-chemische Eigenschaften des Enzyms bedingen. Besteht ein Enzym z. B. aus den Untereinheiten α und β, die jeweils auch in den modifizierten Formen α' und β' auftreten können, so kann das aktive Enzym in folgenden Varianten auftreten: $\alpha\beta$, $\alpha'\beta$, $\alpha'\beta'$, $\alpha\beta'$. Die Untereinheiten allein besitzen in der Regel keine enzymatische Aktivität, da sich z. B. das aktive Zentrum über zwei Untereinheiten ausdehnen kann. Durch Regulation der räumlichen Anordnung der Untereinheiten im kompletten Enzym läßt sich daher dessen biologische Aktivität kontrollieren. Allerdings gibt es auch Enzyme, wie die Tryptophansynthetase, die aus zwei unterschiedlichen Untereinheiten bestehen, die jede für sich allein auch enzymatisch aktiv sind. In zusammengesetzten Enzymen, die aus einer noch größeren Zahl unterschiedlicher Untereinheiten bestehen und als Enzymkomplexe bezeichnet werden, lassen sich die verschiedenen enzymatischen Qualitäten des Proteins nur schwer auf bestimmte strukturelle Merkmale zurückführen, da zwischen den Untereinheiten komplexe und vielseitige Wechselwirkungen bestehen, die deren Zuordnung zu bestimmten enzymatischen Qualitäten nahezu unmöglich machen.

Zahlreiche Enzyme sind mit dem Membransystem der Zelle vergesellschaftet, von dem sie bei der Homogenisation des Gewebes möglicherweise abgelöst werden. Dabei kann das Enzym seine ursprüngliche biologische Aktivität einbüßen. Zumindest muß man häufig vermuten, daß die Geschwindigkeit der durch das Enzym katalysierten Reaktion nach Auflösung der Zellstruktur und auch die Regulation bzw. die Regulierbarkeit der enzymatischen Aktivität verändert ist. Aus diesem Grunde kann man nur unter Vorbehalt aus den Eigenschaften des Enzyms in vitro auf dessen Funktionen in vivo schließen.

Kontrollfaktoren der Enzyme

Obwohl in einem späteren Kapitel ausführlich auf die Regulationsmechanismen bei Enzymen eingegangen wird, soll an dieser Stelle kurz auf einige Zusammenhänge zwischen der Struktur der Proteine und den Kontrollfaktoren der Proteinaktivität hingewiesen werden. Die Eigenschaft, auf bestimmte Kontrollreaktionen anzusprechen, hängt ebenfalls weitgehend von der Struktur des Proteins ab. Betrachtet man ein Enzym, das das Substrat A in das Produkt B überführt, so kann das Enzym erst nach Kontakt mit einem Regulatormolekül X diese Reaktion katalysieren, d. h. das aktive Zentrum des Enzyms wird durch eine Strukturänderung für das Substrat geöffnet. Hierbei wird also die Enzymaktivität durch eine niedermolekulare Verbindung kontrolliert, die selbst keine chemischen Veränderungen erfährt. Auch Hemmstoffe können die Enzymaktivität herabsetzen, indem sie entweder das aktive Zentrum direkt blockieren oder räumliche Änderungen der Enzymstruktur in der Art auslösen, daß das aktive Zentrum für das Substrat unzugänglich wird.

Bei den regulativen Prozessen an Enzymen ist noch ein weiteres Phänomen zu berücksichtigen, das durch die Existenz zweier verschieden aktiver Strukturen des gleichen Enzyms gekennzeichnet ist. Beide Strukturen stehen unter normalen Bedingungen in einem Gleichgewicht miteinander, d. h. beide Formen existieren nebeneinander in einem bestimmten Verhältnis. Durch einen Aktivator wird nun die aktive Form des Enzymproteins stabilisiert, und das Gleichgewicht verschiebt sich zugunsten der aktiven Struktur. Ein Hemmstoff wäre die Verbindung, die die inaktive Form stabilisiert und daher das Gleichgewicht in die entgegengesetzte Richtung verschiebt.

Diese Verhältnisse lassen sich recht gut an Hand der Eigenschaften der Muskelphosphorylase verfolgen. Dieses Enzym katalysiert die folgende reversible Phosphorylyse:

$$\text{Glykogen} + \text{n Orthophosphat} \rightleftarrows \text{n Glucose-1-phosphat} .$$

An der Kontrolle der Phosphorylaseaktivität sind insgesamt fünf verschiedene Mechanismen beteiligt, wobei die Frage zu beantworten bleibt, warum eine so vielfache Regulation notwendig ist. Tatsächlich setzt die Natur immer dann eine über zahlreiche unterschiedliche Prozesse abgesicherte Kontrolle ein, wenn es sich um einen nach Art und Umfang der Reaktion außerordentlich wichtigen Vorgang handelt.

Die Muskelphosphorylase existiert in den zwei Formen a und b, wobei a aus vier Untereinheiten mit einem Molekulargewicht von je 125000 und b aus zwei dieser Untereinheiten besteht. Die tetramere Form a ist auch in Abwesenheit von Aktivatoren voll aktiv, während die dimere Form b inaktiv ist. In Gegenwart der Phosphorylase-b-Kinase, Mg^{++} und ATP wird die Form b in a umgewandelt, wobei in jeder der vier Untereinheiten ein Phosphatrest an einem Serin gebunden wird. Umgekehrt läßt sich die aktive Form a durch Einwirkung einer Phosphorylase-a-Phosphatase unter Abspaltung der vier Phosphatreste wieder in die inaktive b-Konformation spalten.

Molekülstrukturen der Muskelphosphorylase

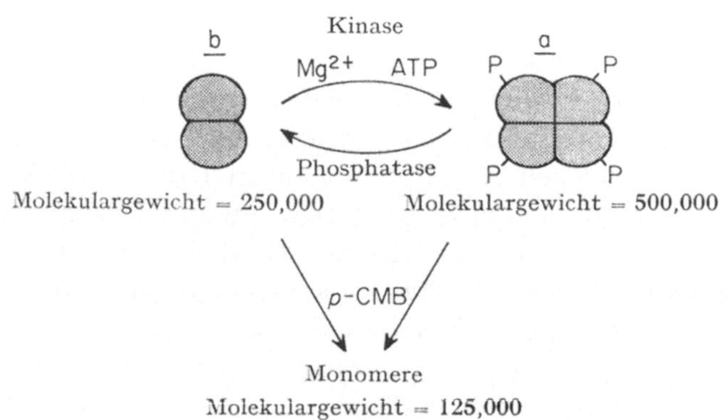

Abb. 24. Umwandlung von Phosphorylase a und b ineinander. p-CMB bedeutet p-Chlormercuribenzoat und P Phosphat an einem Serinrest der Phosphorylase

Die Form a der Phosphorylase enthält außerdem pro Untereinheit einen Pyridoxalphosphatrest, der keinen Anteil an der katalytischen Funktion des Enzyms hat, aber für die Konformation des Proteins von Bedeutung ist. Inkubiert man die inaktive Form b mit AMP, so wird sie ebenfalls aktiv, ohne daß sie in die tetramere Form a übergeht oder Serylphosphatreste bildet.

Insgesamt lassen sich auf dem Enzym fünf unterschiedliche Angriffspunkte für verschiedenartige Kontrollfaktoren nachweisen:

1. Das aktive Zentrum selbst, das direkt durch kompetitive Hemmstoffe besetzt werden kann.
2. Der Bindungsort für AMP, der das aktive Zentrum beeinflußt.
3. Serinreste auf dem Enzym, die nach Bildung von Serinphosphaten Kontrollfunktionen auf die Enzymaktivität ausüben.
4. Der Bindungsort für Pyridoxalphosphat, der direkt oder indirekt mit dem
5. Aggregationszentrum des Enzyms in Wechselwirkung steht.

Zusätze und ihre Wirkungen	Wechselwirkungen
Adenosin-5'-monophosphat	
Einfluß auf	
Aktives Zentrum	Aktivierung auch in Abwesenheit der Serin-phosphat-Reste
Serin-phosphat-Reste	Verhindert enzymatischen Abbau durch Phosphorylasephosphatase oder durch Trypsin
Aggregationszentrum	Begünstigt Aggregation
Phosphorylierende Agentien an dem dem aktiven Zentrum benachbarten Serinrest	
Einfluß auf	
Aktives Zentrum	Aktivierung auch in Abwesenheit von Adenosin-5'-monophosphat
Bindungsort für Adenosin-5'-monophosphat	Steigert die Affinität zur Bindung von Adenosin-5'-monophosphat
Aggregationsort	Begünstigt Aggregation

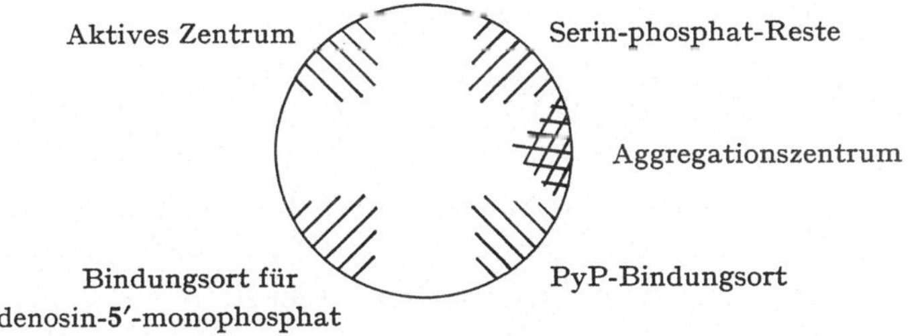

Abb. 25. Einfluß von Adenosin-5'-phosphat und von Wirkstoffen, die den reaktionsfähigen Serinrest phosphorylieren, auf die Eigenschaften der Phosphorylase. Dabei bedeuten P-Ser: Serin-phosphat PyP: Pyridoxalphosphat

Die Muskelphosphorylase katalysiert die Spaltung des Glykogens, während sie nur in außerordentlich geringem Umfange die Bildung des Glykogens aus Glucose-1-phosphat stimuliert. Die Glykogensynthese verläuft vielmehr über Uridindiphosphatglucose (UDPG). Lediglich in Gegenwart von reich verzweigtem Glykogen wird durch Phosphorylase die Verknüpfung von Glucose aus Glucose-1-phosphat unter Kettenverlängerung der verzweigten Seitenstränge ermöglicht. Hierbei stellt demnach die Verzweigung des bereits vorliegenden Glykogens, die wiederum Ergebnis eines „Verzweigungsenzyms" ist, einen Kontrollfaktor für die Aktivität der Phosphorylase dar.

Extracelluläre Enzyme

Während sich die meisten Enzyme im Zellinneren befinden und nie außerhalb der Zelle zu finden sind, existieren auch eine Reihe von Enzymen, die von Zellen sekretiert werden. So werden z. B. die Verdauungsenzyme des Pankreas und der Speicheldrüsen in den gastrointestinalen Organen freigesetzt. Auch Mikroorganismen sezernieren Enzyme in das Nährmedium, in dem sie kultiviert werden. In der Regel sind solche extracellulären Enzymaktivitäten an Spalt- und Abbaureaktionen beteiligt.

Reversibilität

Die Mehrzahl der enzymatischen Reaktionen ist reversibel. So katalysiert Fumarase sowohl die Hydratisierung von Fumarsäure zu Äpfelsäure, als auch die Dehydratisierung der Äpfelsäure zu Fumarsäure. Die Reversibilität der Reaktion wird dabei durch entgegengesetzt gerichtete Pfeile kenntlich gemacht:

$$\text{Fumarsäure} + H_2O \rightleftarrows \text{Äpfelsäure}$$

Allerdings kennt man auch enzymatische Reaktionen, die irreversibel sind. So bauen proteolytische Enzyme Proteine ab und können nicht oder nur in sehr geringem Umfang wieder aus den Abbauprodukten das Protein aufbauen. Das Gleiche wurde für die Wirkung der Phosphorylase bereits beschrieben. Entsprechendes gilt für Amylase, die Stärke in niedermolekulare Zucker überführt, aus denen sie jedoch Stärke nicht zu resynthetisieren vermag. Ganz allgemein kann man daher sagen, daß hochmolekulare komplexe Verbindungen nicht auf *dem* Wege entstehen, der in umgekehrter Richtung von der Zelle zum Abbau der Verbindung eingeschlagen wird. Das bedeutet, daß für die Synthese von Proteinen, Polysacchariden, Nucleinsäuren und Lipiden jeweils bestimmte Reaktionswege bestehen, die sich völlig von den beim Abbau dieser Verbindungen ablaufenden Vorgängen unterscheiden. Aus den unterschiedlichen Reaktionen, die am Aufbau oder Abbau der Makromoleküle beteiligt sind, folgt allerdings nicht zwangsläufig, daß die abbauenden Reaktionsschritte irreversibel sein müssen. Die Irreversibilität beruht vielmehr auf der Lage des Gleichgewichtes des Abbaus, das im allgemeinen tatsächlich auf der Seite der Abbauprodukte liegt.

Enzymklassifizierung

Es lassen sich fünf Reaktionstypen zur Charakterisierung der Enzyme definieren.

1. Hydrolyse. Spaltung einer Bindung durch Addition von Wasser und Trennung des Moleküls in die verbliebenen Molekülreste. Phosphorylyse kann als vergleichbarer Prozeß angesehen werden, bei dem statt Wasser Phosphorsäure addiert wird.

2. Gruppenübertragungen. Übertragung einer Atomgruppe vom Donor- zum Acceptormolekül.

3. Oxydation und Reduktion. Übertragung von einem oder mehreren Elektronen oder Wasserstoffatomen, d. h. Übertragung von einem Elektron + Proton zugleich, von einem Molekül (das dabei oxydiert wird) zum anderen (das dabei reduziert wird).

Tabelle 1. *Die wichtigsten hydrolytischen Enzyme*

Klasse	Substrat	Art der getrennten Bindung	Reaktionsgleichung
Proteasen	Proteine, Polypeptide, Peptide	Peptidbindung	$\overline{R}\underset{\underset{O}{\Vert}}{C}\vdots NH{-}CH_2R + H_2O \rightarrow \overline{R}COOH + NH_2CH_2R$
Glykosidasen	Polysaccharide, Disaccharide	Glykosidbindung	$\overline{R}\underset{H}{\overset{\vert}{C}}\vdots O\vdots\underset{H}{\overset{\vert}{C}}R + H_2O \rightarrow \overline{R}\underset{H}{\overset{\vert}{C}}OH + HO\underset{H}{\overset{\vert}{C}}R$
Lipasen	Neutralfette, Phospholipide	Ester	$\overline{R}\underset{\underset{O}{\Vert}}{C}\vdots O{-}CH_2R + H_2O \rightarrow \overline{R}COOH + HOCH_2R$
Ribonucleasen	Ribonucleinsäure	Ester	$\overline{R}{-}O{-}\underset{\underset{OH}{\vert}}{\overset{\overset{O}{\Vert}}{P}}\vdots OR + H_2O \rightarrow \overline{R}O{-}\underset{\underset{OH}{\vert}}{\overset{\overset{O}{\Vert}}{P}}{-}OH + HOR$
Phosphatasen	Phosphatester	Ester	$\overline{R}{-}O\vdots\underset{\underset{OH}{\vert}}{\overset{\overset{O}{\Vert}}{P}}{-}OH + H_2O \rightarrow \overline{R}OH + HO{-}\underset{\underset{OH}{\vert}}{\overset{\overset{O}{\Vert}}{P}}{-}OH$

Das Symbol ⋮ bezeichnete die Bruchstelle wahrend der Spaltung des Moleküls.

Tabelle 2. *Gruppen-übertragende Enzyme*

Klasse	Übertragene Gruppe	Reaktionsgleichung
Phosphotransferasen (Kinasen)	Phosphat	$\overline{R}O\vdots\underset{\underset{OH}{\vert}}{\overset{\overset{O}{\Vert}}{P}}{-}OH + HOR \rightarrow \overline{R}OH + HO{-}\underset{\underset{OH}{\vert}}{\overset{\overset{O}{\Vert}}{P}}{-}OR$
Aminotransferasen	Amino	$\overline{R}\underset{\underset{H}{\vert}}{C}{=}O + NH_2CH_2R \rightarrow \overline{R}CH_2NH_2 + O{=}\underset{\underset{H}{\vert}}{C}R$
Sulfattransferasen	Sulfat	$\overline{R}{-}\underset{\underset{OH}{\vert}}{\overset{\overset{O}{\Vert}}{P}}{-}O\vdots\underset{\underset{O}{\Vert}}{\overset{\overset{O}{\Vert}}{S}}{-}OH + HOR \rightarrow \overline{R}{-}\underset{\underset{OH}{\vert}}{\overset{\overset{O}{\Vert}}{P}}{-}OH + HO{-}\underset{\underset{O}{\Vert}}{\overset{\overset{O}{\Vert}}{S}}{-}OR$
Acyltransferasen	Acetyl, Succinyl usw.	$\overline{R}{-}S\vdots\underset{\underset{O}{\Vert}}{C}CH_3 + HSR \rightarrow \overline{R}SH + CH_3\underset{\underset{O}{\Vert}}{C}{-}S{-}R$

4. Isomerisierung. Umordnung von Atomen oder Atomgruppen innerhalb eines Moleküls.

5. Kondensation. Verbindung zweier gleicher oder unterschiedlicher Moleküle unter Bildung einer neuen größeren Verbindung durch kovalente Valenzen. In den Tabellen 1 bis 5 werden Beispiele für die geschilderte Einteilung der

Tabelle 3. *Dehydrogenasen und Cytochromoxidasen*

Enzyme	Art der Oxydation	Reaktionsgleichung
Succinat-Dehydrogenase	Bildung einer Doppelbindung	$HOOC—CH_2—CH_2—COOH$ ↓ $HOOC—CH{=}CH—COOH$ Unter Verlust zweier Wasserstoffatome
Alkoholdehydrogenase	Bildung einer Aldehydgruppe	$CH_3—CH_2—OH \rightarrow CH_3—C(=O)H$ Unter Verlust zweier Wasserstoffatome
Aldehyddehydrogenase	Bildung einer Carboxylgruppe	$CH_3CHO \rightarrow CH_3COOH$ Unter Verlust zweier Wasserstoffatome aus dem hydratisierten Aldehyd
Cytochromoxidase	Ferro-Ion wird zu Ferri-Ion oxydiert	$R\text{-}Fe^{++} \rightarrow R\text{-}Fe^{+++}$ Verlust eines Elektrons (dabei bedeutet R-Fe: Häm oder R: Porphyrinring)
NADH-Dehydrogenase (Cytochrom c-Reduktase)	Umwandlung des Dihydropyrimidinringes in den Pyridinring	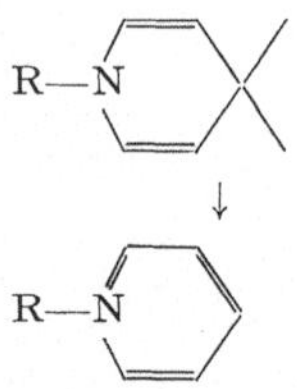 R—N ↓ R—N Verlust zweier Elektronen und eines Protons (oder anders formuliert: eines Hydrid-Anions)

Enzyme angeführt. Diese Klassifizierung beruht in erster Linie auf der allgemein üblichen Übereinkunft, die Enzyme nach ihrem Substrat und ihrem Produkt zu charakterisieren. Würde man dagegen den Wirkungsmechanismus der Enzyme als Charakteristikum verwenden, käme man zu einer völlig anderen Einteilung der Enzyme.

Aus der Vielfältigkeit der durch Enzyme katalysierten Reaktionen mag man zunächst den Schluß ziehen, daß eine allgemeine Theorie der enzymatischen Katalyse kaum möglich sei. Bei näherer Betrachtung findet man jedoch gewisse gemeinsame Grundlagen bei selbst sehr verschiedenartigen enzymatischen Reaktionen. So beobachtet man bei allen chemischen Reaktionen, also auch bei den an lebenden Systemen, ein Wechselspiel zwischen den Valenzelektronen der miteinander reagierenden Moleküle. Das gilt gleichermaßen für Gruppenübertragungen, hydrolytische Reaktionen, Oxydationen oder Isomerisierungen. Daraus folgt die Frage: wie kann man die Bewegung und Verschiebung der Valenzelektronen eines bestimmten Atoms oder eines bestimmten Moleküls auf ein Atom eines anderen (oder gleichen) Moleküls beeinflussen?

Tabelle 4. *Isomerasen*

Enzyme	Isomerisierte Gruppe	Alternativpositionen
Phosphohexose-Isomerase	Carbonyl	C—1 und C—2 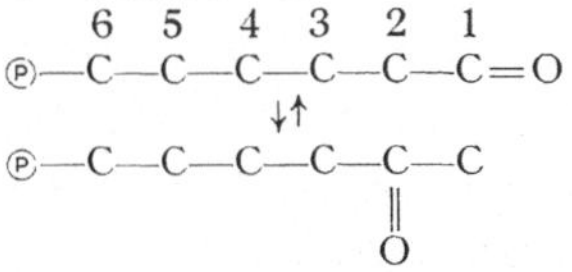 6 5 4 3 2 1 Ⓟ—C—C—C—C—C—C=O ⇅ Ⓟ—C—C—C—C—C—C ‖ (an C—2) O
Formyltetrahydrofolsäure-isomerase	Formyl	Von N—5 nach N—10 und umgekehrt 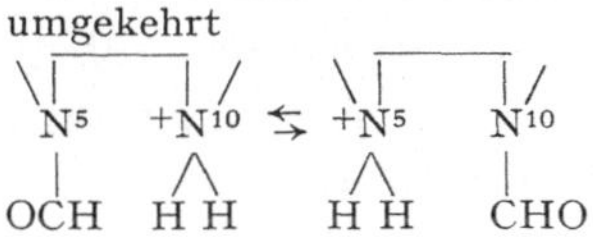 N^5(—OCH) $+N^{10}$(H H) ⇆ $+N^5$(H H) N^{10}(—CHO)
Enoyl-Hydratase (Intramolekulare Oxido-reduktase, C—C-Bindungen umlagernd)	Doppelbindung von 3,4 nach 2,3 und umgekehrt	4 3 2 1 R—CH=CH—CH_2—CO... ⇅ R—CH_2—CH=CH—CO... Die Reaktion erfolgt über eine Wasseraddition und -abspaltung
Aconitase (Aconitat-Hydratase)	Hydroxylrest bzw. Proton	Zwischen C—2 und C—3 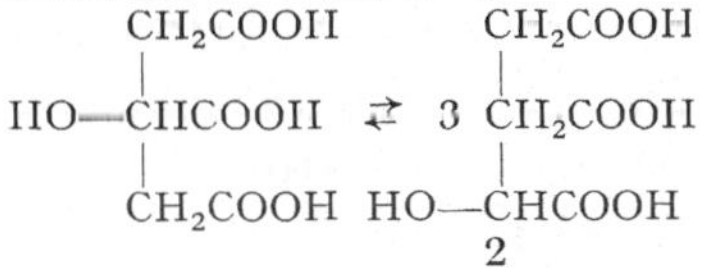 CH_2COOH / HO—CHCOOH / CH_2COOH ⇄ CH_2COOH / 3 CH_2COOH / HO—CHCOOH (2) Citronensäure Isocitronensäure

Tabelle 5. *C–C-Bindungen-knüpfende Enzyme*

Enzym	Kondensierte Reaktionspartner	Reaktionsgleichung
Acetyl-CoA-Carboxylase	CO_2 und Acetyl-CoA	CO_2 + $CH_3COSCoA$ → HOOC—$CH_2COSCoA$
Aldolase	Dihydroxyaceton-phosphat und D-Glycerinaldehyd-3-phosphat	HO—CH_2—CO—CH_2—O—Ⓟ + Ⓟ—O—CH_2—CH(OH)—CHO → Ⓟ—O—CH_2—CH(OH)—CH(OH)—CH(OH)— —CO—CH_2O—Ⓟ

Mechanismus der enzymatischen Katalyse

Bei Untersuchungen über den Wirkungsmechanismus des Chymotrypsins, einem proteolytischen Enzym, das durch den Pankreas in den Darm sekretiert wird, haben Myron L. Bender u. Mitarb. Einzelheiten beschrieben, die sie als „Anatomie der enzymatischen Katalyse" bezeichneten. Schrittweise konnten sie die verschiedenen Faktoren und Komponenten definieren, die in der Summe die katalytischen Eigenschaften des Chymotrypsins ergeben. Diese Interpretation über die Wirkungsweise des Chymotrypsins ist dabei nicht deshalb so wichtig, weil dieses Enzym besonders bedeutend sei, sondern weil sich zahlreiche Eigentümlichkeiten der enzymatischen Katalyse allgemein an die beim Chymotrypsin gefundenen Mechanismen anlehnen.

Drei Eigenschaften bezeichnen die Effektivität einer enzymatischen Reaktion:

1. Das Enzym muß zum Substrat passen (oder umgekehrt).
2. Aus der Akzeption des Substrates durch das Enzym müssen sich bestimmte thermodynamische Konsequenzen ergeben, die den Ablauf der Reaktion beeinflussen und
3. die Akzeption des Substrates ermöglicht bestimmte spezifische Reaktionen an bestimmten Atomen oder Atomgruppen des Substrates.

Der Kontakt zwischen Enzym und Substrat schließt nicht nur übereinstimmende räumliche Strukturen der beiden Partner ein, sondern auch komplementäre elektrostatische Eigenschaften, denn eine elektrostatische Abstoßung würde den engen räumlichen Kontakt der beiden Gebilde weitgehend verhindern. Daher muß man folgern, daß im aktiven Zentrum des Enzyms und auf dem Substrat entgegengesetzte elektrische Ladungen bestehen müssen. Eine elektronenanziehende oder eine Protonen-Donorgruppe im aktiven Zentrum des Enzyms muß daher eine definierte Wechselwirkung mit einer bestimmten Gruppe des Substrates eingehen. Dazu ist es notwendig, daß der Abstand zwischen den Partnern nicht zu groß ist, da die Kräfte mit dem Quadrat der Entfernung zwischen den Gruppen abnehmen.

Auf den speziellen Fall des Chymotrypsins bezogen, bedeutet dies, daß vier Aminosäurereste des Proteins in eine bestimmte Position mit dem Substrat gebracht werden müssen: zwei Histidinreste, ein Serin- und ein endständiger Isoleucinrest. Daraus folgt, daß nur in einer bestimmten Faltung diese vier Aminosäuren nah genug zueinander finden und dadurch den Kontakt mit dem Substrat ermöglichen können. Hierbei spielt insbesondere Isoleucin eine dominierende Rolle, weil es als endständige Aminosäure eine positive Ladung trägt. Nach Acetylierung der Aminogruppe verliert das Protein seine enzymatische Aktivität.

Im Gegensatz zu diesem als Kurzbereichswechselwirkung beschriebenen Phänomen bestehen auch weitreichende Wechselwirkungen. So werden die chemischen Eigenschaften des Substrates, das durch das aktive Zentrum des Enzyms fixiert ist, auch durch weiter entfernt liegende Bereiche auf dem Enzym beeinflußt. Diese Bereiche wählen die Substratmoleküle aus, die bis zum aktiven Zentrum des Enzyms gelangen werden und bestimmen damit die Spezifität des Enzyms. Diese Feststellung läßt sich z. B. damit belegen, daß verschiedene proteolytische Enzyme gleichartige aktive Zentren trotz unterschiedlicher Substratspezifität aufweisen.

Das Atom-Modell des α-Chymotrypsins

In den bisherigen Betrachtungen zum räumlichen Zusammenhang zwischen Enzym und Substrat spielten vor allen geometrische und elektrostatische Faktoren

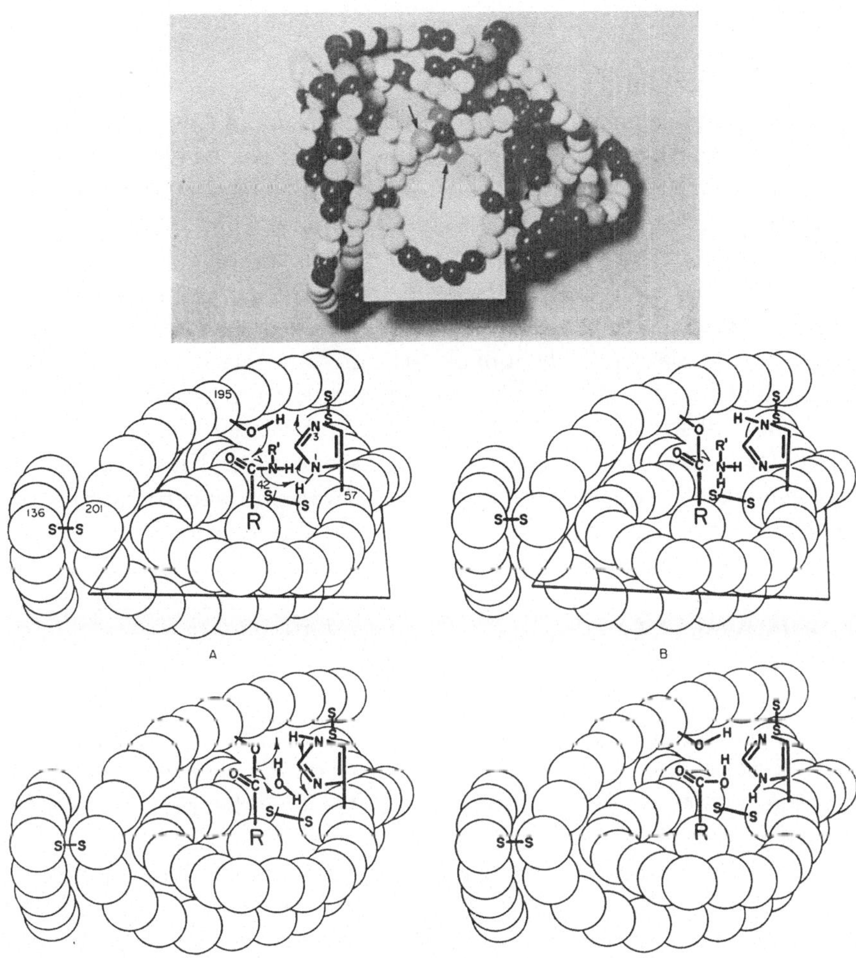

Abb. 26. Kugelmodell des α-Chymotrypsins. Der Aufbau erfolgte auf Grund der von H. NEURATH u. B. S. HARTLEY beschriebenen Aminosäurezusammensetzung des Proteins. Oberhalb der weißen Karte befinden sich das ringförmige aktive Zentrum des Enzyms, das durch die Disulfidbrücke zwischen Cys–42 und Cys–58 gebildet wird, sowie die Aminosäurensequenz von Cys–191 bis Cys–201. Durch Pfeile sind Serin-195 ($\downarrow$) und Histidin **57** ($\uparrow$) kenntlich gemacht. A. Zeigt einen Teil des Kugelmodells, wobei die relative Lage der weißen Karte angedeutet ist. Der hydrophobe Rest R ist in der hydrophoben Vertiefung zwischen Cys–42 und Cys–58 fixiert. Die Peptidbindung des Substrates gelangt so in außerordentlich engen räumlichen Kontakt zum Hydroxylrest des Ser–195 und der Imidazol-Gruppe des His–57, die mit der Peptidbindung reagieren. Dabei bildet sich eine neue Bindung zwischen dem Sauerstoff des Serins und der Carbonylgruppe des Peptides aus. Gleichzeitig wird das Proton des Serinhydroxyls auf den Stickstoff des Histidin-Imidazolrestes übertragen. Auf diese Weise wird die C–N-Bindung des Peptides gespalten und abschließend das Proton von His–57 auf den Stickstoff der nun endständigen Aminosäure R'-NH_2 übertragen. B. Der Serinester mit dem „inneren" Substratrest und der freie „rechte" Peptidrest R'-NH_2 sind abgebildet. Man beachte, daß der Imidazolring des His nun in einer anderen tautomeren Form vorliegt, in der der Wasserstoff an N–3 gebunden ist. C. Ein Wassermolekül tritt an die Stelle von R'–NH_2 und setzt sich mit dem Serinester um, der dabei gespalten wird. Gleichzeitig wird der Wasserstoff von N–3 des Imidazolringes zum Ser–195 verschoben, das damit seine Hydroxylgruppe komplettiert. Das zweite Wasserstoffatom wird an N–1 des Imidazols gebunden. D. Der „linke" Carboxyl-ständige Teil des Substrates kann nun das Enzym verlassen, das wieder seine ursprüngliche Struktur wie vor Beginn der Katalyse erreicht hat

eine Rolle. Einen wesentlichen Beitrag lieferten hierzu die Untersuchungen von HANS NEURATH und seinen Kollegen, die die vollständige Aminosäuresequenz des α-Chymotrypsins aufklärten. Auf der Grundlage dieser Analysen konstruierten MYRON BENDER u. Mitarb. ein Atommodell des Enzyms, an dem man direkt die Details erkennen kann, die für die Katalyse notwendig sind. Allerdings bleibt ein solches Modell so lange eine hypothetische Struktur, so lange die dreidimensionale Sruktur des Enzyms nicht durch Röntgenstrahlenbeugungsaufnahmen bewiesen ist. Da es aber mit Hilfe einer ganzen Reihe verschiedener biochemischer Fakten konstruiert wurde, lassen sich umgekehrt auch wichtige Folgerungen davon ableiten, zu denen man auf anderem Wege nicht gelangt wäre.

Künstliche Substrate des α-Chymotrypsins bestehen allgemein aus einer nichtpolaren Seitenkette und einer polaren Estergruppe. Ein einfacher Tryptophanester genügt bereits diesen Bedingungen. Zwar sind natürliche Substrate des Enzyms streng genommen stets Peptide und nicht Ester, jedoch spaltet α-Chymotrypsin ebenso auch Aminosäureester und nicht nur die Carbonsäureamidgruppe der Polypeptide. Der aromatische Rest des Modellsubstrates paßt in eine Vertiefung des Enzymmoleküls, die durch eine Disulfidbrücke zwischen zwei Cysteinresten gebildet wird, zwischen denen 15 Aminosäuren liegen. Diese schleifenförmige Vertiefung weist hydrophobe Eigenschaften auf. Auf diese Weise wird der aromatische Bereich des Substrates über eine hydrophobe Bindung an den hydrophoben Seitenketten *der* Aminosäuren fixiert, die sich in dieser Vertiefung befinden. Die polare Estergruppe des Substrates befindet sich dagegen auf der Außenseite des Moleküls.

Die hydrophobe Vertiefung auf dem Chymotrypsinmolekül ist ein strukturelles Kennzeichen, das die Spezifität für das Substrat prägt. Für ein Substrat ohne hydrophoben Bereich wäre diese hydrophobe Vertiefung auf dem Enzym überflüssig. In diesem Falle müßten andere strukturelle Eigenschaften des Enzyms zur Bindung des polaren Substrates herangezogen werden, um den Kontakt des Substrates mit dem aktiven Zentrum des Enzyms zu gewährleisten.

Bildung einer kovalenten Bindung

Die korrekte Assoziation des Substrates am Enzym stellt auch bei der Herstellung einer kovalenten Bindung zwischen zwei reagierenden Gruppen den notwendigen Startvorgang dar. Zwar führt diese korrekte Assoziation nicht zwangsläufig zu dieser kovalenten Bindung, aber sie stellt doch die thermodynamisch günstigsten Bedingungen für die Reaktion zur Verfügung.

Wenn sich zwei Moleküle einander nähern, behindert die Vibration der verschiedenen drehbaren Reste und Gruppen der Moleküle die Wechselwirkung zwischen den Molekülen. Wenn man diese den Molekülen innewohnenden Schwingungen zu eliminieren vermag, wird diese Barriere dementsprechend abgebaut. Die Höhe dieser Barriere läßt sich durch einen thermodynamischen Parameter, die Entropie, berechnen. Die Entropie wird als Maß der Unordnung innerhalb eines Systems angesehen. Ein Molekül, dessen Reste und Gruppen solche Schwingungen zeigen, stellt thermodynamisch ein ungeordnetes System dar. Will man den Umfang dieser Schwingungen reduzieren, so muß man dem System Energie zuführen und das System erfährt eine höhere Ordnung. Wir werden auf diesen Punkt an einer späteren Stelle noch einmal zurückkommen.

Der Grund- und der Übergangszustand

In jeder chemischen Reaktion stellt die Differenz zwischen dem Energieinhalt (hinsichtlich der Konformation) des Grundzustandes (vor der chemischen Reaktion) und des Übergangszustandes (im Augenblick der Wechselwirkung) die wichtigste Größe dar, die die Reaktionsfähigkeit des Stoffes charakterisiert. Ist diese Differenz sehr groß, wird die Reaktion kaum ablaufen, da der Energieberg unüberwindlich ist. Sind dagegen die Energieinhalte von Grund- und Übergangszustand nahezu identisch, so ist auch der Energieberg vernachlässigbar klein und die Reaktion kann ablaufen. Wird nun ein Substrat auf dem Enzym so fixiert, daß die reaktive Gruppe des Moleküls und das aktive Zentrum des Enzyms eng benachbart sind, so ist damit gewährleistet, daß der Energieinhalt von Grund- und Übergangszustand nahezu identisch werden: die katalysierte Reaktion läuft ab.

Wenn man die thermodynamischen Vorteile durch die exakte Fixierung des Substrates auf dem Enzym betrachtet, so muß man berücksichtigen, daß zunächst vier verschiedene Bindungen des Substrates, die jede um eine Achse drehbar sind, fixiert werden müssen, bevor die chemische Reaktion ablaufen kann. Bei dieser Fixierung werden pro Bindung sechs Entropieeinheiten frei, so daß der vollständige Enzym-Substratkomplex gegenüber dem freien Substratmolekül einen thermodynamischen „Vorteil" in Höhe von 24 Entropieeinheiten gewonnen hat. Hierbei wird zunächst die Aktivierungsenergie verringert, die zur Überwindung des Energieberges zwischen Grund- und Übergangszustand notwendig ist. Das Enzym verringert demnach die Entropie des Systems mindestens teilweise durch die Aufhebung oder Verminderung der Molekülschwingungen des Substrates. Darüber hinaus wird durch die räumlichen Bedingungen das korrekte, d. h. spezifische Substrat für die Reaktion ausgewählt. Ein schlechtes Substrat wird daher nur mäßig durch das Enzym gebunden und seine Aktivierungsenergie nicht oder nur wenig verringert. Ein idealer Hemmstoff des Enzyms wäre dann eine Verbindung, die perfekt auf das Enzym paßt und nicht von ihm abgespalten wird, weil es keine chemische Reaktion eingeht.

Sobald zwischen dem Enzym und dem Substrat eine kovalente Bindung entstanden ist, verlagert sich das Problem von der intermolekularen Wechselwirkung auf die intramolekulare Reaktion. Dieser Übergang hat tiefgreifende chemische Rückwirkungen für die katalysierte Reaktion zur Folge. Sie lassen sich etwa mit der Feststellung umschreiben, daß die tatsächliche Konzentration des Enzyms bezogen auf das (chemisch auf dem Enzym gebundene) Substrat um den Faktor 10000 und mehr erhöht ist. Statt 0,001 molar beträgt sie jetzt effektiv z. B. 10 molar. Aus dem thermodynamischen Zusammenhang zwischen der Konzentration der Reaktionspartner und der Reaktionsgeschwindigkeit ergibt sich daher, daß der Übergang zu intramolekularen Reaktionen thermodynamisch günstig ist.

Mehrschrittkatalyse und Aktivierungsenergie

Hohe Aktivierungsenergien bedeuten stets eine außerordentlich ungünstige Ausgangsposition für den Start einer chemischen Reaktion, deren Wert unabhängig von dem Energiebetrag ist, der während der gesamten Reaktion als freie Energie verfügbar ist. Enzyme durchbrechen diese Energiebarriere, indem sie die Gesamtreaktion in eine Folge zahlreicher Einzelschritte aufteilen, die jeder für sich nur eine relativ niedrige Aktivierungsenergie benötigen. Daher bietet die Mehrschrittkatalyse einen beträchtlichen kinetischen Vorteil gegenüber einer Einschrittreaktion.

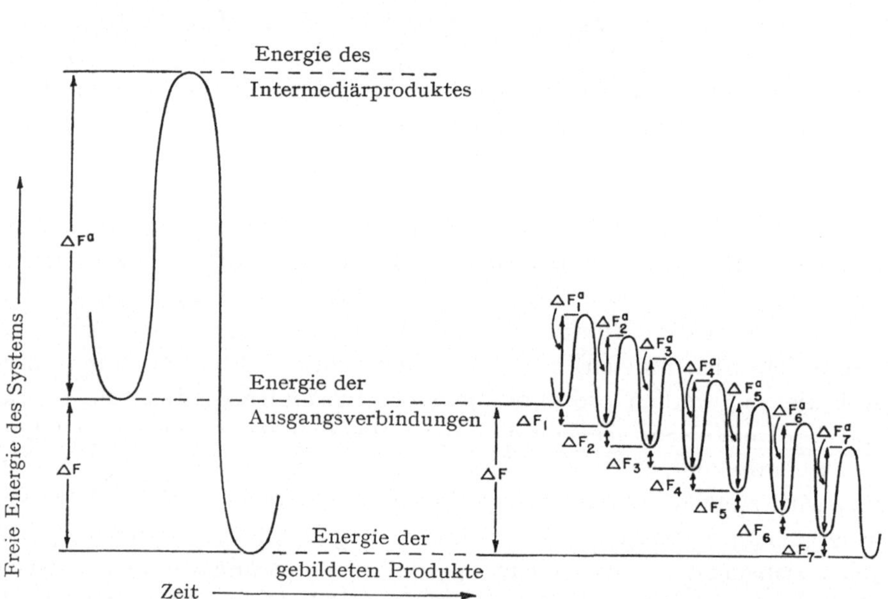

Abb. 27. Die Aktivierungsenergie für eine Einstufen- und eine Mehrschrittkatalyse; ΔF^a Aktivierungsenergie; ΔF Änderung der freien Energie des jeweilig betrachteten Reaktionsschrittes

Eine weitgehend ungestörte Katalyse ist dann gegeben, wenn die Differenz zwischen der freien Energie zu Beginn der Reaktion, für die Zwischenprodukte und zum Abschluß der Reaktion eine für jede Stufe gleichsinnige Änderung der freien Energie anzeigt. So liegt die freie Energie des Zwischenproduktes bei der Peptidspaltung durch α-Chymotrypsin gerade zwischen den Beträgen für das Ausgangssubstrat und dem Endprodukt. Abgesehen von bestimmten Ausnahmen stellt diese einseitig gerichtete Abnahme der freien Energie ein allgemeines Kennzeichen enzymatischer Katalysen dar.

Die konzertierte Aktion während der Katalyse

Der Kontakt zwischen Substrat und Enzym ermöglicht den Ablauf einer Reihe gekoppelter Reaktionen, bei denen Protonen oder Elektronen von einer Atomgruppe des Substrates auf andere räumlich davon entfernte Reste übertragen werden. Die Synchronisierung dieser Vorgänge stellt einen thermodynamischen Vorteil dar im Vergleich zu einer vergleichbaren Folge von Reaktionen, bei denen die Einzelschritte nacheinander ablaufen würden. Dies bedeutet, daß die gekoppelte Reaktion den Aktivierungsberg abträgt.

Im Falle des α-Chymotrypsins wird ein Proton aus dem Histidinrest im aktiven Zentrum des Enzyms abgezogen und gleichzeitig auf einen eng benachbart liegenden Serinrest übertragen. Aus dieser gekoppelten Reaktion geht ein Acylester zwischen Substrat und Serinrest des Enzyms hervor. In einer zweiten Stufe wird ein Proton aus dem Serinrest abgezogen und wieder auf den Histidinrest übertragen. Dabei wird der Acylester verseift, und die freie Carbonsäure und der unsubstituierte Hydroxylrest des Serins verbleiben als Reaktionsprodukte.

Die Gleichzeitigkeit von Spaltun und Bildung bestimmter Bindungen, z. B. bei der Hydrolyse des Acylesters des Substrates und der Bildung des Acylesters zwischen Substrat und Enzym stellt die Grundlage für die Theorie der Enzymwirkungen dar. Diese Kooperation zwischen Bildung und Spaltung ist nur in einem System möglich, das sich wie eine chemische Einheit verhält. Beim α-Chymotrypsin handelt es sich um die Wechselwirkung zwischen vier verschiedenen Reaktionspartnern: 1. dem Substrat, 2. einem Histidinrest, 3. einem Serinrest und 4. einem Molekül Wasser. Sie bilden ein einziges zusammengesetztes molekulares System, in dem Protonabzug und -verschiebung bzw. Elektronenabzug und -verschiebung in idealer Weise synchronisierbar sind. Solche zusammengesetzten molekularen Systeme bieten daher die günstigsten Bedingungen, die für den Ablauf aller katalytischen Prozesse gefordert werden müssen.

Wird als synthetisches Substrat des α-Chymotrypsins ein Ester zwischen einer Carbonsäure und einem Alkohol verwandt, so wird zunächst der Carbonsäurerest von seiner ursprünglichen Akoholgruppe auf die des Serins übertragen und es bildet sich der Acylester mit dem Enzym. Auf der letzten Stufe schließlich reagiert ein Wassermolekül mit dem Ester, spaltet die Carbonsäure vom Serin ab und regeneriert die Hydroxylgruppe des Serins. Gleichzeitig stellt der Histidinrest zu Beginn der Katalyse ein Proton für die Carbonsäuregruppe des Esters zur Verfügung, das er wiederum vom Serin zurückerhält. In der Schlußreaktion überträgt ein Histidinrest ein Proton auf das Serin und komplettiert sich wieder mit einem Proton aus dem Wasser. Damit sind rein mechanistisch die Start- und Schlußreaktionen der Katalyse identisch. Es handelt sich stets um Umesterungen der Acylgruppe. Von besonderer Bedeutung ist jedoch die Tatsache, daß die gleiche Zwischenverbindung sowohl bei der Acylierung als auch bei der Desacylierung beteiligt ist. Wäre dies nicht so, so müßten die beiden Reaktionsstufen über verschiedene katalytische Mechanismen verlaufen, was bei einem einzigen aktiven Zentrum extrem unwahrscheinlich wäre: Daraus muß man den wichtigen Schluß ziehen, daß bei einer katalytischen Zweistufenreaktion stets die gleichen katalytischen Elemente beteiligt sind und daher auch der allgemeine Reaktionsmechanismus beider Prozesse identisch sein muß.

Es ist ganz zweckmäßig, sich noch einmal die verschiedenen Typen chemischer Reaktionen in Erinnerung zu bringen, die bei einer einfachen enzymatischen Hydrolyse beteiligt sind: Protonenübertragung, Umesterung und Anlagerungsreaktion. Mit dieser mechanistischen Betrachtung verschwimmen gleichzeitig die Grenzen zwischen den verschiedenen Typen enzymatischer Reaktionen und die Grundprinzipien der enzymatischen Katalyse werden weitgehend unabhängig von der jeweilig betrachteten katalysierten Reaktion.

Die Details einer enzymatischen Katalyse lassen sich sowohl durch die Art der katalysierten Reaktion als auch durch die Natur der katalytisch aktiven Gruppen im Enzym beschreiben. Nicht bei allen enzymatischen Reaktionen geht das Substrat mit dem Enzym eine kovalente Bindung ein, wie es beim α-Chymotrypsin beobachtet wird. Und Histidin und Serin gehören nicht in allen Enzymen zu den aktiven Zentren. Man muß daher zwischen den besonderen Kennzeichen der α-Chymotrypsinwirkung und den mehr allgemeinen Merkmalen enzymatischer Prozesse unterscheiden. Die Einpassung des Substrates in das Enzym, die konzertierte Aktion verschiedener Teilreaktionen, der intramolekulare Charakter des Enzym-Substratkomplexes und die Mehrschrittkatalyse gehören zu den universellen Kennzeichen enzymatischer Reaktionen. Da Enzyme für alle cellulären Aktivitäten verantwortlich sind, berührt man bei einer vollständigen Behandlung aller enzymatischer Aktivitäten auch sämtliche biologische Phänomene. Diese zentrale Stellung der Enzyme ist im Zusammenhang mit den verschiedensten biologischen Disziplinen in Abb. 28 angedeutet:

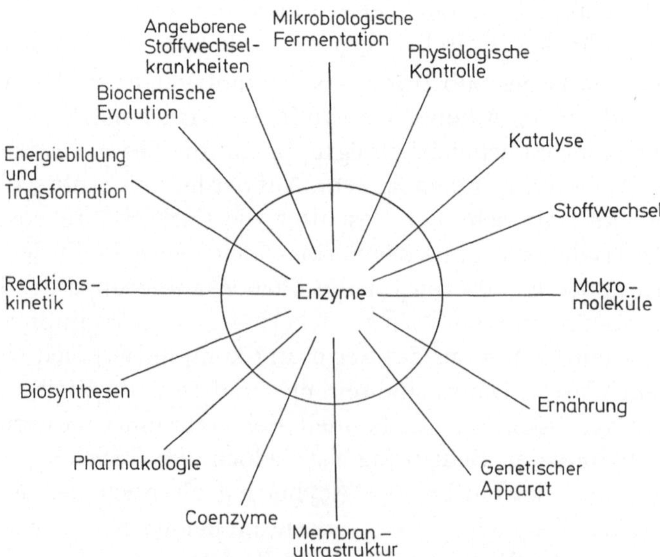

Abb. 28. Die zentrale Bedeutung der Enzyme und der Enzymologie in der Biologie

Die Ernährungswissenschaft schließt die Erforschung von Art und Menge der Nahrungsbestandteile ein, die für die Synthese und Komplettierung von Enzymen und deren prosthetischer Gruppen notwendig sind. Die Pharmakologie befaßt sich mit der Fähigkeit bestimmter Stoffe, die enzymatischen Aktivitäten eines Organismus zu verändern. Auf dem Gebiet der Medizin handelt es sich in diesem Zusammenhang hauptsächlich um die Beschreibung von Zellanormalitäten, bei denen z. B. pathogene Enzymmuster zu beobachten sind. Unter der biologischen Ultrastruktur verstehen wir die Membransysteme, die für die sinnvolle Lagerung und Fixierung der verschiedenen Enzyme in der Zelle notwendig sind. Bei der Genetik werden die Faktoren und ihre Wirkungsweise beschrieben, die an der Vererbung beteiligt sind. Sie kontrollieren z. B. die Qualität und Quantität der Enzyme. Die Physiologie konzentriert sich auf die Vorgänge beim aktiven Transport, bei der Muskelkontraktion und Nervenleitung, die alle gleichermaßen von der Aktivität bestimmter Enzyme abhängen. Aus diesem Grunde kann es nicht verwundern, daß sich die Enzymologie im Mittelpunkt aller biologischen und biochemischen Forschungen befindet und wahrscheinlich immer dort bleiben wird.

Kapitel 5

Enzyme, Spurenelemente, Coenzyme

Prosthetische Gruppen

Eine beträchtliche Anzahl von Enzymen enthält zusätzlich zum Protein noch bestimmte Stoffe, deren Menge manchmal weniger als 1%, bezogen auf das Gesamtgewicht des Enzyms, betragen kann. Trotz dieses geringen Gehaltes sind sie von überragender Bedeutung für die biologische Aktivität des Enzyms. Knapp 30 solcher Verbindungen wurden inzwischen charakterisiert, die aus einfachen Metallatomen bis zu komplexen organischen Molekülen bestehen. Sie werden als prosthetische Gruppen oder Coenzyme bezeichnet. Bis auf wenige Ausnahmen sind die prosthetischen Gruppen nicht durch andere Coenzyme am gleichen Protein ersetzbar, d. h. der Proteinanteil eines Enzyms ist auf die Gegenwart eines bestimmten Coenzyms angewiesen, wenn eine optimale biologische Aktivität erreicht werden soll. Im allgemeinen benötigen *die* Enzyme prosthetische Gruppen, die an oxydierenden bzw. reduzierenden Reaktionen beteiligt sind, während die Enzyme, die hydrolytische Reaktionen katalysieren, in der Regel ohne Coenzyme auskommen.

In zahlreichen Fällen ist die prosthetische Gruppe so fest am Protein fixiert, daß der Komplex die Isolierungs- und Reinigungsoperationen von Enzymen unversehrt übersteht. In anderen Fällen dagegen zerfällt das Enzym während der Aufarbeitung und die prosthetische Gruppe wird abgespalten. In diesem Falle spricht man von einem Coenzym, das von dem zurückbleibenden Apoenzym abgetrennt wurde. Coenzym A zählt zu den Substanzen, die die offizielle Bezeichnung Coenzym tragen. Es ist aber Teil eines Substratmoleküls und daher genau genommen kein Coenzym.

Der Proteinanteil, d.h. das Enzym minus prosthetische Gruppe, das Apoenzym, ist als latentes Enzym anzusehen, das erst nach Zusatz des entsprechenden Coenzyms seine biologische Aktivität entfaltet.

Funktionen der Coenzyme

Der Mechanismus der Coenzymwirkung hängt von der Art der katalysierten Reaktion ab. Prosthetische Gruppen oder Coenzyme *der* Enzyme, die oxydative Prozesse katalysieren, erleiden stets selbst Oxydoreduktionen. Sie dienen dabei als primäre Acceptoren für Elektronen oder Protonen, die aus dem oxydierten Substrat stammen. Prosthetische Gruppen der Enzyme, die Gruppenübertragungen katalysieren, z. B. Transaminierungen oder die Übertragung der Formylgruppe, fixieren die fragliche Gruppe, die von einem Substratmolekül als Donor stammt, und übertragen sie schließlich auf ein weiteres Substratmolekül als Acceptor. Metallische Coenzyme, z. B. Mg oder Zn, spielen schließlich eine Rolle als Fixpunkte auf dem Enzym, durch die Substrat und Coenzym in geeigneter Weise zueinander ausgerichtet werden. Ein Großteil der Vitamine verhält sich ebenfalls wie Coenzyme, woraus wichtige biologische Schlüsse abgeleitet werden können. Da eine Reihe von Tieren nicht in der Lage ist, diese Coenzyme selbst zu synthetisieren, bleibt das Apoenzym so lange biologisch inaktiv, bis das Coenzym mit der Nahrung zugeführt wird: Diese kontrollierte Zufuhr der prosthetischen Gruppe ist auch deshalb notwendig, weil die Enzyme auf Grund ihrer begrenzten Stabilität fortlaufend nachgebildet werden müssen. Werden Tiere auf einer Vitamin-freien Diät gehalten, so bilden sich Krankheitssymptome aus, die auf den Ausfall eines oder weniger Schlüsselenzyme zurückgeführt werden können. Eine Vitamin B_1-frei ernährte Taube zeigt Ausfallerscheinungen des Gehirns, die durch Injektion des fehlenden Vitamins sofort aufgehoben werden können. (Allerdings nur dann, wenn der Vitaminmangel nicht über längere Zeit bestand, und es dadurch nicht zu irreversiblen Schäden kam.) Das Vitamin wird dabei durch Addition von Pyrophosphat in das eigentliche Coenzym überführt, das rasch auf dem Apoenzym gebunden wird.

Hinsichtlich des Coenzymbedarfs oder der Fähigkeit zur Synthese der Coenzyme bestehen bei verschiedenen Tiergruppen recht große Unterschiede, d. h. der Vitaminbedarf verschiedener Species ist außerordentlich unterschiedlich. Aus dem Vitaminbedarf des Menschen kann man z. B. nicht auf den der Ratte schließen (und umgekehrt), da die Ratte eine Vielzahl von Coenzymen selbst zu synthetisieren vermag.

Pflanzen und Mikroorganismen sind die eigentliche Quelle für Vitamine und deren Vorläufer. Sowohl bei Mikroorganismen als auch bei Pflanzen und Tieren ist bei Enzymen vergleichbarer biologischer Funktion jeweils die gleiche prosthetische Gruppe wirksam. Im Gegensatz zur tierischen Zelle vermag jedoch die Pflanzenzelle alle prosthetischen Gruppen selbst zu synthetisieren.

Viele prosthetische Gruppen bestehen aus Metallen, z. B. Ca, Zn, Fe, Co, Mg, Mo oder Mn. Werden diese Metalle nicht mit der Nahrung zugeführt, so können die entsprechenden Enzyme nicht wirken. Sowohl Vitamine als auch Metalle werden mit der Nahrung nur in relativ geringen Mengen zugeführt, in der Regel nicht mehr als 1 mg/kg Nahrung.

Als Besonderheit benötigen einige Enzyme mehr als eine prosthetische Gruppe. So enthält das Enzym Pyruvatdecarboxylase, die Brenztraubensäure zu Acetaldehyd und CO_2 decarboxyliert, sowohl die prosthetische Gruppe Cocarboxylase (Vitamin B_1-Pyrophosphat) als auch Mg^{++}. Hierbei fungiert Mg^{++} als chemisches Verbindungsglied zwischen Apoenzym und Cocarboxylase. Ebenso enthält

Xanthinoxidase, die die Oxydation von Hypoxanthin zu Harnsäure mit molekularem Sauerstoff katalysiert, drei prosthetische Gruppen: Flavinadenindinucleotid, Fe und Mo. Hier handelt es sich um einen sog. Multienzymkomplex, in dem Flavinadenindinucleotid als funktionelle Gruppe wirkt. Sie steht in Wechselwirkung mit einem Elektronen-übertragenden Multienzym, in dem Fe und Mo als prosthetische Gruppen wirken: In einem späteren Kapitel wird das Elektronentransportsystem der Mitochondrien, an dem ebenfalls eine Flavin-haltige Dehydrogenase beteiligt ist, abgehandelt werden. Bei den Enzymen, bei denen mehr als ein Coenzym für die enzymatische Reaktion benötigt wird, läuft eine Vielschrittreaktion ab. Hierbei ist an jedem Schritt nur eine einzige prosthetische Gruppe beteiligt.

Mechanismus der Coenzymwirkung

Eine Reihe von Coenzymen weist eine verwickelte Struktur auf, in der zwar nur ein oder zwei Atome direkt an der Katalyse beteiligt sind, der Rest aber für die korrekte Fixierung des gesamten Moleküls im Kontakt mit dem Apoenzym notwendig ist. Der Einfachheit halber soll daher dieses reaktive Atom oder diese reaktive Atomgruppe gesondert von dem übrigen nicht direkt an der Katalyse beteiligten Molekülrest behandelt werden.

Für die Bildung oder Spaltung von C–C-Bindungen existieren Enzyme, die als funktionelle Gruppe Cocarboxylase (Thiaminpyrophosphat) enthalten.

Decarboxylierung von Brenztraubensäure $CH_3COCOOH \rightarrow CH_3CHO + CO_2$,
Acetoin-Bildung $2\,CH_3COCOOH \rightarrow CH_3{-}CO{-}CH(OH){-}CH_3 + 2\,CO_2$,
C_2-Übertragung.

				[CH_2OH | C=O]		
[CH_2OH | C=O]		CHO		HOCH		
OHCH		HCOH		HOCH		CHO
HCOH	+	HCOH	⇌	HCOH	+	HCOH
$H_2COPO_3H_2$		HCOH		HCOH		$H_2COPO_3H_2$
		$H_2COPO_3H_2$		$H_2COPO_3H_2$		
D-Xylulose-phosphat		D-Ribose-5-phosphat		D-Sedoheptulose-7-phosphat		D-Glycerinaldehyd-3-phosphat

Wird eine C–C-Bindung neu gebildet, so trägt das eine C-Atom vorher eine Carbonylfunktion. Bei der Spaltung der C–C-Bindung tragen beide C-Atome nach der Spaltung eine Carbonylfunktion. Der in der Cocarboxylase enthaltene Thiazolring enthält die Gruppierung –N–C–S–, die als Schlüsselatome bei der katalysierten Reaktion dienen.

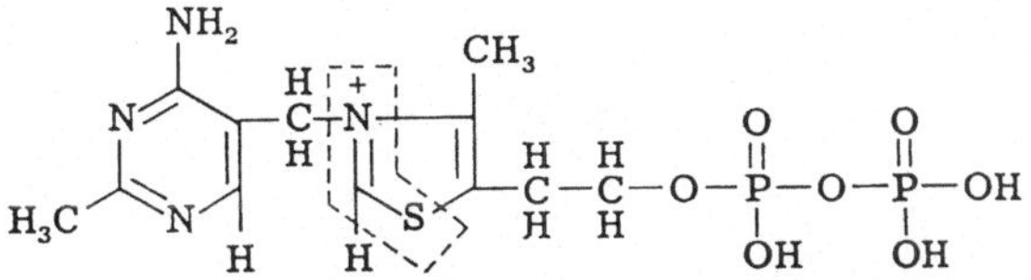

Pyrimidinring Thiazolring Pyrophosphatkette

Cocarboxylase

Man kann daher das Coenzym als

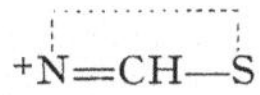

$$^{+}N{=}CH{-}S$$

schreiben, in dem die punktierte Linie den Rest des Moleküls darstellt. Betrachtet man die Decarboxylierung der Brenztraubensäure zu Acetaldehyd und CO_2, so bildet sich ein Substrat-Coenzymkomplex, der schließlich in Aldehyd und freies Coenzym zerfällt:

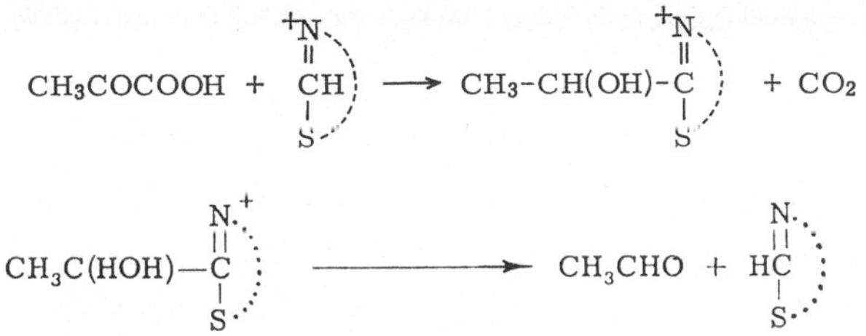

$$CH_3COCOOH + {}^{+}N{=}CH{-}S \longrightarrow CH_3{-}CH(OH){-}C({=}N^{+})({-}S) + CO_2$$

$$CH_3C(HOH){-}C({=}N^{+})({-}S) \longrightarrow CH_3CHO + N{=}HC{-}S$$

Die Cocarboxylase wird über die am Thiazolring gebundene Pyrophosphatgruppe an Mg^{++} fixiert, das wiederum durch das Apoprotein gebunden wird. Der vollständige Konplex lautet daher

Cocarboxylase—Mg—Protein.

Redoxreaktionen werden häufig durch Enzyme katalysiert, die Riboflavin als prosthetische Gruppen enthalten. Riboflavin besteht aus einem Dreiringsystem

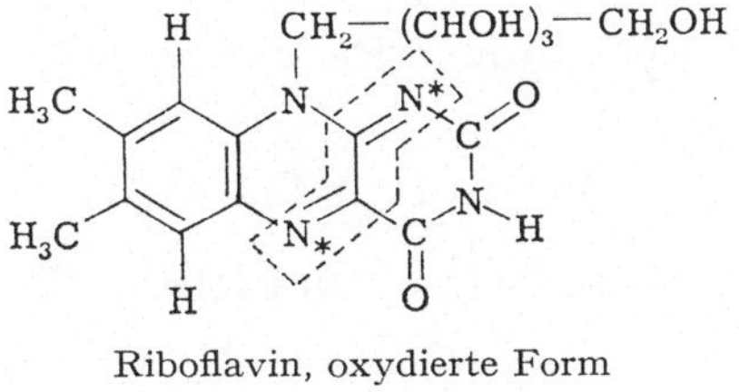

$CH_2{-}(CHOH)_3{-}CH_2OH$

Riboflavin, oxydierte Form

und einem zuckerähnlichen Alkohol. Zwei der vier in dem Ringsystem vorkommenden Stickstoffatome fungieren als Schlüsselatome für die katalytische Wirkung. Vereinfachend läßt sich daher die oxydierte Form des Riboflavins als

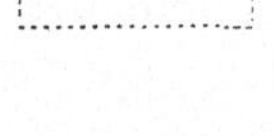

$$N{=}C{-}C{=}N$$

die reduzierte Form als

HN—C=C—NH

schreiben.

Die reduzierte Form geht in Gegenwart von Sauerstoff sehr rasch in die oxydierte Form über, wobei der Sauerstoff gleichzeitig zu H_2O_2 reduziert wird. Grundlage der katalytischen Wirkung des Flavins ist der reversible Übergang zwischen der oxydierten und der reduzierten Form des Coenzyms. Dabei werden zwei Wasserstoffatome vom Substrat auf die oxydierte Form oder zwei H-Atome aus der reduzierten Form auf einen geeigneten Acceptor übertragen. Der Übergang kann auch schrittweise verlaufen, wobei zunächst nur ein H-Atom übertragen wird. Das halb reduzierte Coenzym erscheint nun als freies Radikal und akzeptiert in dieser Form das zweite H-Atom.

N=C—C=N + H ⟶ HN—C*—C=N

HN—C*—C=N + H ⟶ HN—C=C—NH

Die Intermediärform mit ihrem Semichinon-ähnlichen Zustand vermag sich durch Bildung zweier Grenzformen zu stabilisieren.

HN—C*—C=N ⇌ N=C—C*—NH

Dabei läßt sich das ungepaarte Elektron nicht mehr genau lokalisieren, d. h. es hat sich eine Resonanz ausgebildet.

Die drei möglichen Stufen des Flavins werden tatsächlich bei verschiedenen Enzymen unterschiedlich bevorzugt. So findet man bei der D-Aminosäureoxidase den Übergang

$$\text{Flavin} \rightleftarrows \text{Flavin-H}\,.$$

Flavin in der NADPH-Cytochrom c-Reduktase liegt dagegen in dem Gleichgewicht

$$\text{Flavin-H} \rightleftarrows \text{Flavin-H}_2$$

vor, und Flavin der Glucoseoxidase transferiert die H-Atome zwischen den beiden Formen

$$\text{Flavin} \rightleftarrows \text{Flavin-H}_2\,.$$

Daneben existieren weitere Formen des H-Austausches. So erfolgt bei bestimmten Flavoproteiden ein kooperativer H-Transfer zwischen der Flavingruppe und benachbarten Mercaptogruppen oder einem benachbarten Fe-Atom.

Riboflavin kommt als Coenzym in zwei verschiedenen Formen vor, entweder als Flavinmononucleotid (FMN), in dem die Ribitylgruppe des Riboflavins mit

Phosphorsäure verestert ist, oder als Flavinadenindinucleotid, in dem Adenosindiphosphat an der Ribitylgruppe gebunden ist (FAD). Allgemein kann man diese prosthetischen Gruppen so formulieren:

Base–Zucker–Phosphat

oder

Base–Zucker-analoge Verbindung–Phosphat

oder z. B. im Falle des FAD

Base–Zucker–Phosphat–Phosphat–Zucker–Base.

Dabei sind unter der Bezeichnung Base Verbindungen wie Thiamin oder Flavin und unter Zucker die Ribose zu verstehen. Die Bezeichnung Zucker-analoge Verbindung steht für Pantothensäure in Coenzym A oder Ribit in Riboflavin.

Zwei wichtige Coenzyme enthalten den Pyridinring.

H, H, $CONH_2$, 4, 5, 3, 6, 1, 2, H, N^+, H, R — Reduktion ⇄ Oxydation — H, H, H, $CONH_2$, H, N, H, R

Wenn R darin Ribose-phosphat-phosphat-adenosin ist, handelt es sich um NAD^+. Bedeutet dagegen R Ribose-phosphat-phosphat-adenylsäure, so liegt $NADP^+$ vor:

Werden NAD^+ oder $NADP^+$ reduziert, so werden aus einem Substratmolekül SH_2 zwei Elektronen und ein Proton auf das Coenzym übertragen, während ein Proton frei wird:

$$SH_2 + NAD^+ (NADP^+) \rightarrow S + NADH (NADPH) + H^+$$

Die Reduktion erfolgt als 1:4-Addition, d. h. ein Elektron wird an N–1, ein H-Atom an C–4 addiert. Unter bestimmten Bedingungen wird jedoch auch eine 1:6-Addition beobachtet, z. B. beim mitochondrialen Elektronentransport, wo ein Elektron an N–1 und ein H-Atom an C–6 fixiert werden.

NAD^+ bzw. $NADP^+$ kommen in zahlreichen Enzymen als prosthetische Gruppe vor, wobei jedes Enzym für ein bestimmtes Substrat oder eine Substratgruppe spezifisch ist. Das Eiweiß bestimmt demnach die Substratspezifität des Enzyms, die prosthetische Gruppe erfüllt dagegen die gleiche Funktion in zahlreichen oxydierenden und reduzierenden Enzymen unabhängig von den jeweilig akzeptierten Substratmolekülen. Da sowohl NAD^+ als auch $NADP^+$ relativ leicht von ihren Apoenzymen zu dissoziieren vermögen, besteht ein Wechselspiel zwischen dem reduzierten Substrat des einen Enzyms und dem oxydierten Substrat eines anderen dadurch, daß beide Enzyme ein Coenzymmolekül nacheinander gemeinsam haben. Das bedeutet, daß mit Hilfe des gemeinsamen Coenzyms zwei Reaktionen miteinander gekoppelt werden können. Das läßt sich recht gut an Hand der beiden durch Alkoholdehydrogenase bzw. β-Hydroxybuttersäuredehydrogenase katalysierten Reaktionen verfolgen

$$\underset{\text{Äthanol}}{CH_3CH_2OH} + NAD^+ \rightleftarrows \underset{\text{Acetaldehyd}}{CH_3CHO} + NADH + H^+$$

$$\underset{\beta\text{-Hydroxybuttersäure}}{CH_3CH(OH)CH_2COOH} + NAD^+ \rightleftarrows \underset{\text{Acetessigsäure}}{CH_3COCH_2COOH} + NADH + H^+$$

Wird das Produkt der 1. Reaktion (Acetaldehyd) mit dem Substrat der 2. Reaktion (β-Hydroxybuttersäure) in Gegenwart der beiden Enzyme und NAD^+ inkubiert, so erfolgt nebeneinander sowohl eine Oxydation der β-Hydroxybuttersäure zu Acetessigsäure als auch eine Reduktion von Acetaldehyd zu Äthanol. Die Einzelstufen der Oxydoreduktion sind durch „ihr" Coenzym miteinander gekoppelt.

$$CH_3CHOHCH_2COOH + CH_3CHO \rightleftarrows CH_3COCH_2COOH + CH_3CH_2OH$$

Solche Kopplungen spielen bei zahlreichen Reaktionsfolgen im Stoffwechsel eine wichtige Rolle.

Vitamin B_6 ist Bestandteil des Coenzyms Pyridoxalphosphat

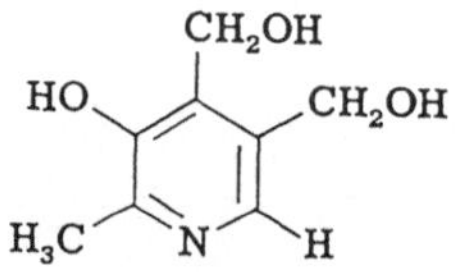

Pyridoxin

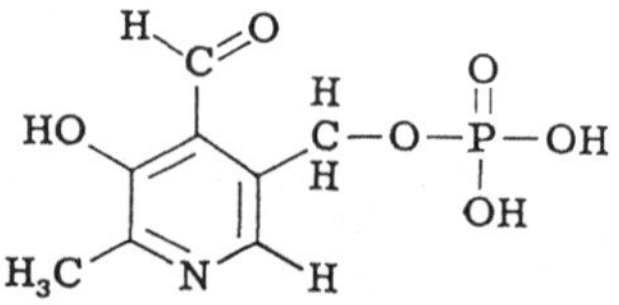

Pyridoxalphophat

Hier ist die Aldehydgruppe für die Funktion des Coenzyms notwendig. Daher kann es kurz auch als R–CHO geschrieben werden, wobei R den gesamten Rest der prosthetischen Gruppe darstellt. Praktisch alle durch Pyridoxalphosphathaltige Enzyme katalysierten Prozesse erfolgen über eine Reaktion der Aldehydgruppe mit einer Aminogruppe des Substrates

$$\underset{\text{Aldehyd-Coenzym}}{RCHO} + \underset{\text{Amin}}{NH_2\overline{R}} \rightarrow \underset{\text{Schiff'sche Base}}{RCH{=}N\overline{R}} + H_2O$$

Das Produkt wird als Schiffsche Base bezeichnet und kann anschließend in geeigneter Weise umgewandelt werden. So katalysieren verschiedene Transaminasen die Übertragung der Aminogruppe von Aminosäuren auf Ketosäuren.

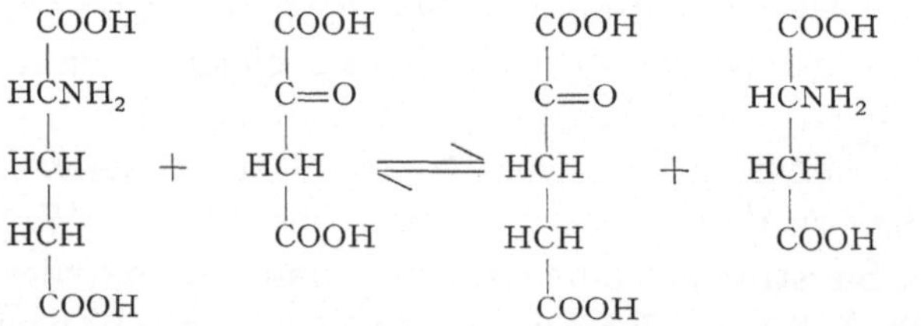

$$\underset{\text{Glutaminsäure}}{\begin{array}{c}COOH\\|\\HCNH_2\\|\\HCH\\|\\HCH\\|\\COOH\end{array}} + \underset{\text{Oxalessigsäure}}{\begin{array}{c}COOH\\|\\C{=}O\\|\\HCH\\|\\COOH\end{array}} \rightleftharpoons \underset{\alpha\text{-Ketoglutarsäure}}{\begin{array}{c}COOH\\|\\C{=}O\\|\\HCH\\|\\HCH\\|\\COOH\end{array}} + \underset{\text{Asparaginsäure}}{\begin{array}{c}COOH\\|\\HCNH_2\\|\\HCH\\|\\COOH\end{array}}$$

Die Zwischenprodukte dieser Reaktion sind dem nachfolgenden Schema zu entnehmen. Dabei wird zunächst die Schiffsche Base zwischen dem Coenzym und der Glutaminsäure gebildet und aus der aminierten Form (Pyridoxamin) die Aminogruppe auf das geeignete Substrat übertragen.

$$\underset{\text{Aldehyd-Coenzym}}{R\overset{H}{C}{=}O} + \underset{\text{Glutaminsäure}}{H_2N{-}\overset{H}{C}(COOH)CH_2CH_2COOH} \rightarrow \underset{\text{Schiffsche Base}}{R\overset{H}{C}{=}N{-}\overset{H}{C}(COOH)CH_2CH_2COOH} + H_2O$$

$$R\overset{H}{C}{=}N{-}\overset{H}{C}(COOH)CH_2CH_2COOH \rightleftharpoons R\overset{H}{\underset{H}{C}}{-}N{=}C(COOH)CH_2CH_2COOH$$

$$R\overset{H}{\underset{H}{C}}{-}N{=}C(COOH)CH_2CH_2COOH + H_2O \rightarrow \underset{\text{Aminiertes Coenzym}}{R\overset{H}{\underset{H}{C}}NH_2} + \underset{\alpha\text{-Ketoglutarsäure}}{O{=}C(COOH)CH_2CH_2COOH}$$

$$R\overset{H}{\underset{H}{C}}{-}NH_2 + \underset{\text{Oxalessigsäure}}{O{=}C(COOH)CH_2COOH} \rightarrow R\overset{H}{\underset{H}{C}}{-}N{=}C(COOH)CH_2COOH + H_2O$$

$$R\overset{H}{\underset{H}{C}}{-}N{=}C(COOH)CH_2COOH \rightleftharpoons R\overset{H}{C}{=}N{-}\overset{H}{C}(COOH)CH_2COOH$$

$$R\overset{H}{C}{=}N{-}\overset{H}{C}(COOH)CH_2COOH + H_2O \rightarrow \underset{\text{Aldehyd-Coenzym}}{R\overset{H}{C}{=}O} + \underset{\text{Asparaginsäure}}{H_2N\overset{H}{C}(COOH)CH_2COOH}$$

Auch die Umwandlung von Serin in Glycin wird unter Abspaltung von Formaldehyd durch ein Pyridoxalphosphat-haltiges Enzym katalysiert.

$$R\overset{H}{C}{=}O + \underset{\text{Serin}}{H_2NCH(COOH)\cdot CH_2OH} \rightarrow \underset{\text{Schiffsche Base}}{R\overset{H}{C}{=}N{-}\overset{H}{C}(COOH)\cdot CH_2OH} + H_2O$$

$$R\overset{H}{C}{=}N{-}\overset{H}{C}(COOH)\cdot CH_2OH \rightarrow R\overset{H}{C}{=}N{-}\overset{H}{\underset{H}{C}}(COOH) + \underset{\text{Formaldehyd}}{\overset{H}{\underset{H}{C}}{=}O}$$

$$R\overset{H}{C}{=}N{-}\overset{H}{\underset{H}{C}}(COOH) + H_2O \rightarrow R\overset{H}{C}{=}O + \underset{\text{Glycin}}{H_2NCH_2COOH}$$

Hierbei handelt es sich auch um die Bildung und die anschließende Spaltung einer Schiffschen Base. Formaldehyd wird allerdings nicht als solcher abgespalten, sondern an Tetrahydrofolsäure gebunden, die selbst Coenzym eines anderen Enzyms ist. Der Komplex zwischen Glycin und Pyridoxalphosphat wird schließlich hydrolysiert und das Coenzym regeneriert. Im Endeffekt handelt es sich demnach bei der Umwandlung von Serin in Glycin um die Abspaltung einer Hydroxymethylgruppe.

Die Spaltung der Schiffschen Base und die Weiterverwendung der Spaltprodukte werden durch das Enzymprotein bestimmt, an dem das Coenzym Pyridoxalphosphat fixiert ist. Auch hier laufen am Coenzym alle chemischen

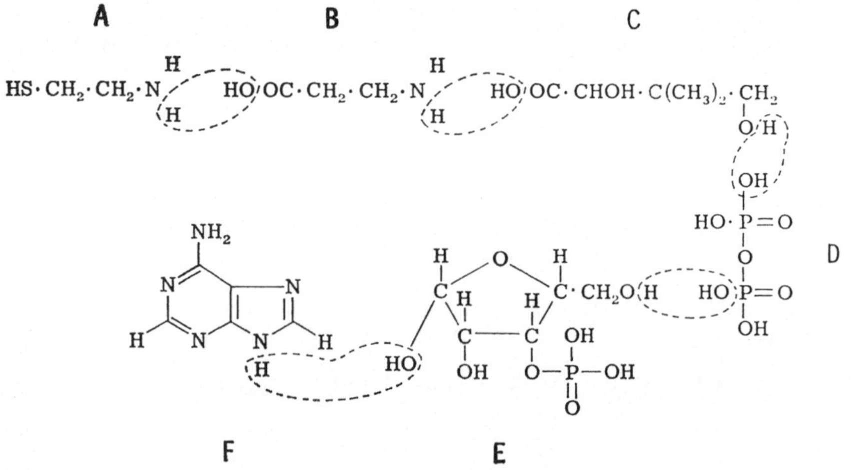

Abb. 29. Die einzelnen Komponenten des Coenzyms A bei dessen Bildung. A Cysteamin (Thioäthanolamin); B β-Alanin; C Pantothensäure; D Pyrophosphorsäure; E Ribose-3'-monophosphat; F Adenin

Reaktionen ab; das Apoenzym arrangiert lediglich das Coenzym mit „seinem" Substrat und erzeugt damit die für die Reaktion notwendige Spezifität, indem es die geeignete sterische Anordnung der Reaktionspartner garantiert.

Trotz der komplizierten Struktur des Coenzyms A ist dessen Wirkungsweise relativ einfach. Die für die Bindung notwendige Gruppe ist eine Sulfhydrylgruppe, so daß das Coenzym vereinfacht als R–SH geschrieben werden kann: Die Struktur von Coenzym A folgt der bereits früher bei der Beschreibung des $NADP^+$ erwähnten Anordnung. Die Komponenten

Adenin–(Ribose-3'-phosphat)–Pyrophosphat
|
Cysteamin —β-Alanin —Pantothensäure

lassen sich nämlich auch durch

Base–Zucker–Phosphorsäure–Phosphorsäure–Zucker–Base

beschreiben, wobei Pantothensäure als Zuckeranaloges und das Dipeptid Cysteamin-β-alanin als Base fungieren:

Coenzym A ist streng genommen keine den übrigen Coenzymen vergleichbare Verbindung, sondern reagiert mit dem Substrat und verleiht ihm dadurch eine besonders hohe Reaktionsbereitschaft. So katalysiert ein Enzym die Umwandlung von Acetat in Acetyl-Coenzym A, wobei gleichzeitig ATP zu AMP und Pyrophosphat gespalten wird.

$$CH_3COOH + HSR \xrightarrow{ATP} CH_3C(=O)\text{—}S\text{—}R + H_2O$$

Acetyl-Coenzym A ist demnach ein Thioester, wobei die Reaktionsfähigkeit der Acetylgruppe stark erhöht ist. Die Synthese von Acetyl-Coenzym A (abgekürzt Acetyl-CoA) stellt daher den ersten Schritt für eine Reihe von Kondensationsreaktionen dar, die der Acetatrest unter Bildung von langkettigen Fettsäuren eingeht.

Aber auch die Fettsäuren selbst unterliegen zahlreichen Oxydations- oder Kondensationsreaktionen stets in Form ihrer Thioester mit Coenzym A. So wird bei der oxydativen Decarboxylierung von Brenztraubensäure oder α-Ketoglutarsäure das jeweilige Produkt in Form der Coenzym A Ester freigesetzt, nämlich Acetyl-CoA bzw. Succinyl-CoA.

Acetyl-CoA spielt in zahlreichen Biosynthesen eine wichtige Rolle, von denen an dieser Stelle nur einige herausgegriffen sind.

$$CH_3COSCoA + CH_3COSCoA \rightarrow \underset{\text{Acetacetyl-CoA}}{CH_3COCH_2COSCoA} + CoASH$$

$$CH_3COSCoA + CO_2 \rightarrow \underset{\text{Malonyl-CoA}}{COOHCH_2COSCoA}$$

$$CH_3COSCoA + \underset{\text{Aromatisches Amin}}{NH_2R} \rightarrow \underset{\text{Acetyliertes Amin}}{CH_3CONHR} + CoASH$$

$$CH_3COSCoA + \underset{\text{Malonyl-CoA}}{COOHCH_2COSCoA} \rightarrow \underset{\text{Acetacetyl-CoA}}{CH_3COCH_2COSCoA} + CoASH + CO_2$$

$$CH_3COSCoA + \underset{\text{Oxalessigsäure}}{COOHCOCH_2COOH} \rightarrow \underset{\text{Citronensäure}}{COOHCOH(CH_2COOH)CH_2COOH} + CoASH$$

$$CH_3COSCoA + \underset{\text{Butyryl-CoA}}{CH_3CH_2CH_2COSCoA} \rightarrow \underset{\beta\text{-Ketohexanoyl—CoA}}{CH_3CH_2CH_2COCH_2COSCoA} + CoASH$$

Betrachtet man lediglich die Funktion der Liponsäure, so handelt es sich um eine „Kreuzung" zwischen Coenzym A und Flavin, da sie sowohl als Überträger von Acylgruppen als auch als Elektronenacceptor wirkt, wobei diese beiden Wirkungen synchron erfolgen. Entsprechend kann Liponsäure in oxydierter oder in reduzierter From vorliegen.

$$\underset{S\text{——}S}{H_2C\text{—}CH_2\text{—}CH}\text{—}CH_2\text{—}CH_2\text{—}CH_2\text{—}CH_2\text{—}COOH$$

Liponsäure, oxydierte Form

$$\underset{SH\quad\quad SH}{H_2C\text{—}CH_2\text{—}CH}\text{—}CH_2\text{—}CH_2\text{—}CH_2\text{—}CH_2\text{—}COOH$$

Liponsäure, reduzierte Form

wobei sich die oxydierte Form vereinfachend als

$$L_{ox} = L\langle \begin{smallmatrix} S \\ | \\ S \end{smallmatrix}$$

und die reduzierte Form als

$$L_{red} = L\langle \begin{smallmatrix} SH \\ \\ SH \end{smallmatrix}$$

beschreiben läßt.

Während der durch Liponsäure katalysierten Reaktion erfolgt ein Übergang zwischen diesen beiden Formen, wobei gleichzeitig ein Elektronentransfer stattfindet: Zusätzlich wird L_{ox} reduktiv acyliert, z. B. mit α-Ketosäuren unter Freisetzung von CO_2:

$$\underset{\alpha\text{-Ketosäure}}{RCOCOOH} + L\langle \begin{smallmatrix} S \\ | \\ S \end{smallmatrix} \longrightarrow \underset{\text{Acyl-Liponsäure}}{L\langle \begin{smallmatrix} SH \\ \\ SCOR \end{smallmatrix}} + CO_2$$

Anschließend wird die Acylgruppe auf Coenzym A übertragen,

$$L\langle \begin{smallmatrix} SH \\ \\ SCOCH_3 \end{smallmatrix} + CoASH \longrightarrow L\langle \begin{smallmatrix} SH \\ \\ SH \end{smallmatrix} + CH_3COSCoA$$

und die dabei freigesetzte reduzierte Form durch ein Flavoproteid oxydiert:

$$L\langle \begin{smallmatrix} SH \\ \\ SH \end{smallmatrix} + \text{Flavin-Enzym} \rightarrow L\langle \begin{smallmatrix} S \\ | \\ S \end{smallmatrix} + \text{reduziertes Flavin-Enzym}$$

Das reduzierte Flavoproteid wird wiederum durch NAD^+ oxydiert. Insgesamt sind demnach bei der reduktiven Acylierung nacheinander vier verschiedene Enzyme beteiligt, die folgende Reaktionen katalysieren:

1. Reduktive Acylierung von L_{ox} in Gegenwart von α-Ketosäuren,
2. Übertragung der Acylgruppe auf Coenzym A,
3. Oxydation von L_{red} zu L_{ox} mit Hilfe eines Flavoproteids, und
4. Oxydation des reduzierten Flavoproteids durch ein NAD^+-haltiges Enzym.

In dieser Reaktionsfolge ist die Liponsäure die prosthetische Gruppe des ersten Enzyms und nach Acylierung das Substrat des zweiten Enzyms: Entsprechend ist Flavin der Elektronenacceptor bei der Bildung von L_{ox} und anschließend der Elektronendonator bei der Oxydation durch NAD^+.

Bei der Umsetzung von Brenztraubensäure oder α-Ketoglutarsäure zu Acetyl-CoA bzw. Succinyl-CoA, an der Liponsäure beteiligt ist,

$$\underset{\text{Brenztraubensäure}}{CH_3COCOOH} + NAD^+ + CoASH \rightarrow \underset{\text{Acetyl-CoA}}{CH_3CO{-}SCoA} + CO_2 + NADH + H^+$$

$$\underset{\alpha\text{-Ketoglutarsäure}}{HOOC{-}CO{-}CH_2{-}CH_2{-}COOH} + NAD^+ + CoASH \rightarrow$$

$$\underset{\text{Succinyl-CoA}}{HOOC{-}CH_2{-}CH_2{-}CO{-}S{-}CoA} + CO_2 + NADH + H^+$$

lassen sich trotz des ähnlichen Reaktionsablaufs grundsätzlich andere makromolekulare Enzymkomplexe nachweisen. In diesen Multienzymkomplexen sind Enzyme wie Teile eines Mosaiks zusammen gefügt. Die reduktive Acylierung erfolgt in einer Zweistufenreaktion, bei der zunächst ein Addukt zwischen Pyridoxalphosphat und der α-Ketosäure gebildet wird.

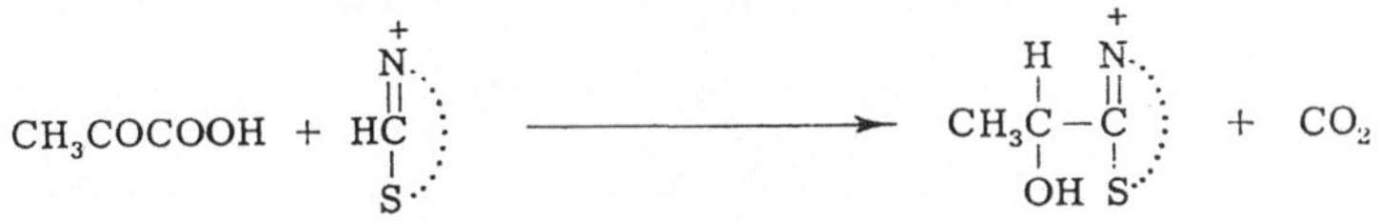

$$CH_3COCOOH + HC(=\overset{+}{N})(S) \longrightarrow CH_3C(H)(OH)-C(=\overset{+}{N})(S) + CO_2$$

Gleichzeitig wird die α-Ketosäure decarboxyliert. In dieser Reaktion verhält sich Pyridoxalphosphat als prosthetische Gruppe einer Carboxylase. Der Aldehydähnliche Komplex mit Pyridoxalphosphat dient anschließend als Substrat der Liponsäure (L_{ox}) und acetyliert sie unter Freisetzung des Pyrodoxalphosphates.

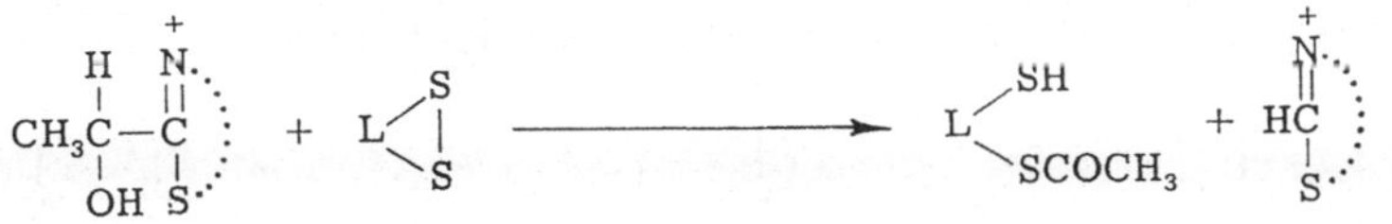

$$CH_3C(H)(OH)-C(=\overset{+}{N})(S) + L\langle S-S \rangle \longrightarrow L(SH)(SCOCH_3) + HC(=\overset{+}{N})(S)$$

In diesem Multienzymkomplex sind daher insgesamt fünf verschiedene Enzyme vereinigt.

Liponsäure kann im Unterschied zu NAD^+ oder anderen Coenzymen nicht ohne weiteres von ihrem Apoenzym losgelöst werden, da deren Carboxylgruppe über eine Peptidbindung mit einer Aminogruppe eines Lysinrestes des Enzymproteins kovalent gebunden ist. Ebenso ist Flavin als Coenzym der Bernsteinsäuredehydrogenase an seinem Apoenzym über eine Peptidbindung fixiert.

Bei der Synthese von Purinen, Pyrimidinen und Aminosäuren werden Einkohlenstoffeinheiten mit Hilfe eines bestimmten Coenzyms, der Tetrahydrofolsäure FH_4, bereitgestellt. Folsäure gehört zur Gruppe der B-Vitamine, deren eigentliche Wirkform in der Zelle die Tetrahydrofolsäure ist. Sie enthält einen Pterinrest sowie p-Aminobenzoylglutaminsäure.

H_2N, N1, 2, N3, 4, OH, *N5, 6, 7, N8, C^9, N^{10}*, C(=O)–NH–CH(COOH)–$(CH_2)_2$–COOH

← Pterin → ← p-Aminobenzoyl → Glutaminsäure

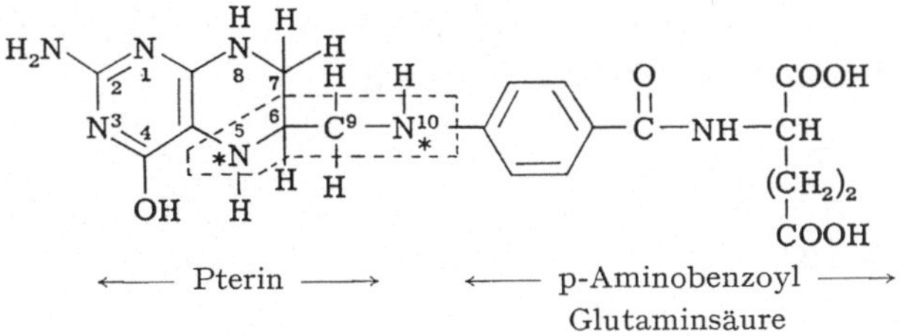

Als Verbindungsglied zwischen beiden Teilen fungiert eine Methylenbrücke $-CH_2-$ (das C-Atom 9), in dessen Nachbarschaft sich die N-Atome N-5 und N-10 befinden, die für die katalytische Wirkung des Coenzyms verantwortlich sind und in der Formel mit einem Stern markiert sind. Dieser biologisch wichtige Ausschnitt aus dem Coenzym kann daher vereinfachend als

NH ⌐‾‾‾‾‾‾‾¬ NH

geschrieben werden. Zunächst wird an einem der beiden Stickstoffatome eine Formylgruppe fixiert. Die dabei gebildete Formyl-FH_4 kann im Gleichgewicht mit weiteren Coenzymformen vorliegen.

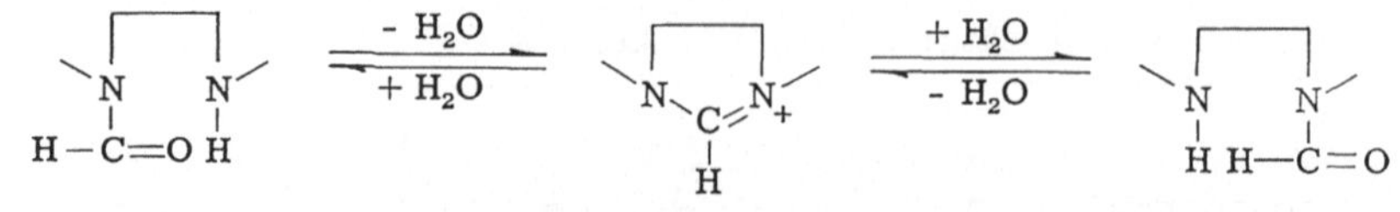

```
 \N      N/     - H2O        \N    N/       + H2O        \N      N/
  |      |   ⇌            ⇌     \C=N+    ⇌             ⇌   |      |
H-C=O    H      + H2O            |          - H2O          H   H-C=O
                                 H
  f5FH4                      f5,10FH4                      f10FH4
```

Frank M. Huennekens wies nach, daß für die Umwandlung dieser Formen bestimmte Enzyme notwendig sind. So existiert für die Bildung von $f^{10}FH_4$ aus $f^{5,10}FH_4$ ein bestimmtes Enzym; ein anderes katalysiert die Bildung von $f^{5,10}FH_4$ aus f^5FH_4. Von den theoretisch möglichen Hydroxymethylderivaten der FH_4 existiert nur die mittlere Struktur mit der Methylenbrücke.

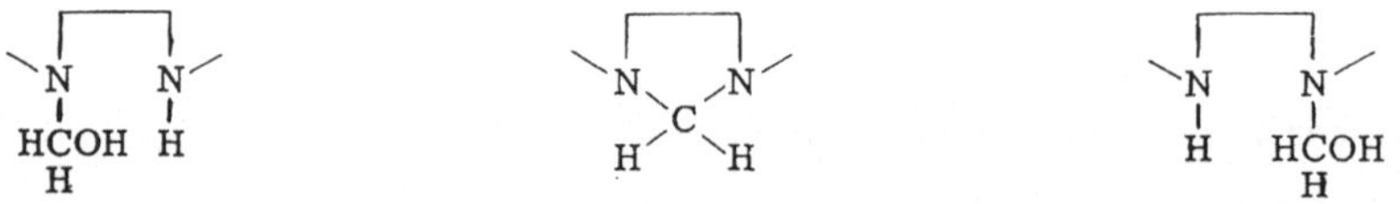

```
 \N     N/          \N    N/          \N     N/
  |     |              \C/              |     |
 HCOH   H             H   H             H    HCOH
  H                                           H
 h5FH4              h5,10FH4              h10FH4
```

Schließlich wurde auch eine Formino-FH_4 nachgewiesen, bei der die Formiminogruppe an N-5 der FH_4 gebunden ist.

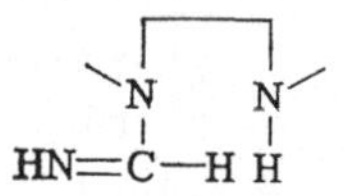

```
      \N     N/
       |     |
  HN=C-H     H
   fi5FH4
```

Die Formiminogruppe kann man dabei als das Iminoderivat der Ameisensäure ansehen. Die Verbindung wird durch ein bestimmtes Enzym zu $f^{5,10}FH_4$ hydrolysiert, wobei Ammonium abgespaltet wird.

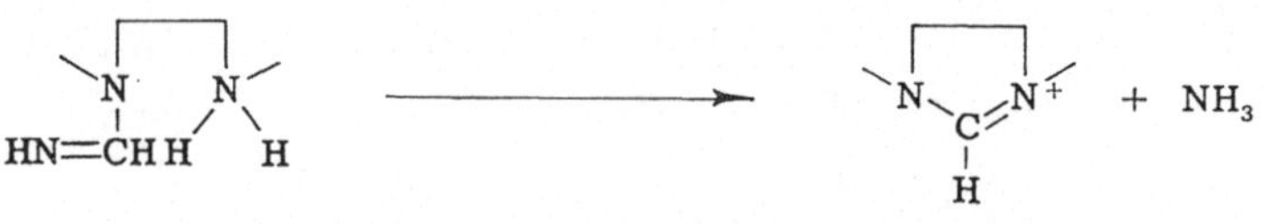

```
   \N     N/                      \N    N+/
    |    / \       ———————→          \C=       +  NH3
 HN=CH  H   H                          |
                                       H
   fiFH4                            f5,10FH4
```

In Tabelle 6 sind die verschiedenen von FH_4 abgeleiteten Derivate aufgeführt, von denen jedes durch ein besonderes Enzym gebildet wird. Zur Synthese von $f^{10}FH_4$ wird neben Ameisensäure noch ATP benötigt, während Hydroxymethyl-FH_4 aus Formaldehyd und FH_4 ohne weitere Energiequelle gebildet wird. Die Formiminogruppe wiederum entsteht als Abbauprodukt der Purine (Formiminoglycin) oder des Histidins (Formiminoglutaminsäure).

Tabelle 6. *Bindungsort und Oxydationsstufe von C_1-Einheiten*

Bindungsort			C_1-Einheit	Oxydationsstufe
N—5	N—10	N—5 und N—10		
N N HCO H	N N H HCO		Formyl	Formiat
N N HCNH H			Formimino	Formiat
		N N C H	Methenyl	Formiat
		N N C H H	Methylen oder Hydroxymethyl	Formaldehyd
N N CH_3 H			Methyl	Methanol

ATP ist nicht nur an der Reaktion zwischen Ameisensäure und FH_4, sondern auch an der Umwandlung von f^5FH_4 in $f^{10}FH_4$ beteiligt. Der Mechanismus dieser Reaktion wird im Kapitel 8 näher beschrieben. An dieser Stelle genügt der Hinweis, daß zunächst ein phosphoryliertes FH_4-Derivat entsteht, das durch Austausch gegen die Phosphatgruppe die Formylgruppe akzeptiert.

Bei der Umwandlung von $h^{5,10}$ FH_4 in $f^{5,10}FH_4$ wird die Methylengruppe zu Methenyl oxydiert.

$$\mathrm{H{-}N^{+}{-}C(H)(H){-}N} + \mathrm{NADP^+} \longrightarrow \mathrm{N^{+}{=}C(H){-}N} + \mathrm{NADPH} + \mathrm{H^+}$$

Dabei ist eine spezifische Dehydrogenase beteiligt. Ein weiteres Enzym katalysiert die NADPH- (bzw. NADH-)abhängige Reduktion der 5, 10-Methylen-FH_4 in das N^5-Derivat. Die verschiedenen Reaktionen, an denen FH_4 beteiligt ist, lassen sich wie folgt zusammenfassen.

A. Hydroxymethyl-Donor + FH_4 $\rightarrow$ hFH_4,
hFH_4 + Acceptor $\rightarrow$ FH_4 + Hydroxymethylacceptor,
Donatoren: Serin, Hydroxymethyldesoxycytidylsäure,
Acceptoren: Glycin, Desoxycytidylsäure.

B. Formyl-Donor + FH_4 → fFH_4,
fFH_4 + Acceptor → FH_4 + Formylacceptor.
Donator: Formylglutaminsäure,
Acceptoren: Carboxamidribotid, Glycinamidribotid.

C. Formimino-Donor + FH_4 → $fiFH_4$,
$fiFH_4$ + Acceptor → FH_4 + Formiminoacceptor.
Donatoren: Formiminoglycin, Formiminoglutaminsäure,
Acceptoren: Glycin, Glutaminsäure.

D. Hydroxymethyl-Donor + FH_4 → 5,10-hFH_4,
5,10-hFH_4 + NADH → 5-Methyl-FH_4,
5-Methyl-FH_4 + Acceptor → FH_4 + Methylacceptor.
Donatoren: Serin, Glycin,
Acceptor: Homocystein.

Biotin ist schon seit langem als Mitglied der B-Vitamine bekannt. Trotzdem wurde erst relativ spät seine Coenzymfunktion aufgeklärt. Biotin besteht aus einem Doppelringsystem mit insgesamt acht Ringgliedern.

```
         O
         ‖
         C
      ┌-/-\-┐
      ¦HN  NH¦
      └-|---|-┘
       HC———CH
        |    |
      H2C   CH(CH2)4COOH
        \  /
         S
```

Biotin

Die durch die Carbonylgruppe miteinander verbundenen Stickstoffatome sind für die katalytische Wirkung des Biotins, die CO_2-Aktivierung, verantwortlich. Dieser Prozeß wird durch die folgenden Reaktionen verdeutlicht:

Biotin + ATP → Biotinphosphat + ADP,
Biotinphosphat + CO_2 → Carboxybiotin + Phosphat,
Carboxybiotin + Acceptor → Biotin + CO_2-Acceptor.

Der CO_2-Aktivierung geht zunächst die Phosphorylierung des Biotins voraus. Wenn man Biotin vereinfachend als R–NH beschreibt, wobei NH die reaktionsfähige funktionelle Gruppe darstellt, so hat die phosphorylierte Intermediärverbindung folgende Struktur

```
          O
          ‖
R—N—P—OH .
          |
          OH
```

Nach Akzeption der Kohlensäure wird daraus RN–CO_2. Alle Reaktionen erfolgen im Kontakt mit einem einzigen Enzym, einer Kinase. Die am Biotin fixierte Kohlensäure wird durch eine ganze Serie von Enzymen auf verschiedene Acceptoren übertragen. So erfolgt bei der Fettsäuresynthese die folgende Carboxylierungsreaktion.

Carboxybiotin + CH_3CO—S—CoA → Biotin + HOOC—CH_2—CO—S—CoA

Dabei wird Acetyl-CoA in Malonyl-CoA überführt. In der Regel ist das Enzym, das die ATP-abhängige Carboxylierung des Biotins katalysiert, mit der Transferase assoziiert, die CO_2 auf einen bestimmten Acceptor überträgt.

Während der Evolution der Biosphäre haben sich die optimalen katalytischen Eigenschaften der Häme, Komplexe zwischen Eisen und vier Pyrrolgruppen, entwickelt.

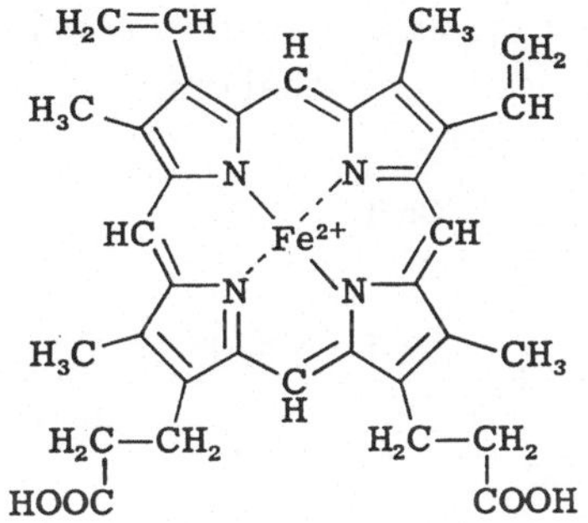

Hämoproteide sind eine Gruppe von Proteinen, die einen Eisen-Tetrapyrrolkomplex als funktionelle Gruppe enthalten. Sie sind an einer Vielzahl unterschiedlicher katalytischer Prozesse beteiligt. So reagieren die Hämoglobine (einschließlich der Myoglobine) mit molekularem Sauerstoff und binden ihn reversibel. Katalase spaltet H_2O_2 in Wasser und Sauerstoff, Peroxidasen katalysieren die Oxydation verschiedener Substrate in Gegenwart von H_2O_2. Die Cytochrome schließlich unterliegen einem reversiblen Wechsel ihrer oxydierten bzw. reduzierten Formen und sind dabei Bestandteil des Elektronentransportsystems in Mitochondrien und Mikrosomen. Sowohl die Art der Bindung zwischen dem zentralen Eisenatom und dem Protein, als auch die chemischen und physikalischen Eigenschaften des Proteins und die Art und Verteilung der Substituenten auf dem Tetrapyrrolkomplex bedingen die unterschiedlichen katalytischen Eigenschaften des jeweiligen Hämoproteides. Darüber hinaus kann wie im Chlorophyll das Zentralatom von Eisen verschieden sein: In all diesen Metalloporphyrinen spielt das Zentralatom eine entscheidende Rolle. Entweder oscilliert es zwischen der reduzierten bzw. oxydierten Stufe unter Abgabe bzw. Aufnahme eines Elektrons, oder es bindet oder gibt Sauerstoff frei, ohne daß sich eine Oxydationsstufe selbst ändert. Manche Hämoproteide bilden ein Assoziat mit H_2O_2, aus dem ebenfalls Sauerstoff abgespaltet werden kann.

An den Hämoproteiden kann man recht gut die unterschiedlichen enzymatischen Aktivitäten ablesen, die durch die Kombination eines Proteins mit einer bestimmten funktionellen Komponente entstehen. Dafür stehen zahlreiche verschiedene Tetrapyrrolkerne zur Verfügung, die sich durch Art und Verteilung der an den Pyrrolringen gebundenen Substituenten von einander unterscheiden. Das Zentralatom schließlich kann eines von drei verschiedenen Metallatomen — Fe, Mg oder Cu — sein. Die Bindung zwischen dem Metalloporphyrin und dem Protein kann sowohl kovalent oder elektrostatischer Natur sein, und auch die Anzahl dieser Bindungen kann variieren.

Bei den Hämoglobinen kommt noch eine weitere Variationsmöglichkeit hinzu. Die Proteine dieser Gruppe bestehen aus vier Untereinheiten, die paarweise verschieden sind und je eine Hämgruppe binden. Dagegen besteht Myoglobin, das in den Muskeln vorkommt, nur aus einer Proteinkette. Das Molekül entspricht daher einer Untereinheit des Hämoglobins.

Besonders kompliziert ist Vitamin B_{12} aufgebaut. Vitamin B_{12} enthält Co als Zentralatom, das an a) vier Pyrrolringe (dem Corrinring), b) Dimethylbenzimidazolnucleotid, und (im Falle des Cyanocobalamins) an c) Cyanid gebunden ist.

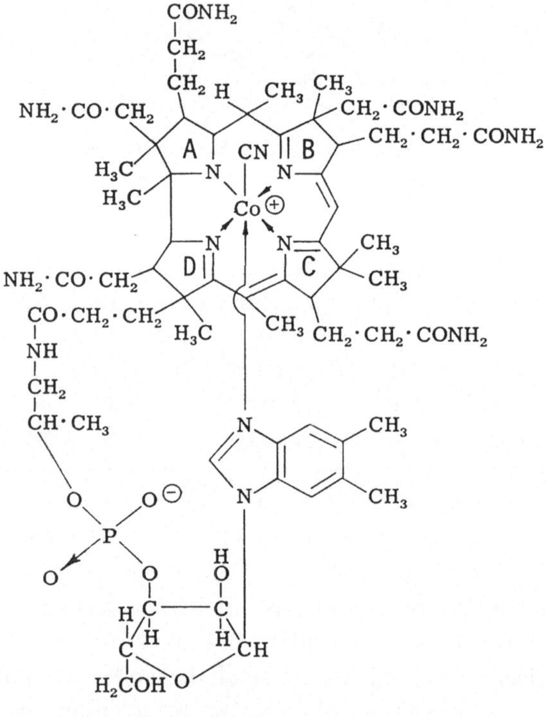

Abb. 30. Struktur von Vitamin B_{12} (Cyanocobalamin)

Das Dimethylbenzimidazolnucleotid ist gleichzeitig an eine Seitenkette des Corrinringsystems gebunden. In der Coenzymform des Vitamins B_{12} ist die Cyanidgruppe entweder durch einen 5'-Desoxyadenosinrest (Adenosyl-B_{12}) oder durch einen Methylrest ersetzt. Diese funktionellen Formen von Vitamin B_{12} werden unter der Sammelbezeichnung Cobamid-Coenzyme zusammengefaßt. In allen Fällen liegt das Co-Atom dreiwertig vor. Adenosyl-B_{12} ist Coenzym drei verschiedener Enzyme, die die folgenden Reaktionen katalysieren.

In allen Fällen erfolgen Umlagerungen eines gegebenen Moleküls, z. B. von Methylmalonyl-CoA in Succinyl-CoA, wobei zunächst ein Hydrid-Ion vom Substrat abgelöst und in das modifizierte bzw. isomerisierte Substrat wieder eingeführt wird. Höchstwahrscheinlich ist das Co-Atom an der Ablösung des

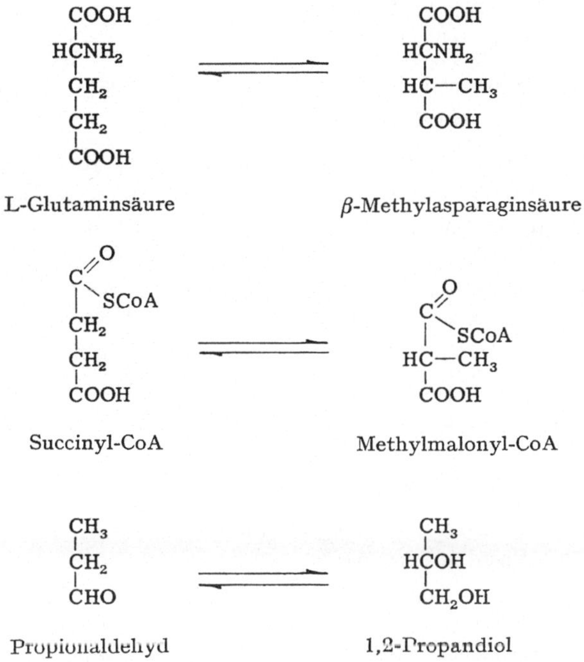

$$\begin{array}{c}COOH\\ |\\ HCNH_2\\ |\\ CH_2\\ |\\ CH_2\\ |\\ COOH\end{array} \rightleftharpoons \begin{array}{c}COOH\\ |\\ HCNH_2\\ |\\ HC—CH_3\\ |\\ COOH\end{array}$$

L-Glutaminsäure — β-Methylasparaginsäure

$$\begin{array}{l}C{=}O\\ |\ \diagdown SCoA\\ CH_2\\ |\\ CH_2\\ |\\ COOH\end{array} \rightleftharpoons \begin{array}{l}C{=}O\\ |\ \diagdown SCoA\\ HC—CH_3\\ |\\ COOH\end{array}$$

Succinyl-CoA — Methylmalonyl-CoA

$$\begin{array}{c}CH_3\\ |\\ CH_2\\ |\\ CHO\end{array} \rightleftharpoons \begin{array}{c}CH_3\\ |\\ HCOH\\ |\\ CH_2OH\end{array}$$

Propionaldehyd — 1,2-Propandiol

Abb. 31. Von Vitamin B_{12}-Coenzymen abhängige Isomerisierungsreaktionen

(1) $SH_2 \rightleftharpoons S + H^- + H^+$

Ablösung von H_2 (oder $H^- + H^+$) vom Substrat

(2) Ad–[Co]↓N (mit Seitenkette) $\overset{H^+}{\rightleftharpoons}$ Ad–[Co]$^+$ (HN) $\overset{H^-}{\rightleftharpoons}$ Ad–[Co]↓H (NH)

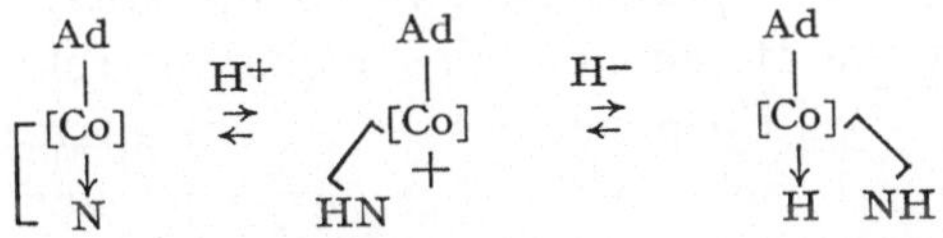

Aufnahme von H_2 (bzw. $H^- + H^+$) durch das Coenzym

(3) Isomerisierung des oxydierten Substrates zu S′

(4) S′ + Ad–[Co]↓H (HN) → $S'H_2$ + Ad–[Co]↓N

Wasserstoffübertragung auf den Acceptor

Dabei bedeuten

[ ] den Corrin-Ring des Vitamins B_{12}

↓ eine koordinative Bindung

[die Seitenkette am Corrin-Ring

Abb. 32. Hypothetische Reaktionsmechanismen bei Adenosyl-B_{12}-abhängigen Isomerisierungsreaktionen

Hydrid-Ions beteiligt. Nach HUENEKENS erfolgt der Hydrid-Iontransfer in folgenden Einzelschritten (s. Abb. 32).

Methyl-Vitamin B_{12} wird mit Hilfe von Adenosylmethionin in der in Abb. 33 gezeigten Reaktionsfolge gebildet.

Methyl-B_{12} wirkt als funktionelle Gruppe eines Enzyms, das die Methylgruppe von 5-Methyl-FH_4 auf Homocystein überträgt, wobei Methionin gebildet wird. Die Methylgruppe von Methyl-Vitamin B_{12} ist an diesem Transfer nicht beteiligt.

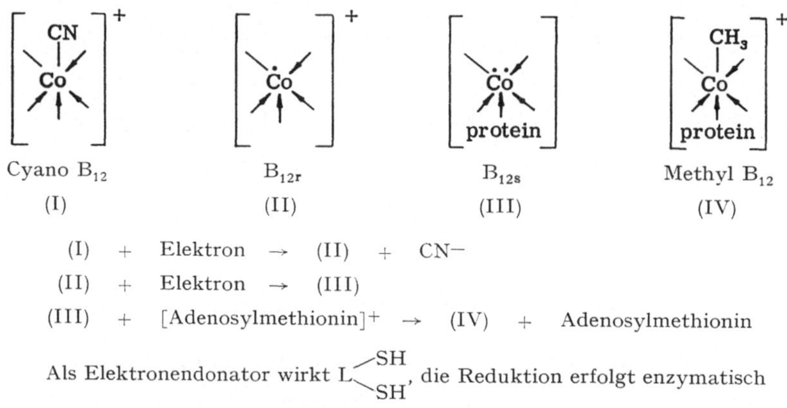

Abb. 33. Reaktionsfolge bei der Umwandlung von Cyanocobalamin in Methyl-B_{12}

Zusammenhang zwischen Struktur und Wirkung der prosthetischen Gruppen

Alle bisher beschriebenen Coenzyme haben eine jeweils bestimmte chemische Reaktion eingeleitet, die über spezifische Zwischenprodukte ablief. So bildet Pyridoxalphosphat Schiffsche Basen oder der Kobalt-Porphyrinkomplex überträgt reversibel Protonen. Das Coenzym NAD^+ ist ein ausgezeichnetes Beispiel für den Zusammenhang zwischen chemischer Struktur und den biologischen Funktionen, die diese Verbindung in der Natur übernommen haben.

Schreibt man NAD^+ in der vereinfachten Formel

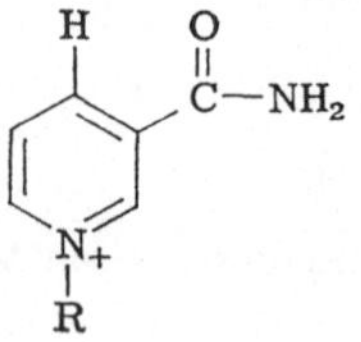

so steht R für den Rest des Coenzyms, der für die korrekte Anordnung des Moleküls auf der Oberfläche des Proteins verantwortlich ist. Alle Redoxreaktionen finden ausschließlich am Pyridinring statt. Zunächst wird ein Hydridion aufgenommen, womit eine Änderung der Doppelbindungen im Pyridinring verbunden ist.

Hydrid-Ion H: + (NAD$^+$) → (NADH) ← Freies Elektronenpaar

Gleichzeitig bildet sich ein freies Elektronenpaar am Stickstoff aus. Stickstoffatom, Pyridinring und das am Stickstoff gebundene C-Atom des Restes R liegen in einer Ebene. Wird dagegen das Hydrid-Ion addiert, so nehmen die Bindungen am Stickstoff eine tetraedrische räumliche Struktur ein und ragen aus der Ebene des Pyridinringes heraus. Das bedeutet, daß im NADH die drei am Stickstoff gebundenen C-Atome drei Ecken eines Tetraeders besetzen, und das freie ungebundene Elektronenpaar zur vierten Ecke hin gerichtet ist. Von dieser markanten räumlichen Änderung der Substituenten am Stickstoff beim Übergang von NAD$^+$ in NADH ist die Gestalt des gesamten Coenzyms betroffen. Da zur Bindung des

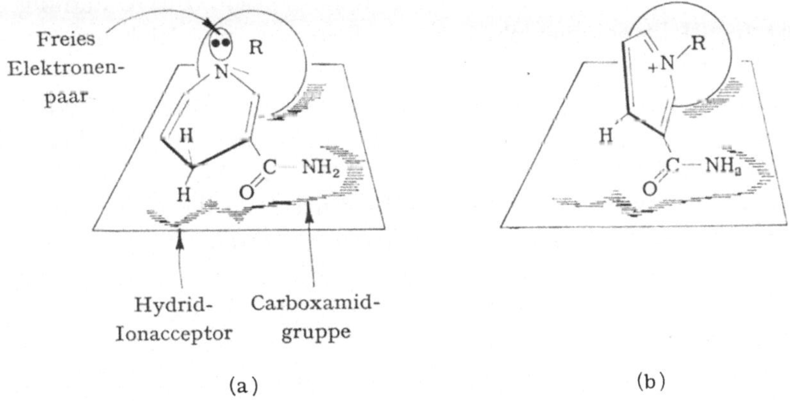

Abb. 34. Orientierung von enzymgebundenem NADH (a) bzw. NAD$^+$ (b). Der Pyridiniumring wird über die Carboxamidgruppe und den Rest R (als Kugel dargestellt) am Enzym gebunden

Coenzyms auf der Oberfläche des Enzyms nicht nur der Rest R sondern auch die Carboxamidgruppe -$CONH_2$ notwendig sind, darf andererseits die räumliche Anordnung der Substituenten am Stickstoffatom nicht so weit verändert werden, daß der Kontakt zum Apoenzym leidet. Diese Bedingung wird dadurch erfüllt, daß sich der Pyridinring bei der Redoxreaktion relativ zum Enzym verdreht.

In der reduzierten Form liegt der Pyridinring parallel zur Enzymoberfläche, so daß das zur Übertragung bereitstehende Proton zum Enzym hin gerichtet ist. In Gegenwart eines Acceptors, der am Enzym das Hydrid-Ion übernimmt, wird NADH zu NAD$^+$ oxydiert und der Pyridinring dreht sich so weit, bis er nahezu rechtwinklig auf der Oberfläche steht. Nun ist er in der Lage, von einem geeigneten Donor wieder ein Hydridion zu übernehmen, das von einer der beiden Seiten an den Ring herangeführt wird. Mit der Änderung der Reduktionsstufe des Coenzyms ist demnach nicht nur eine Änderung der Bruttozusammensetzung verbunden, sondern auch eine erhebliche Änderung der räumlichen Lage der einzelnen Komponenten zueinander.

Bei der Funktionsbeschreibung von NAD^+ bzw. NADH stößt man auf die Frage, warum dieses Coenzym statt eines Pyridinringes nicht auch ein Benzolringsystem enthalten könnte. Warum also steht in p-Stellung zu der Position, an der das Hydrid-Ion übertragen wird, ein N-Atom und nicht ein C-Atom? Vergleicht man NAD^+ mit einer analogen Verbindung, in der der Pyridinring durch einen Benzolring ersetzt ist,

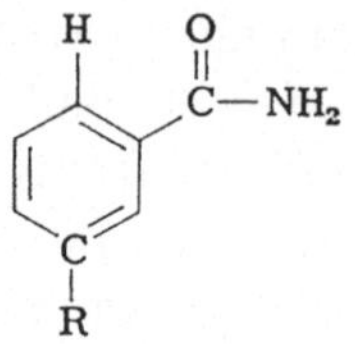

H O C—NH_2 C R

so trägt die oxydierte Form von NAD^+ am Stickstoff eine positive Ladung, der Benzolring an der entsprechenden Stelle keine. Diese positive Ladung am Stickstoff führt zur Elektronenverschiebung im Ringsystem in Richtung Stickstoff, der als Elektronenacceptor wirkt. Als Folge hiervon erwerben alle übrigen Kohlenstoffatome im Pyridinring eine partielle positive Ladung, besonders aber das C-Atom in p-Stellung zum Stickstoff. Damit wird aber die Akzeption eines Hydrid-Ions erheblich erleichtert. Im Benzol-analogen des NAD^+ fällt diese Elektronenverschiebung und damit die Begünstigung der Hydridaufnahme weg, da keine vergleichbaren Ladungsänderungen auftreten. Die positive Ladung am Stickstoffatom des NAD^+ ist demnach für die Bildung von NADH notwendig, und das entsprechende Benzolanaloge kann nicht die Funktionen des natürlichen NAD^+ übernehmen.

Die räumliche Lage der Substituenten an *dem* C-Atom, das der Position des Stickstoffs im NAD^+ entspricht, ist mit der räumlichen Lage der Substituenten im natürlichen NAD^+ vergleichbar, d. h. sie liegen ebenfalls in einer Ebene. Wenn wir nun annehmen, daß das Benzolanaloge tatsächlich ein Hydrid-Ion akzeptieren könnte, so würden die folgenden Teilreaktionen ablaufen:

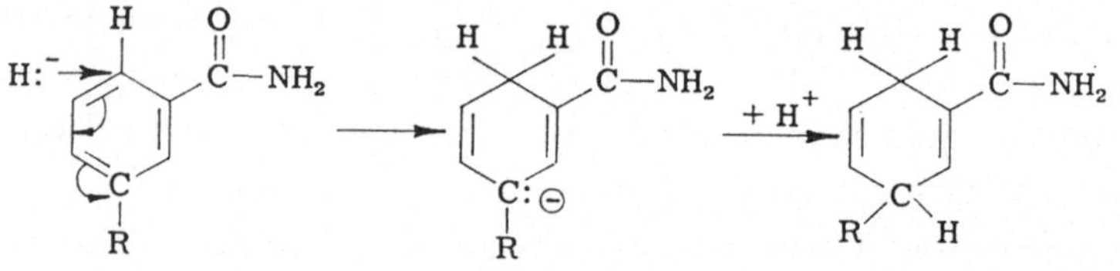

H: H O C—NH_2 C R → H H O C—NH_2 C: ⊖ R $\xrightarrow{+H^+}$ H H O C—NH_2 R C H

(Carbanion)

Der Benzolring würde nun eine negative Ladung tragen, also ein Carbanion bilden. Solche Carbanionen sind stets starke Basen, die sich durch Aufnahme eines Protons unter Bildung einer tetraedrischen Struktur zu stabilisieren versuchen. Könnte deshalb eine NAD^+-analoge Verbindung tatsächlich ein Hydrid-Ion aufnehmen, so würde sie in Analogie zum $NADH^+$ ebenfalls den Benzolring relativ zur

Enzymoberfläche verdrehen. Während aber im Falle des NADH das freie Elektronenpaar am Stickstoff nicht zur Bindung weiterer Substituenten beitragen kann, kann das freie Elektronenpaar des Carbanions durchaus kovalente Bindungen eingehen. Auf diese Weise ist aber die Rückwandlung der reduzierten in die oxydierte Form blockiert, da die notwendige Energie zur Spaltung der stabilen kovalenten Bindung am Kohlenstoffatom zu hoch ist.

Die Struktur des NAD^+ und NADH ist demnach von der Natur sehr gut deren Aufgaben angepaßt worden. Insbesondere der Vergleich des Pyridinringes mit dem Benzolringanalogen macht deutlich, daß alle Komponenten in sinnvoller Weise aufeinander abgestimmt sind und nicht ohne Verlust der biologischen Aktivität ausgetauscht werden können.

Kapitel 6

Der Energiehaushalt

Für die mannigfaltigen Reaktionen, die in der Zelle ablaufen, wird Energie benötigt. Der Energiehaushalt der Zelle ist schon deshalb interessant, weil der Wirkungsgrad, mit dem die Zelle Energieformen ineinander überführt, von keiner Maschine erreicht wird. Der tierische Körper bezieht seine Energie ausschließlich aus der chemischen Energie der mit der Nahrung aufgenommenen Stoffe.

Soll eine Verbindung synthetisiert werden, so wird Energie zur Verknüpfung seiner einzelnen Atome benötigt. Der tierische Körper macht diese in den Atombindungen fixierte Energie durch Abbau der Verbindung wieder frei. Die zur Energielieferung geeignete Verbindung, z. B. Glucose oder Fettsäuren oder bestimmte Aminosäuren, werden durch Oxydation abgebaut. Dieser oxydative Weg der Energiefreisetzung beruht auf der Tatsache, daß oxydative Prozesse im allgemeinen mit größeren Energieänderungen verbunden sind als nichtoxydative Reaktionen. Die bei der Oxydation freiwerdende Energie muß nun in einer geeigneten Form festgehalten werden, um bei einem späteren Bedarf zur Verfügung zu stehen.

Lagerung der biologischen Energie

Es existiert nur eine Molekülart, in der die aus den Oxydationen gewonnene verwertbare chemische Energie gelagert wird, nämlich ATP, das aus ADP und P unter Energieverbrauch gebildet wird.

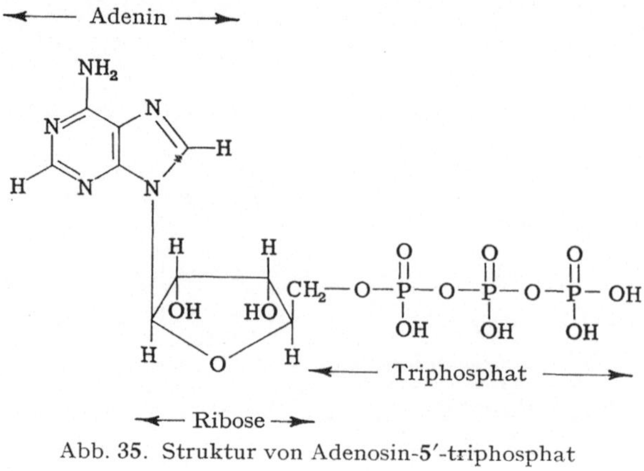

Abb. 35. Struktur von Adenosin-5'-triphosphat

Die Bindung zwischen dem endständigen Phosphat von ADP und dem neu hinzugetretenen Phosphatrest trägt die gesamte bereitgestellte Energie. Die ausschließliche Verwendung von ATP als Lagerform chemischer Energie beruht auf der Tatsache, daß alle biologischen Prozesse, die Energie benötigen, auf die Verwertung von ATP als Energiequelle eingerichtet sind.

Die Nahrung des Tierreiches stammt im wesentlichen aus dem Pflanzenreich. Pflanzen sind im Gegensatz zum tierischen Stoffwechsel in der Lage, einfache Verbindungen, wie CO_2, Wasser und Ammonium in komplizierte Verbindungen überzuführen, wobei die dazu notwendige Energie aus dem Sonnenlicht stammt. Die Sonne ist damit der eigentliche Energiespender für alle biologischen Systeme der Erde. Lediglich einige Mikroorganismen sind von dieser Energiequelle unabhängig, da sie ihren Energiebedarf durch Oxydation anorganischer Verbindungen in der Erde oder im Wasser decken.

Nur wenige Verbindungen kommen für die biologische Energieverwertung unter Bildung von ATP in Frage: Eine davon ist die Brenztraubensäure, die in Gegenwart von Sauerstoff zu Wasser und Kohlensäure oxydiert wird.

$$CH_3COCOOH + 2{,}5O_2 + 15P_i + 15ADP \rightarrow 3CO_2 + 2H_2O + 15ATP$$

Aber auch die anaerobe Spaltung von Glucose zu Milchsäure liefert ATP.

$$C_6H_{12}O_6 + 2P + 2ADP \rightarrow 2CH_3CHOHCOOH + 2ATP.$$

Die erste Gleichung stellt die Gesamtbilanz einer Reaktion dar, die unter dem Namen Citronensäurecyclus bekannt ist. Dieser Prozeß findet in erster Linie innerhalb der Mitochondrien statt. Die zweite Gleichung beschreibt dagegen die Glykolyse, deren Enzyme in der Zellmembran lokalisiert sind. Obwohl beide Prozesse völlig unabhängig voneinander sind, verlaufen sie oft synchron, weil das Endprodukt der Glykolyse, die Milchsäure, durch den Citronensäurecyclus unter aeroben Bedingungen zu Brenztraubensäure und weiter zu CO_2 und Wasser metabolisiert wird. Unter diesen Bedingungen wird demnach 1 Molekül Glucose durch 6 Moleküle Sauerstoff in Kohlensäure und Wasser umgewandelt.

In grünen Pflanzen dient zusätzlich die Photosynthese als Energiequelle. Der dazu notwendige biochemische Apparat ist in den Chloroplasten lokalisiert. Er verwertet die Strahlenenergie der Sonne unter ATP-Bildung. Im Dunklen liefern dagegen die Mitochondrien bzw. der Glykolysemechanismus die notwendige chemische Energie.

Schließlich haben Mikroorganismen, die weder über die Enzyme zum Citronensäurecyclus noch zur Photosynthese verfügen, weitere Energie-liefernde Systeme. Sie vermögen außer durch Glykolyse auch durch einen Prozeß Energie zu gewinnen, der als Modifikation der tierischen mitochondrialen Reaktionskette zur Oxydation von Substratmolekülen in der Lage ist.

Thermodynamische Betrachtungen zur Energiebereitstellung

Bei allen chemischen Reaktionen erfolgen charakteristische Energieänderungen. Dabei ist die Frage interessant, auf welche Weise Energie freigesetzt wird, und wie sie für weitere Reaktionen nutzbar gemacht werden kann. Unter der Voraussetzung, daß tatsächlich alle notwendigen biochemischen Komponenten zur Verfügung stehen, verläuft die Energieumwandlung nur bis zu einem natürlichen Grenzwert. Dieser Wirkungsgrad wird durch die Gesetze der Thermodynamik bestimmt. Ob darüber hinaus eine bestimmte verwertbare Energiemenge durch Bildung von ATP fixiert werden kann, ist lediglich eine Frage der verfügbaren cellulären Komponenten: In lebenden Systemen ist der Anteil der chemisch verwertbaren Energie außerordentlich hoch:

Der gesamte Prozeß der biologischen Energiestapelung kann in vier Einzelschritte unterteilt werden:

1. Zunächst wird über eine Reihe von Vorstufen ein Elektronendonator bereitgestellt. Als Donatoren kommen Triosephosphat bei der Glykolyse, NADH und Bernsteinsäure beim Citronensäurecyclus in den Mitochondrien und wahrscheinlich auch reduziertes Ferredoxin in den Chloroplasten in Frage.
2. Der jeweilige Elektronendonator steht in Wechselwirkung mit einem Elektronenübertragenden System. Diese Redoxreaktion ist mit der Bildung einer ersten energiereichen Intermediärverbindung gekoppelt.
3. Die energiereiche Bindung dieser Intermediärkomponente wird auf ADP und P übertragen, wobei ATP gebildet wird.
4. Die P–O–P-Bindung des ATP wird im Verlauf von Austauschreaktionen unter Bildung neuer Bindungen gespalten.

Diese vier Schritte sind noch einmal in Abb. 36 zusammengefaßt worden.

Erfolgt diese gekoppelte Reaktion reversibel, z. B. im chemischen Gleichgewicht, so ist die Änderung der freien Energie ΔF gleich der Reaktionsarbeit ΔA des Systems, wenn keine Volumenänderungen stattfinden. Verbindet man nun ΔA mit der Bildung einer energiereichen Bindung, so erscheint in einem reversiblen gekoppelten System im Gleichgewicht die Differenz der freien Energie als Bindungsenergie von zwei nun miteinander verbundenen Molekülen wieder. Dabei ist es ohne Bedeutung, auf welche Weise diese Energie auf der neuen Bindung niedergelegt wird. Es kann z. B. eine reversible Konformationsänderung oder ein reversibler Stromfluß sein, stets ist eine neue energiereiche Verbindung gebildet worden.

Befindet sich das System im Gleichgewicht, so sind einerseits die optimalen Bedingungen für die Energieübertragung mit $\Delta F = \Delta A$ gegeben. Andererseits läuft die Reaktion rein thermodynamisch nun nur noch unendlich langsam ab, d. h. die energiereiche Verbindung wird praktisch nicht mehr gebildet. Dies läuft aber den Interessen der Zelle völlig entgegen: Die Reaktionskinetik der energieliefernden und spaltenden Prozesse muß daher durch einen anderen Mechanismus beschrieben werden. Mit großer Wahrscheinlichkeit besteht für die Mehrzahl der untersuchten Reaktionen folgender Zusammenhang: Die reversible gekoppelte Reaktion stellt bei der Bildung der energiereichen Intermediärverbindung das Gleichgewicht zwei Größenordnungen schneller ein, als die nachfolgende irreversible Übertragung der Energie auf eine neu zu bildende Verbindung abläuft. Das Gleichgewicht der ersten Reaktion wird demnach durch die Folgereaktion praktisch nicht verändert. Die Kinetik der gesamten Reaktionskette wird natürlich durch die langsamste Teilreaktion bestimmt.

Das primäre gekoppelte System besteht bei der Glykolyse aus einem einzigen Enzym, in Mitochondrien oder Chloroplasten aus einer Membranuntereinheit. Aus den verfügbaren Daten kann man tatsächlich ablesen, daß die primäre gekoppelte Reaktion nahezu reversibel und intramolekular verläuft, während die Folgereaktion einen intermolekularen, diffusionskontrollierten Prozeß darstellt. Bei der

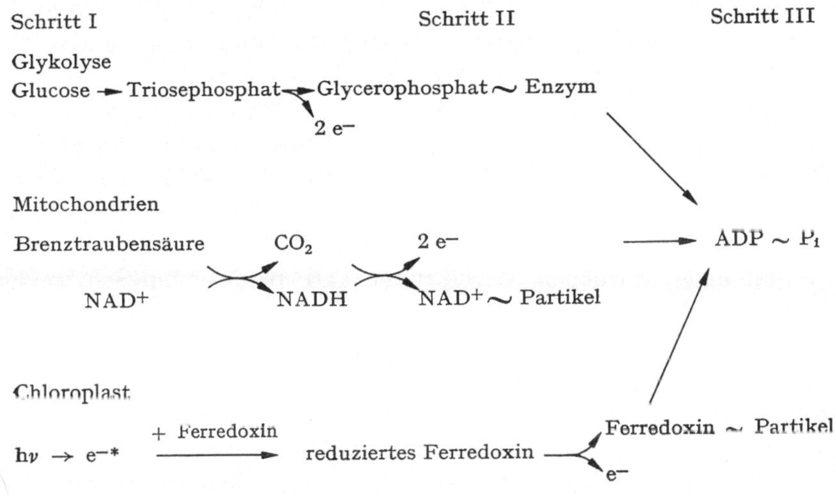

Abb. 36. Die vier Schritte bei der Übertragung oxydativer Energie

Schritt I: Bildung der Elektronendonatoren

Schritt II: Bildung der energiereichen Zwischenverbindung durch Wechselwirkung zwischen dem Elektronendonator und dem Kopplungssystem

Schritt III: Übertragung der energiereichen Bindung der ersten energiereichen Intermediärverbindung auf ADP unter ATP-Bildung

Schritt IV: ATP-abhängige Synthese von Metaboliten (hier nicht vermerkt).

Die im Schritt II gebildeten Intermediärprodukte werden vereinfacht als Enzym- bzw. Partikel-gebundenes Glycerophosphat, NAD^+ oder Ferredoxin definiert. Die Natur dieser Intermediärverbindungen ist in Wirklichkeit noch nicht aufgeklärt. $h\nu$ steht für Strahlenenergie; e^- für ein Elektron

Bildung einer energiereichen Bindung aus Triosephosphat müssen zunächst zwei Diffusions-kontrollierte Transportschritte durchlaufen werden, ehe sie im Folgeschritt bei der Synthese einer weiteren Verbindung gespalten wird. Die in Mitochondrien gebildete energiereiche Verbindung durchläuft noch weitere intermolekulare Transportschritte, bevor sie außerhalb der Mitochondrien als energiereiche Verbindung zur Verfügung steht. Werden beide Reaktionen voneinander entkoppelt, so verläuft der intramitochondriale Elektronentransfer wesentlich schneller. Demnach ist die Geschwindigkeit der entkoppelten Reaktion ein Maß für den intramolekularen Prozeß, die Geschwindigkeit der gekoppelten Reaktion ein Maß der intermolekularen Prozesse.

Bei der Umwandlung der ersten energiereichen Intermediärverbindung in ATP treten ADP und P an die Stelle der Atome bzw. Molekülreste, die vorher durch die energiereiche Bindung der ersten Intermediärverbindung miteinander verknüpft waren. Der enzymatische Mechanismus dieser Reaktion wird in den Kapiteln 8 und 9 eingehend beschrieben.

ATP bei synthetischen Reaktionen

Am Schluß des energieübertragenden Reaktionscyclus wird ATP hydrolytisch gespalten und gleichzeitig eine neue Bindung unter Energieverbrauch geknüpft. Der Mechanismus dieser Energieübertragung wird ebenfalls in Kapitel 8 näher erläutert. Die ATP-abhängigen Reaktionen kann man auch als Austauschreaktionen beschreiben. Die Differenz zwischen der freien Energie bei der Hydrolyse der Pyrophosphatbindung des ATP und der der neu gebildeten Bindung kann dabei in Abhängigkeit vom Energiebedarf der Reaktion klein oder groß sein.

ATP ist nicht die einzige Verbindung, in der Pyrophosphatbindungen vorkommen. Vielmehr sind in zahlreichen anderen Verbindungen auch vom Standpunkt ihres Energiegehaltes her ähnliche Pyrophosphatbindungen vorhanden. Diese Verbindungen vermögen jedoch nicht ADP beim ersten Schritt der ATP-Synthese zu ersetzen. Auch als Triphosphate werden sie von den enzymatischen Systemen nicht wie ATP als Energielieferant akzeptiert, weil sich die biochemische Maschinerie auf die Verwertung von ATP spezialisiert hat (vergl. Kapitel 2). Die Triphosphate aller übrigen Purin- und Pyrimidinnucleoside werden aus den entsprechenden Diphosphaten durch enzymatische Übertragung eines Phosphatrestes aus ATP gebildet. In bestimmten synthetischen Prozessen sind sie als direkte Energiequellen wirksam. Da sie aber durch Übertragung der Phosphatgruppe aus ATP entstanden sind, können auch sie nicht als primäre energieliefernde Verbindungen angesehen werden. In Muskeln kommt ebenfalls eine weitere Verbindung vor, die zur Energiespeicherung verwendet wird, und

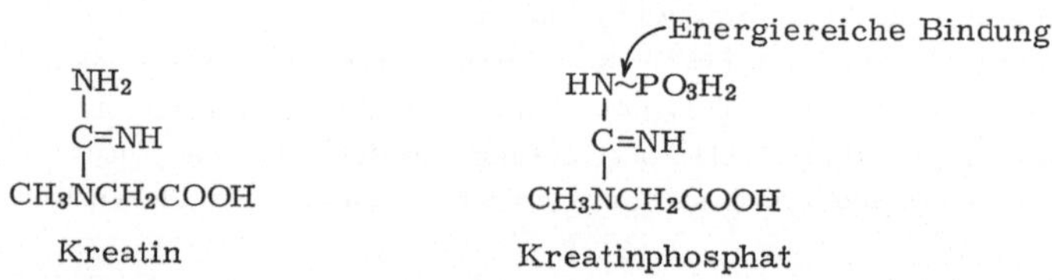

auch diese Verbindung entsteht über die durch ATP bereitgestellte energiereiche Bindung. Das gleiche gilt für Argininphosphat, Acetylphosphat, Acetyl-CoA, Histidinphosphat und Acetylhistidin.

Die Natur der energiereichen Bindungen

In biologischen Systemen liegt die energiereiche Bindung stets als Anhydrid vor. In den folgenden Formeln sind zahlreiche Beispiele dafür angegeben.

Andererseits entsteht nicht in jedem Fall durch den Austritt von Wasser eine energiereiche Verbindung. So sind einfache Phosphorsäureester, wie Glucose-6-phosphat, nicht energiereich. Die Anhydridbildung zwischen Phosphorsäure und einer Carbonsäure oder einem Enolat oder zwischen zwei Molekülen Phosphor-

$$RCO\boxed{OH} + \boxed{H}OP(=O)(OH)OH \longrightarrow RC(=O){\sim}O{-}P(=O)(OH)OH + H_2O$$

Carbonsäure — Phosphorsäure — Acylphosphorsäure (gemischter Anhydrid)

$$RCO\boxed{OH} + \boxed{H}SR \longrightarrow RC(=O){\sim}S{-}R + H_2O$$

Carbonsäure — Thiol — Acylthioester

$$HN{=}C(R){-}N(H)\boxed{H} + \boxed{HO}P(=O)(OH)OH \longrightarrow HN{=}C(R){-}N(H){\sim}P(=O)(OH)OH + H_2O$$

Guanido-Derivate (z. B. Kreatin) — Phosphorsäure — Derivat des N-Phosphorsäureamides

$$HOP(=O)(OH)\boxed{OH} + \boxed{H}OP(=O)(OH)OH \longrightarrow HOP(=O)(OH){-}O{-}P(=O)(OH)OH + H_2O$$

Phosphorsäure — Pyrophosphorsäure

$$H_2C{=}C(\boxed{OH}){-}COOH + \boxed{H}OP(=O)(OH)OH \longrightarrow H_2C{=}C(COOH){-}O{-}P(=O)(OH)OH + H_2O$$

Brenztraubensäure (Enol-Form) — Phosphoenolbrenztraubensäure

säure führt dagegen stets zu einer energiereichen Bindung. Die Reaktionspartner dieser Prozesse (Carbonsäuren, Enolate, Phosphorsäure, Guanidoderivate usw.) sind dabei durch ein hohes Maß molekularer Resonanz gekennzeichnet. Das bedeutet, daß sowohl Carbonsäuregruppe als auch die Phosphorsäure selbst in mehreren Formen nebeneinander vorliegen. Sobald das Anhydrid zwischen den Partnern gebildet ist, ist die Anzahl dieser verschiedenen Formen erheblich eingeschränkt. Diese Resonanzverminderung erfolgt nur unter erheblichem Energieverbrauch. Je größer die ursprüngliche Resonanz war, desto höher ist der Energiebedarf zur Eliminierung dieser Resonanz. Strenggenommen befindet sich die Energie einer solchen nun energiereichen Verbindung nicht nur im Bereich der Anhydridbindung, sondern verteilt sich über das gesamte Molekül. Jedoch bleibt man insbesondere aus praktischen Erwägungen bei der vereinfachenden Annahme, daß sich die Energie dieser Verbindungen auf der Anhydridbindung konzentriert. Außerdem verhalten sich bei der Energieübertragung die Partner so, als käme die Energie ausschließlich aus der Anhydridbindung.

Kapitel 7

Energieliefernde biochemische Prozesse

In tierischen Zellen wird Energie mit Hilfe zwei verschiedener biochemischer Prozesse gewonnen: dem Citronensäurecyclus (aerobe Oxydation der Brenztraubensäure unter Beteiligung mitochondrialer Enzyme) und durch die Glykolyse (anaerobe Spaltung von Glucose zu Milchsäure oder andere Produkte unter Beteiligung des glykolytischen Enzymkomplexes). Beim ersten Prozeß wird molekularer Sauerstoff benötigt, während die Glykolyse auch ohne Sauerstoff abläuft. Beide Reaktionswege können in einer bestimmten Zelle gleichzeitig eingeschlagen werden, in der Regel überwiegt aber der eine oder andere Prozeß. So werden die Zellen, die nur mangelhaft mit Sauerstoff versorgt werden, vornehmlich den glykolytischen Reaktionsweg einschlagen. Zellen, die, wie das Herz oder die Flugmuskeln, bestimmte kontinuierliche physiologische Leistungen erfüllen müssen, werden dagegen ihren Energiebedarf vorwiegend durch die mitochondriale Oxydation decken.

Die Glykolyse als der energetisch ungünstigere Prozeß wird wahrscheinlich im Verlauf der biochemischen Evolution vor dem Citronensäurecyclus existiert haben. Darauf weist bereits die Tatsache hin, daß es zahlreiche Lebewesen gibt, denen die Enzyme des Citronensäurecyclus fehlen, die aber stets über den glykolytischen Enzymapparat verfügen.

Der Skelettmuskel höherer Tiere weist zwei Arten contractiler Fasern auf: die dunklen oder roten Fasern, deren Energiebedarf vorwiegend durch mitochondriale Oxydation gedeckt wird, und die hellen oder weißen Fasern, für die die Glykolyse als Energiequelle in Frage kommt. Dabei werden zumindest *die* Muskelzellen glykolytisch versorgt, die eine kurzzeitige, aber außerordentlich große Arbeitsleistung aufzubringen haben. Dagegen werden die Muskelzellen, die eine dauernde, aber nicht zu große Arbeit leisten, meist aus dem Citronensäurecyclus ihren Energiebedarf decken.

Der Citronensäurecyclus

Der von H. A. Krebs in den 40er Jahren entdeckte Reaktionscyclus weist alle notwendigen Enzyme auf, um Brenztraubensäure bis zu Kohlensäure und Wasser unter Sauerstoffverbrauch zu oxydieren. Abb. 37 zeigt das Prinzip des Citronensäurecyclus, in dem bestimmte chemische Zwischenprodukte entstehen, die durch Ziffern markiert sind.

Bevor die Brenztraubensäure in den Reaktionscyclus eintritt, wird sie zunächst zu Acetyl-CoA (1) abgebaut, das mit Oxalacetat (2) zu Citronensäure (3) kondensiert wird. Die Citronensäure wird nacheinander in vier Einzelschritten oxydiert. Nachdem der Reaktionscyclus einmal vollständig durchlaufen ist, ist ein Molekül Acetyl-CoA vollständig zu CO_2 und Wasser abgebaut worden, wobei

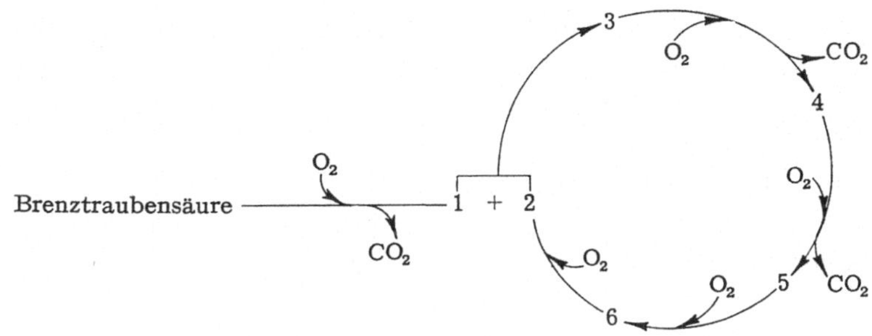

Abb. 37. Der Citronensäurecyclus

1. Acetyl-CoA	$CH_3CO—S—CoA$
2. Oxalacetat	$HOOC—CH_2—CO—COOH$
3. Citronensäure	$HOOC—CH_2$ $C(OH)$ $(COOH)—CH_2—COOH$
Isocitronensäure	$HOOC—CH(OH)—CH(COOH)—CH_2—COOH$
4. α-Ketoglutarsäure	$HOOC—CH_2—CH_2—CO—COOH$
5. Bernsteinsäure	$HOOC—CH_2—CH_2—COOH$
6. Fumarsäure	$HOOC—CH=CH—COOH$
Äpfelsäure	$HOOC—CH(OH)—CH_2—COOH$

gleichzeitig ein Molekül Oxalacetat regeneriert wurde. Der Cyclus läuft solange ab, solange noch Brenztraubensäure zur Oxydation zur Verfügung steht.

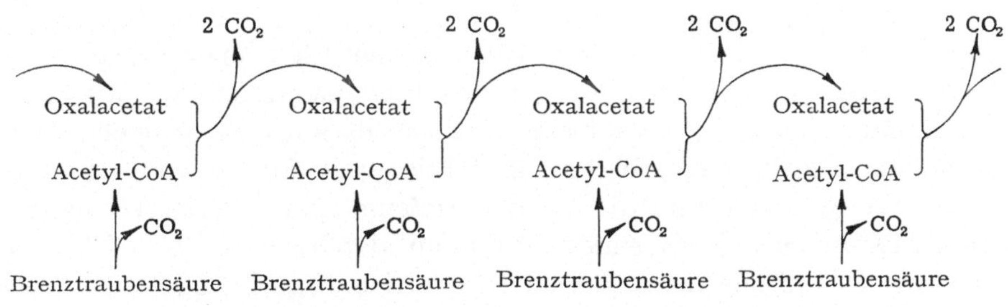

Abb. 38. Der cyclische Charakter des Citronensäurecyclus

Zunächst wird zwar ein Kohlenstoffatom der Brenztraubensäure zu CO_2 oxydiert unter Bildung von Acetyl-CoA. Hiernach wird aber der Reaktionsmechanismus im Cyclus kompliziert und die Verbindung nicht Kohlenstoffatom für Kohlenstoffatom verkürzt, obwohl auf jeder Stufe Kohlensäure und Wasser frei werden. Vielmehr stammen in den letzten vier Stufen diese Oxydationsprodukte nicht direkt aus dem Acetatrest sondern aus dem Kondensationsprodukt zwischen Acetyl-CoA und Oxalacetat.

Mit Hilfe des Citronensäurecyclus kann jede Verbindung bis zu Kohlensäure und Wasser verbrannt werden, die in eine der sechs Verbindungen des Cyclus überführt werden kann. Wenn man die drei wichtigsten Gruppen der Nahrungsstoffe betrachtet — die Zucker, Fette und Proteine —, so kann aus den Zuckern Brenztraubensäure entstehen, aus den Fettsäuren durch Oxydation Acetyl-CoA, und auch die verschiedenen Aminosäuren können in Reaktionspartner des Citronensäurecyclus umgewandelt werden. So kann Alanin durch Transaminierung in Brenztraubensäure, Prolin und Glutaminsäure durch Oxydation und Transaminierung in α-Ketoglutarsäure, und Asparaginsäure durch Transaminierung in Oxalacetat übergehen.

Neben dem eben besprochenen Oxydationsprozeß werden im Citronensäurecyclus noch Elektronen freigesetzt. Die Elektronen stellen die Energieform dar, die schließlich zur Synthese von ATP herangezogen wird: Der Oxydationsprozeß wird ausschließlich durch Enzyme katalysiert, die in der äußeren Mitochondrienmembran lokalisiert sind. Die für den Elektronentransport verantwortlichen Enzyme sind dagegen auf der Innenmembran der Mitochondrien fixiert. Demnach besteht sowohl eine örtliche als auch funktionelle Trennung zwischen den eigentlichen Verbrennungsreaktionen und der oxydativen Phosphorylierung. Wie gelangen nun die auf der Außenmembran freigesetzten Elektronen zum Elektronen-übertragenden System auf der Innenmembran? Tatsächlich kommen die Elektronen nicht frei vor, sondern sind an NADH oder Bernsteinsäure fixiert. Diese Verbindungen sind Transportformen der Elektronen und dienen zur Einschleusung der Elektronen in die Elektronen-übertragende Reaktionskette.

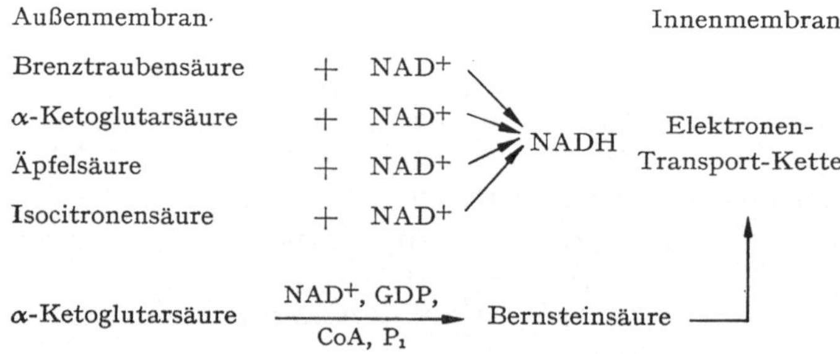

Abb. 39. Beziehungen zwischen den Enzymen der mitochondrialen Außenmembran (Enzymsystem des Citronensäurecyclus) und der Elektronen-Transportkette auf der mitochondrialen Innenmembran

Überdies wird im Citronensäurecyclus die Oxydation nicht mit Hilfe von molekularem Sauerstoff durchgeführt, sondern mit NAD^+, das im Verlauf des Cyclus zu NADH reduziert wird. Für das Verständnis dieser Wechselwirkung ist die Übertragung des Protons völlig unerheblich; vielmehr muß man berücksichtigen, daß bei der Reduktion des NAD^+ zwei Elektronen aufgenommen werden, die bei der Oxydation des NADH wieder freigesetzt werden.

Demnach werden im Verlauf der Brenztraubensäureoxydation insgesamt 5 Elektronenpaare freigesetzt, die zur Bildung von 15 Molekülen ATP ausreichen. Davon stammt ein Elektronenpaar aus der Bernsteinsäure, die zur Synthese von 2 Molekülen ATP verwendet werden. Die übrigen 8 Elektronen, die von NADH der elektronenübertragenden Reaktionskette zur Verfügung gestellt werden, synthetisieren 12 ATP-Moleküle. Das 15. ATP-Molekül wird auf einem völlig anderen Wege gebildet. Es entsteht in der Außenmembran durch die Substratkettenphosphorylierung.

Alle Einzelschritte des Citronensäurecyclus und des Elektronentransportsystems verlaufen reversibel mit Ausnahme der letzten Reaktion, bei der molekularer Sauerstoff beteiligt ist. Die Ausbeute, mit der in dem gesamten Prozeß durch Verbrennung von Brenztraubensäure chemische Energie in Form von ATP gebildet wird, beträgt ca. 40%, d. h. 40% der bei der Oxydation von Brenztraubensäure frei gewordenen Energie sind zur ATP-Bildung verwertet worden. Der reversible Energieanteil der Elektronentransportkette entspricht 83% der Differenz der freien Energie zwischen NADH und Sauerstoff.

Wenn man den irreversiblen Anteil vernachlässigt, so beträgt die Ausbeute bei der Energieumwandlung 53%. Diese Diskrepanz zwischen theoretischer und praktisch gemessener Energieausbeute beruht darauf, daß die Bindungsenergie des ersten energiereichen Zwischenproduktes wesentlich höher ist als die der POP-Bindung im ATP, und daß bei jedem Einzelschritt in der Elektronen transportkette die zur Verfügung gestellte Energie nicht vollständig verwertet wird. Die acht Einzelschritte im Citronensäurecyclus und die mit jedem enzymatischen Schritt verbundenen Bedingungen sind in Tabelle 7 zusammengefaßt.

Tabelle 7. *Die acht enzymatischen Reaktionen beim Citronensäurecyclus mit den daran beteiligten Enzymen und deren funktionelle Gruppen*

Reaktion	Enzym	Funktionelle Gruppe
Umwandlung von Brenztraubensäure in Acetyl-CoA	Brenztraubensäure-Dehydrogenasekomplex	NAD^+, Mg^{++}, Cocarboxylase, CoA, Liponsäure
Acetyl-CoA + Oxalacetat in Citronensäure	Citratsynthetase (Condensing enzyme)	keine
Citrat zu Isocitrat	Aconitat-Hydratase (Aconitase)	Fe^{++}
Isocitrat zu α-Ketoglutarsäure	Isocitrat-Dehydrogenase	NAD^+ ($NADP^+$), Mg^{++} (Mn^{++})
α-Ketoglutarsäure zu Bernsteinsäure	Oxoglutarat-Dehydrogenase (α-Ketoglutarat-Dehydrogenasekomplex)	NAD^+, Mg^{++}, Cocarboxylase, CoA, Liponsäure P_i
Bernsteinsäure zu Fumarsäure	Succinat-Dehydrogenase	Flavin, Nicht-Häm-Eisen
Fumarsäure zu Äpfelsäure	Fumarat-Hydratase (Fumarase)	keine
Äpfelsäure zu Oxalessigsäure	Malat-Dehydrogenase	NAD^+

Der Vollständigkeit halber sind in der Tabelle 8 die Reaktionen aufgeführt, mit denen die Fettsäuren oxydativ zu Acetyl-CoA abgebaut werden bzw. in Tabelle 9 die Reaktionen, mit denen drei Aminosäuren in Zwischenprodukte des Citronensäurecyclus überführt werden.

Tabelle 8. *Die fünf enzymatischen Schritte bei der oxydativen Umwandlung von Fettsäuren in Acetyl-CoA*

Schritt	Enzym	Funktionelle Gruppe
R—CH_2—CH_2—COOH	Acyl-CoA-Synthetase	CoA, Mg^{++}, ATP
zu	(Thiokinase)	
R—CH_2—CH_2—CO—SCoA		
zu		
R—CH=CH—CO—S—CoA	Acyl-CoA-Dehydrogenasen	Protein-gebundenes Flavin
zu		
R—CH(OH)—CH_2—CO—S—CoA	Enoyl-CoA-Hydratase	keine
zu	(Crotonase)	
R—CO—CH_2—CO—S—CoA	3-Hydroxyacyl-CoA-	NAD^+
zu	Dehydrogenase	
RCO—S—CoA + CH_3CO—S—CoA	3-Ketoacyl-CoA-thiolase	CoA

Tabelle 9. *Umwandlung von Alanin, Glutaminsäure und Prolin in die Intermediärprodukte des Citronensäurecyclus*

Umwandlung			Enzym
CH_3—CH(NH_2)—COOH Alanin	→	CH_3COCOOH Brenztraubensäure	Alanin-Glutamin-säure-Transaminase
HOOC—CH_2—CH_2—CH(NH_2)—COOH Glutaminsäure	→	HOOC—CH_2—CH_2—CO—COOH α-Ketoglutarsäure	Glutamatdehydro-genase
H_2C—CH_2 H_2C CH—COOH N H Prolin	→	H_2C—CH_2 H_2C CH—COOH N Δ¹-Pyrrolin-5-carbonsäure	Prolindehydrogenase
Δ¹-Pyrrolin-5-carbonsäure	→	Glutaminsäure	Glutaminsemialdehyd-Dehydrogenase

Glykolyse

Der Vorgang, bei dem ein Molekül Glucose ohne Beteiligung von Sauerstoff in zwei Moleküle Milchsäure gespalten wird, heißt Glykolyse. Die Gärung von Zuckern zu Alkohol durch Hefe stellt eine Variation dieses Prozesses dar, bei dem

Äthylalkohol statt Milchsäure als Endprodukt entsteht. In der Glykolyse erfolgen nacheinander zehn enzymatische Reaktionen, wobei pro gebildetem Mol Milchsäure ein Mol ATP frei wird. Zunächst wird Glucose unter ATP-Verbrauch in Glucose-6-phosphat umgewandelt, das zu Fructose-6-phosphat isomerisiert und unter erneutem ATP-Verbrauch in Fructose-1.6-diphosphat übergeht.

Glucose + ATP $\rightarrow$ Glucose-6-phosphat + ADP
Glucose-6-phosphat $\rightleftarrows$ Fructose-6-phosphat
Fructose-6-phosphat + ATP $\rightleftarrows$ Fructose-1.6-diphosphat + ADP

Bis zu diesem Stadium der Glykolyse sind demnach zwei ATP-Moleküle verbraucht worden. Auf der nächsten Reaktionsstufe wird Fructose-1,6-diphosphat in zwei Moleküle Triosephosphat gespalten,

H
|
HC–OPO_3H_2
|
C=O
|
HOCH
|
HCOH
|
HCOH
|
HC–OPO_3H_2
|
H

Fructose-1,6-diphosphat

$\xrightleftharpoons{\text{Aldolase}}$

H
|
HC–OPO_3H_2
|
C=O
|
HOCH
|
H

Ketotriose-phosphat

+

H–C=O
|
HCOH
|
HCOPO_3H_2
|
H

Aldotriose-phosphat

die durch ein isomerisierendes Enzym ineinander umgewandelt werden können. D-Glycerinaldehyd-3-phosphat wird in einer Zweistufenreaktion unter ATP-Bildung zu 3-Phosphoglycerinsäure oxydiert,

D-Glycerinaldehyd-3-phosphat + Oxydationsmittel + P_i
$\rightleftarrows$ 1.3-Diphosphoglycerinsäure + Reduktionsmittel
1.3-Diphosphoglycerinsäure + ADP
$\rightleftarrows$ 3-Phosphoglycerinsäure + ATP

wobei im einzelnen die folgenden Umwandlungen ablaufen:

H–C=O
|
HCOH
|
HCOPO_3H_2
|
H

D-Glycerinaldehyd-3-phosphat

$\xrightarrow[\text{+ Phosphorylierung}]{\text{Oxydation}}$

O=C–OPO_3H_2
|
HCOH
|
HCOPO_3H_2
|
H

1,3-Diphosphoglycerinsäure

$\xrightarrow[\text{tragung auf ADP}]{\text{Phosphatüber-}}$

COOH
|
HCOH
|
HCOPO_3H_2
|
H

3-Phosphoglycerinsäure

Da aus jedem der beiden Aldotriose-phosphatmoleküle je ein Molekül ATP gebildet wird, ist bis zu diesem Stadium die ATP-Bilanz gleich Null.

Phosphoglycerinsäure unterliegt nun zwei Folgereaktionen.

$$\begin{array}{c} COOH \\ | \\ HCOH \\ | \\ HCOPO_3H_2 \\ | \\ H \end{array} \rightleftharpoons \begin{array}{c} COOH \\ | \\ HCOPO_3H_2 \\ | \\ HCOH \\ | \\ H \end{array} \underset{+H_2O}{\overset{-H_2O}{\rightleftharpoons}} \begin{array}{c} COOH \\ | \\ COPO_3H_2 \\ \| \\ CH_2 \end{array}$$

3-Phosphoglycerinsäure — 2-Phosphoglycerinsäure — Phosphoenolbrenztraubensäure

Dabei isomerisiert sie sich zunächst zu 2-Phosphoglycerinsäure und wird dann zu Phosphoenolbrenztraubensäure (PEP) dehydratisiert. Die Phosphatgruppe im PEP ist durch eine energiereiche Bindung ausgezeichnet, mit deren Hilfe ATP gebildet werden kann.

$$\underset{\text{Phosphoenolbrenztraubensäure}}{CH_2{=}\underset{\substack{| \\ O\sim P}}{C}{-}COOH} + ADP \rightleftharpoons \underset{\text{Brenztraubensäure}}{CH_3COCOOH} + ATP$$

Demnach wird aus den beiden Molekülen PEP, die aus einem Molekül Glucose entstehen, zwei Moleküle ATP gebildet. Brenztraubensäure wird schließlich in einer weiteren Reaktion zu Milchsäure reduziert.

$$\underset{\text{Brenztraubensäure}}{CH_3COCOOH} + \text{Reduktionsmittel} \rightleftharpoons \underset{\text{Milchsäure}}{CH_3CH(OH)COOH} + \text{Oxydationsmittel}$$

Diese Reduktion ist mit der Oxydation des Aldotriose-phosphates gekoppelt, so daß Brenztraubensäure das Oxydationsmittel für Aldotriose-phosphat und dieses das Reduktionsmittel für Brenztraubensäure ist.

$$\begin{array}{l} \text{Aldotriose-phosphat} + P_i + \text{Brenztraubensäure} \\ \rightarrow \text{1.3-Diphosphoglycerinsäure} + \text{Milchsäure} \end{array}$$

Bei dieser Formulierung wird allerdings ein wichtiges Detail vernachlässigt. Die Wechselwirkung zwischen Aldotriose-phosphat und Brenztraubensäure läßt sich in zwei Teilreaktionen aufspalten, an denen unterschiedliche Enzyme teilnehmen, die allerdings das gleiche Coenzym NAD^+ tragen.

$$\text{Aldotriose-phosphat} + P_i + NAD^+ \rightleftharpoons \text{1.3-Diphosphoglycerinsäure} + NADH + H^+$$
$$NADH + \text{Brenztraubensäure} + H^+ \rightleftharpoons \text{Milchsäure} + NAD^+$$

NAD^+ wird mit Hilfe von Aldotriosephosphat-Dehydrogenase durch Aldotriosephosphat zu NADH reduziert. NADH wird wiederum durch Brenztraubensäure in Gegenwart der Milchsäuredehydrogenase oxydiert. Im Verlauf aller zehn besprochenen Reaktionen wird demnach ein Molekül Glucose in zwei Moleküle Milchsäure umgewandelt, wobei gleichzeitig zwei Moleküle ADP in ATP übergehen. Von den beiden Prozessen, in denen ATP im Verlauf der Glykolyse gebildet wird, ist der erste eine Oxydation, die mit einer Phosphorylierung gekoppelt ist, der zweite dagegen eine Umlagerungsreaktion, bei der eine Phosphatgruppe aus einer niederenergetischen Bindung abgelöst wird und eine neue energiereiche Bindung eingeht.

Bei der mit einer Phosphorylierung gekoppelten Oxydation wird Aldotriosephosphat durch eine bestimmte Gruppe in einer Dehydrogenase oxydiert, die selbst reduziert wird. Bei dieser Gruppe handelt es sich wahrscheinlich um eine Disulfidbindung, so daß sich das Enzym vereinfachend als

$$E\langle\begin{smallmatrix}S\\|\\S\end{smallmatrix}$$

und Aldotriosephosphat als R–CHO darstellen läßt. Die Oxydation wird dann durch die Gleichung

$$RCHO + E\langle\begin{smallmatrix}S\\|\\S\end{smallmatrix} \longrightarrow R\overset{O}{\overset{\|}{C}}\sim S\!-\!E\!-\!SH$$

Acyl-Enzym

beschrieben. Das gebildete Acylenzym reagiert mit anorganischem Phosphat und bildet ein Acylphosphat unter Freisetzung des reduzierten Enzyms.

$$R\overset{O}{\overset{\|}{C}}\sim S\!-\!E\!-\!SH + P_i \longrightarrow R\overset{O}{\overset{\|}{C}}\sim OPO_3H_2 + E\langle\begin{smallmatrix}SH\\SH\end{smallmatrix}$$

Das reduzierte Enzym wird schließlich durch NAD^+ wieder oxydiert.

$$E\langle\begin{smallmatrix}SH\\SH\end{smallmatrix} + NAD^+ \rightarrow E\langle\begin{smallmatrix}S\\|\\S\end{smallmatrix} + NADH + H^+$$

Beide Reaktionen, d. h. Oxydation und Phosphorylierung, verlaufen gleichzeitig, so daß die Oxydation in Abwesenheit von Phosphat (oder Arsenat) nicht stattfinden kann. Die Reaktionsfolge läßt sich durch den Übergang der Oxydationsenergie in eine energiereiche Bindung zwischen Enzym und Acylrest erklären. Diese Bindung kann durch ein weiteres spezifisches Enzym gelöst werden, so daß die energiereiche Carboxyl-gebundene Phosphatgruppe auf ADP unter ATP-Bildung übertragen wird.

Der Pentosecyclus

Die an der Oxydation der Glucose zu CO_2 und Wasser über den Citronensäurecyclus oder durch Glykolyse beteiligten Enzyme sind in der Natur sehr weit verbreitet. Im Gegensatz zu diesen Prozessen wird beim Pentosecyclus jedoch kein ATP gebildet. Das bedeutet jedoch nicht, daß der Pentosecyclus für die Energiebildung ohne Bedeutung ist.

Bei allen synthetischen Prozessen, bei denen größere Moleküle aus kleineren aufgebaut werden, sind reduktive Schritte beteiligt, bei denen Elektronen zwischen den Reaktionspartnern ausgetauscht werden. So werden bei der Synthese einer aus 16 C-Atomen bestehenden Fettsäure aus Acetat 28 Elektronen (das entspricht

14 Reduktionen) benötigt. Das entsprechende gilt für die Cholesterinsynthese aus Acetat, bei der ebenfalls ein entsprechend größerer Bedarf an „reduzierenden" Elektronen besteht.

Der Pentosecyclus liefert bei der Oxydation von 1 Mol Glucose zu CO_2 und Wasser 12 Mol NADPH. NADPH stellt die bei verschiedenen synthetischen Prozessen benötigten Elektronen zur Verfügung, z. B. bei der Fettsäure- oder Cholesterinbiosynthese. Aus diesem Grund ist NADPH als ein dem ATP vergleichbarer Energielieferant anzusehen, wobei die Energie des NADPH in der Form der zwei verfügbaren Elektronen bereit gestellt wird, während die Energie des ATP als energiereiche Phosphatbindung erscheint.

Der Pentosecyclus läßt sich im einzelnen durch die folgenden Reaktionsgleichungen beschreiben.

6 Glucose-6-phosphat + 12 $NADP^+$
→ 6 Pentose-phosphat + 6 C_2O + 6 H_2O + 12 NADPH

4 Pentose-phosphat → 2 Fructose-6-phosphat + 2 Tetrose-phosphat

2 Pentose-phosphat + 2 Tetrose-phosphat → 2 Fructose-6-phosphat + 2 Triose-phosphat

2 Triose-phosphat → Fructose-1.6-diphosphat

Und in der Summe:

6 Glucose-6-phosphat + 12 $NADP^+$ → 6 CO_2 + 6 H_2O
+ 12 NADPH + 4 Fructose-6-phosphat + Fructose-1.6-diphosphat

Fructose-6-phosphat und Fructose-1,6-diphosphat werden durch das gleiche Enzym in Glucose-6-phosphat umgewandelt. In der Bilanz des Pentosecyclus vereinfacht sich der Prozeß zu

6 Glucose-6-phosphat + 12 $NADP^+$ → 6 CO_2 + 6 H_2O + 12 NADPH + 5 Glucose-6-phosphat

Dabei treten 6 Mol Glucose-6-phosphat in den Cyclus ein, von denen jedoch nur 1 zu CO_2 und Wasser oxydiert wird. Die Oxydation der Glucose erfolgt nicht direkt zu Kohlensäure und Wasser, sondern es wird zunächst oxydativ Glucose-6-phosphat in 6-Phosphogluconat umgewandelt

```
 H   OH                              O
  \ /                                ‖
   C———┐                             C———┐
   |   |                             |   |
 HCOH  |                           HCOH  |
   |   |                             |   |
 HOCH  O  +  NADP+  ——→            HOCH  O  +  NADPH  +  H+
   |   |                             |   |
 HCOH  |                           HCOH  |
   |   |                             |   |
  HC———┘                            HC———┘
   |                                 |
 HCOPO3H2                          HCOPO3H2
   |                                 |
   H                                 H

Glucose-6-                         6-Phospho-
phosphat                           gluconat
```

und dieses durch oxydative Decarboxylierung zu Ribulose-5-phosphat verkürzt.

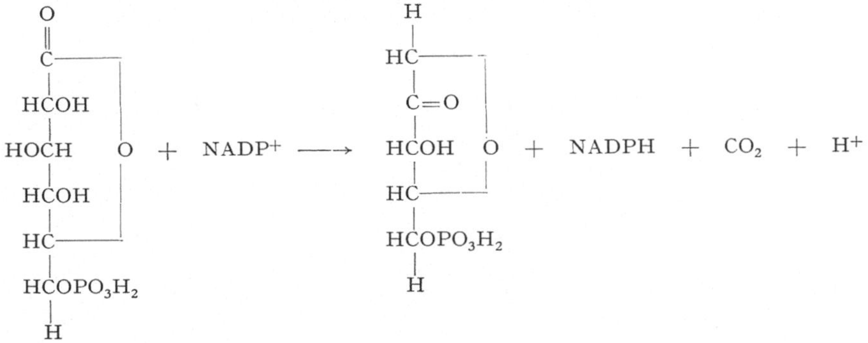

$$\begin{array}{l} O \\ \| \\ C \\ | \\ HCOH \\ | \\ HOCH \\ | \\ HCOH \\ | \\ HC \\ | \\ HCOPO_3H_2 \\ | \\ H \end{array} \;(\text{Ring über } O) + NADP^+ \longrightarrow \begin{array}{l} H \\ | \\ HC \\ | \\ C{=}O \\ | \\ HCOH \\ | \\ HC \\ | \\ HCOPO_3H_2 \\ | \\ H \end{array} \;(\text{Ring über } O) + NADPH + CO_2 + H^+$$

6-Phospho-gluconat — Ribulose-5-phosphat

Ribulose-5-phosphat unterliegt anschließend einer ganzen Serie chemischer Umwandlungen, die im Endeffekt auf die Bereitstellung von Glucose-6-phosphat für weitere Oxydationscyclen hinauslaufen. Die Energie des Pentosecyclus entstammt den in den beiden letzten Gleichungen beschriebenen Reaktionen, in denen jeweils 1 Mol $NADP^+$ in NADPH umgewandelt wird. Die übrigen Cyclusschritte führen, wie bereits erwähnt, zur Bildung von Fructose-6-phosphat und Fructose-1.6-diphosphat und damit zu Glucose-6-phosphat. Allerdings können Zwischenprodukte des Cyclus auch für Reaktionen des Intermediärstoffwechsels abgezweigt werden. So stammt die für die Synthese der Nucleinsäuren notwendige Ribose aus dem Pentosecyclus.

Weg des Kohlenstoffs bei der Photosynthese

In grünen Pflanzen wird die zur Bildung der Zucker notwendige Energie mit ATP und NADPH bereitgestellt, die aus der Wechselwirkung des Lichtes mit den Chloroplasten entstehen.

$$h\nu + H_2O + NADP^+ \rightarrow NADPH + H^+ + 1/2\ O_2$$

Ausgangspunkt für die Kohlenhydratsynthese aus Kohlensäure und Wasser ist Ribulose-diphosphat, das aus Ribulosephosphat und ATP in Gegenwart eines spezifischen Enzyms entsteht.

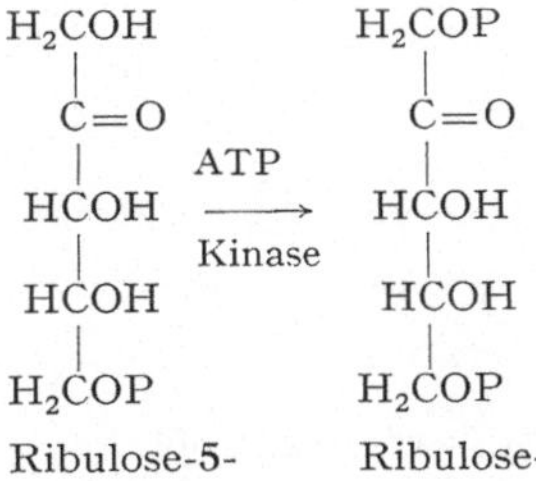

$$\begin{array}{l} H_2COH \\ | \\ C{=}O \\ | \\ HCOH \\ | \\ HCOH \\ | \\ H_2COP \end{array} \xrightarrow[\text{Kinase}]{\text{ATP}} \begin{array}{l} H_2COP \\ | \\ C{=}O \\ | \\ HCOH \\ | \\ HCOH \\ | \\ H_2COP \end{array}$$

Ribulose-5-phosphat — Ribulose-1.5-diphosphat

Ribulosediphosphat reagiert mit CO_2 unter Bildung eines instabilen Produktes, das in zwei Moleküle Phosphoglycerinsäure zerfällt.

$$\begin{array}{l} H_2COP \\ \;| \\ C(OH)(COOH) \\ \;| \\ O{=}C \\ \;| \\ HCOH \\ \;| \\ H_2COP \end{array} \quad + \quad H_2O \longrightarrow \begin{array}{c} H_2COP \\ | \\ HOCH \\ | \\ COOH \\ + \\ COOH \\ | \\ HCOH \\ | \\ H_2COP \end{array}$$

Phosphoglycerinsäure wird mit Hilfe einer Kinase und ATP in 1.3-Diphosphoglycerinsäure umgewandelt, die schließlich durch NADH mit Hilfe der Triosephosphatdehydrogenase zu Triosephosphat reduziert wird. Daraus entsteht durch die Aldolasereaktion Hexosephosphat. Insgesamt werden zur Carboxylierung von 1 Mol Ribulosephosphat unter Bildung von 1 Mol Hexosephosphat 3 Mol ATP und 2 Mol NADH (oder NADPH) benötigt.

Bisher wurden bei der Kohlenhydratsynthese aus CO_2 lediglich Teilschritte der Glykolyse berücksichtigt. Bei der Regeneration von Ribulosephosphat ist außerdem der Pentosecyclus beteiligt. Würden alle Ribulose-phosphatmoleküle in Hexose-phosphat umgewandelt, so müßte die Zuckersynthese abbrechen. Ribulosephosphat verhält sich daher wie ein „katalytisches" Molekül, das jedoch stets nachgebildet werden muß. Das nach der Carboxylierung von Ribulosediphosphat entstehende Triosephosphat unterliegt zwei Folgereaktionen. Ein Teil wird in Hexosephosphat, der Rest in Ribulosephosphat unter Umkehr der Synthesereaktionen überführt. Unter der Bezeichnung Pentosephosphat sind

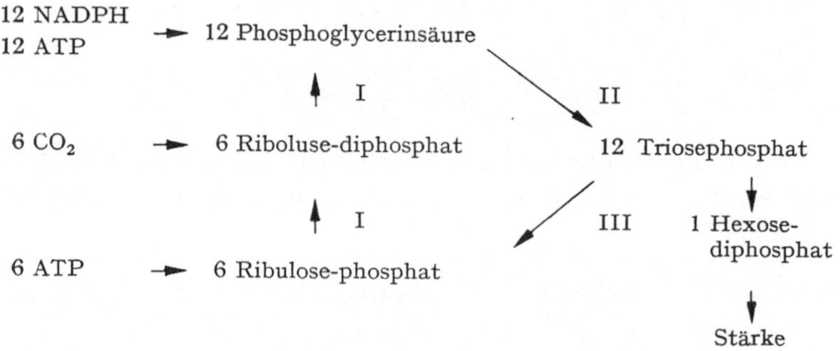

Insgesamt handelt es sich demnach um folgende Reaktion:

$$6\,CO_2 + 12\,NADPH + 12\,H^+ + 18\,ATP \rightarrow \underset{\text{Stärke}}{[C_6H_{10}O_5]} + 18\,ADP + 18\,P_i + 7\,H_2O$$

Abb. 40. Kohlenhydratsynthese in isolierten Chloroplasten. Reaktionen I und III sind Teile des Pentosecyclusses, Reaktion II der Glykolyse.

dabei die folgenden drei Vertreter gemeint: Xylulose-5-phosphat, Ribose-5-phosphat und Ribulose-5-phosphat.

Zur Synthese von einer Untereinheit der Stärke $C_6H_{10}O_5$ aus 6 Mol CO_2 werden 12 Mol NADPH und 18 Mol ATP benötigt (s. Abb. 40).

Wenn 10 Mol Triosephosphat den Cyclus durchlaufen haben, wird eine Hexose gebildet. Alle 30 Kohlenstoffatome, die auf diesem Weg in den Cyclus eintreten, werden stets auch wieder regeneriert. Die zusätzlichen 6 C-Atome, die als Hexose den Cyclus verlassen, stammen ausschließlich vom CO_2.

Energiebildung und Stoffwechsel

Die wenigen zur Synthese von ATP oder NADPH notwendigen oxydativen Prozesse sind mit einer Vielzahl von Hilfsreaktionen verbunden, die jedoch nicht direkt an der Energiebildung beteiligt sind. Man könnte daher fragen, ob es nicht für die Zelle sinnvoller wäre, die energiebildenden Reaktionen von den Stoffwechselprozessen abzutrennen. Tatsächlich existieren Mikroorganismen, bei denen weitgehend diese Trennung besteht. Sie können z. B. die ATP-Synthese mit der Oxydation anorganischer Moleküle, wie Wasserstoff oder Thiosulfat, koppeln, ohne daß es eine direkte Verbindung zu den Stoffwechselreaktionen der Zelle gibt. Jedoch ist dies die Ausnahme und nicht die Regel. Vielmehr hat die Natur die Stoffwechselreaktionen um die gekoppelten Reaktionen herum angeordnet, woraus man schließen kann, daß die Stoffwechselprozesse zu einem späteren Zeitpunkt in der Evolution entstanden sind als die energieliefernden Reaktionen.

Kapitel 8

Energieabhängige Synthesen

Die Bildung der Polysaccharide aus Monosacchariden, komplexer Lipide aus Fettsäuren und anderen Komponenten, von Proteinen aus Aminosäuren, überhaupt aller großen Moleküle aus kleineren Vorläufern, verläuft nur unter Bereitstellung chemischer Energie. In diesem Kapitel sollen die Mechanismen, die bei der Übertragung der chemischen Energie ablaufen, und die Einzelheiten beschrieben werden, die bei der Verwertung der chemischen Energie für diese synthetischen Reaktionen charakteristisch sind.

Formen chemischer Energie

ATP und die reduzierten Pyridinnucleotide NADH und NADPH sind als die primären Energielieferanten anzusehen, mit deren Hilfe die verschiedenen Biosynthesen ablaufen können, die allen Zellen gemeinsam sind. Dabei entstammt ATP aus Glykolyse und oxydativer oder photosynthetischer Phosphorylierung, während NADPH im Pentosecyclus gebildet wird. Da NADH und NADPH im Gleichgewicht miteinander stehen, weil bestimmte Enzyme den Protonentransfer zwischen der reduzierten Form des einen Nucleotides mit der oxydierten Form des anderen katalysieren, kann die Bildung von NADPH mit der von NADH gleich gesetzt werden. Im gleichen Sinn sind die Triphosphate von Guanosin, Cytidin, Thymidin und Inosin mit ATP äquivalent, weil sie aus ihren Mono- bzw. Diphosphaten enzymatisch durch Umhängung eines oder mehrerer Phosphatreste aus ATP entstehen.

Pflanzliche Zellen und photosynthetisierende Bakterien besitzen eine dritte Transportform chemischer Energie, das Ferredoxin. Es ist ein niedermolekulares Protein mit einem Molekulargewicht von 6 bis 12000, das zwischen 2 bis 8 Atome Eisen enthält, die über Schwefelreste in einer säurelabilen Bindung an dem Protein fixiert sind. Das Redoxpotential ist von allen untersuchten biologischen Verbindungen am stärksten negativ, ihre Reduktionskraft ist noch stärker als die der Wasserstoffelektrode. Ferredoxin wird im Verlaufe der Photosynthese durch Licht reduziert und kann nun entweder direkt synthetische Reaktionen mit Energie versorgen, oder es ermöglicht die Bildung von NADPH aus NADP.

Kinasen

Enzymatische Reaktionen, bei denen die energiereiche Bindung des ATP oder anderer Purin- oder Pyrimidinnucleosidtriphosphate gespalten wird, werden durch Kinasen (oder Synthetasen) katalysiert. Man kann zwischen drei Haupttypen solcher Kinasereaktionen unterscheiden, bei denen von ATP entweder ein Phosphatrest, ein AMP-Rest oder Adenosin übertragen werden.

$$\text{ATP} + \text{X} \rightarrow \text{ADP} + \text{XP}$$

bzw.

$$\text{ADP} + \text{X} \rightarrow \text{AMP} + \text{XP}$$

$$\text{ATP} + \text{X} \rightarrow \text{AMP-X} + \text{PP}$$

$$\text{ATP} + \text{X} \rightarrow \text{A-X} + \text{PPP}$$

Bei der ersten Reaktion werden entweder ATP oder ADP zwischen dem letzten und zweiten Phosphatrest gespalten und die Endgruppe auf einen geeigneten Acceptor übertragen. Bei der zweiten Reaktion wird ATP in AMP und Pyrophosphat gespalten, wobei AMP übertragen wird, und beim dritten Typ wird ATP in Adenosin und Triphosphat gespalten und der Adenosylrest übertragen. Grundsätzlich besteht kein Unterschied in der Wirkungsweise der Kinasen bei den drei genannten Reaktionstypen. Die mit der Spaltung von ATP verbundene Bildung von Acetyl-CoA

$$CH_3COOH + CoASH \longrightarrow CH_3COSCoA + H_2O$$

erfolgt aus Coenzym A und Acetat in einer Acylthioesterbindung. Der energiereiche Thioester erhält den zu seiner Bildung notwendigen Energiebetrag aus der Spaltung von ATP, so daß die Gesamtreaktion als

$$\text{ATP} + \text{Acetat} + \text{CoA} \rightleftarrows \text{Acetyl-CoA} + \text{AMP} + \text{PP}$$

formuliert werden kann. Für jedes gebildete Molekül Acetyl-CoA wird demnach ein Molekül ATP verbraucht, wobei die letzte Phosphorsäurediesterbindung gespalten wird. Das daran beteiligte Enzym, die Acetothiokinase, weist vier verschiedene Zentren auf, an denen die reagierenden Komponenten gebunden sind.

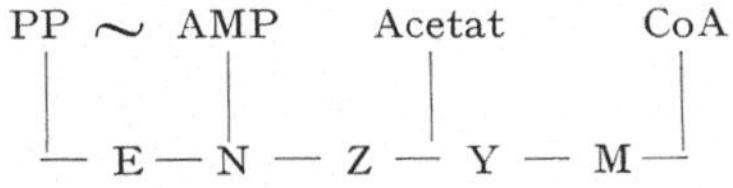

```
PP ~ AMP     Acetat     CoA
|     |        |         |
— E — N — Z — Y — M —
```

Darin bedeutet PP ~ AMP: ATP

Bei der Synthese von Acetyl-CoA werden folgende Zwischenstadien durchlaufen:

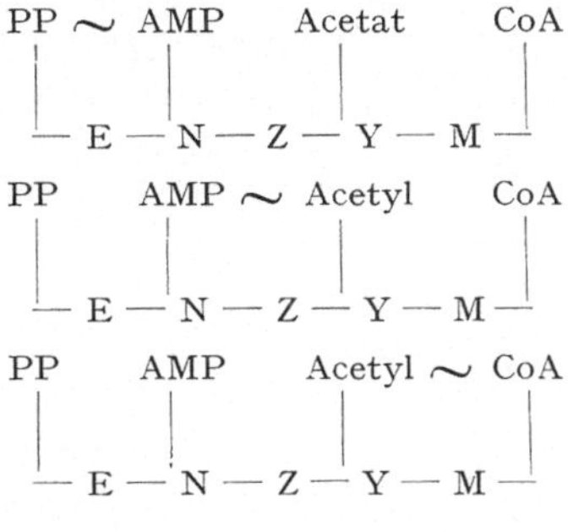

```
PP ~ AMP     Acetat     CoA
|     |        |         |
— E — N — Z — Y — M —

PP    AMP ~ Acetyl     CoA
|     |        |         |
— E — N — Z — Y — M —

PP    AMP     Acetyl ~ CoA
|     |        |         |
— E — N — Z — Y — M —
```

Die durch das Symbol ~ dargestellte energiereiche Bindung wandert demnach auf der Enzymoberfläche von einem Reaktionspartner zum anderen. Gleichzeitig ist dieser gekoppelte Prozeß ein Beispiel für eine reversible Reaktion, bei der die Änderung der freien Energie gegen Null geht. Die Reversibilität der Reaktion beruht auf einer gleich schnellen Wechselwirkung zwischen AMP und Pyrophosphat oder AMP und Acetat. Das gleiche gilt für die übrigen Reaktionspartner, d. h. Acetat sollte ebenso rasch mit AMP als mit CoA reagieren können.

Alle bekannten Kinasen benötigen Mg^{++}-Ionen, die die Bindung von ATP am Protein durch Chelatbildung ermöglichen. Als Chelat bezeichnet man eine Verbindung zwischen einem Metallatom und einem oder mehreren Molekülen, mit denen es mehrere nicht-kovalente Bindungen gemeinsam hat. Im Falle der Kinase geht Mg^{++} möglicherweise nicht nur mit ATP eine Chelatbindung ein. Vielmehr kann die Chelatbildung Teil eines umfassenderen Prozesses sein, bei dem die reagierenden Substrate am katalytischen Zentrum des Enzyms fixiert werden.

Die Bindung im ATP, die durch die Kinase gespalten wird, wird wahrscheinlich durch sterische Faktoren bestimmt: Hierbei kann auch die Chelatbildung beteiligt sein. Von besonderer Bedeutung ist die räumliche Entfernung zwischen ATP und *dem* Atom, auf das der vom ATP abgelöste Molekülrest übertragen werden soll.

Als Beispiel des ersten Reaktionstypes kann die Bildung von Glutamin aus Glutaminsäure und Ammonium unter ATP-Spaltung dienen.

```
ADP ~ P      Glutamat      NH3
 |    |         |           |
 —E — N — Z  —  Y — M      —

ADP    P ~ Glutamyl        NH3
 |     |       |            |
 —E  — N — Z — Y — M       —

ADP    P     Glutamyl ~    NH3
 |     |        |           |
 —E  — N — Z  — Y — M      —
```

Die Kinasereaktionen lassen sich noch auf einer weiteren Basis klassifizieren. Während z. B. bei der Synthese von Acetyl-CoA oder Glutamin jeweils zwei weitere Reaktionspartner mit ATP in Kontakt treten, gibt es auch Reaktionen, bei denen ATP nur mit einem Partner umgesetzt wird. Dies trifft z. B. für die in Gegenwart von ATP ablaufende Phosphorylierung von Glycerin zu.

```
ADP   ~    P          Glycerin
 |         |             |
 —E — N  — Z — Y — M     —

ADP        P    —     Glycerin
 |         |             |
 —E — N  — Z — Y — M     —
```

Auch die Phosphorsäurediesterbildung bei der Polynucleotidsynthese aus Nucleosiddiphosphaten in Gegenwart von Polynucleotidphosphorylase

$$\text{Nucleosiddiphosphat} \xrightleftharpoons{\text{Polynucleotidphosphorylase}} \text{Polynucleotid} + \text{P}$$

gehört zu diesem Typ.

Bei der Phosphorylierung von Glycerin findet eine erhebliche Änderung der freien Energie statt. Dies ist in der Abbildung durch den Wechsel der Symbole für die Bindungen zwischen den Reaktionspartnern kenntlich gemacht. Während zwischen ADP und P noch die energiereiche Bindung ∼ besteht, ist die neue Bindung am Glycerin energiearm und durch —— gekennzeichnet. Wegen des unterschiedlichen Energiegehaltes der beiden Phosphatester ist die Reaktion irreversibel.

Von den zahlreichen synthetischen Prozessen, deren Energiebedarf durch Spaltung von ATP gedeckt wird, seien nachfolgend die wichtigsten genannt:

R—OH + P_i		→	R—O—PO(OH)$_2$ + H_2O	
Glycerin			Phosphoglycerin	
CH_3CO—S—CoA + CO_2		→	HOOC—CH_2—CO—S—CoA	
Acetyl-CoA			Malonyl-CoA	
NH_3 + CO_2 + P_i		→	H_2N—CO—O—PO(OH)$_2$ + H_2O	
			Carbamoylphosphat	
R—COOH +	R_1—NH_2	→	R—CO—NH—R_1 + H_2O	
Glutaminsäure	Cystein		Glutamylcystein	
R—SH +	R_1—OH	→	R—S—R_1 + H_2O	
Methionin	Adenosin		Adenosyl-methionin	

Bei den zahlreichen bisher untersuchten Kinasereaktionen ist stets ein einziges Protein beteiligt. Dabei werden keine Zwischenprodukte vom Enzym abgelöst; sie lassen sich allerdings am Enzym nachweisen. Man nimmt daher an, daß auf den Kinasen multiple Bereiche existieren, die für jeweils einen Reaktionspartner spezifisch sind. Der Transfer der Reaktionsteilnehmer erfolgt zickzack-förmig auf der Enzymoberfläche zwischen den einzelnen Positionen.

Im Verlauf dieser Wechselwirkungen werden sich stets Übergangszustände einstellen, bei denen die Bindungen zwischen mehreren möglichen Strukturen variieren, ehe sich das endgültige Produkt bildet.

Theoretisch könnten die durch Kinasen katalysierten Reaktionen reversibel sein. So kann man mit Hilfe von Acetyl-CoA ATP aus AMP und PP synthetisieren, ebenso wie umgekehrt ATP die Acetyl-CoA-Synthese ermöglicht. Da jedoch wie im Falle der ATP-abhängigen Glycerinphosphorylierung die Gleichgewichtskonstante der Reaktion so ungünstig liegt, daß diese umgekehrt gerichtete

Reaktion praktisch nicht ablaufen kann, verläuft die gesamte Reaktion weitgehend nur in einer Richtung. Mit radioaktivem Phosphat läßt sich allerdings nachweisen, daß tatsächlich diese Reaktion — wenn auch nur in sehr geringem Umfange — zur Bildung von ATP führen kann.

Die Bildung von Acyl-CoA-Estern aus Fettsäuren, von Protein-gebundenen Aminoacylderivaten und die CO_2-Bindung an Biotin sind Beispiele für weitere Kinasereaktionen.

So wird durch die Acetokinasereaktion die Reaktionsfähigkeit der Fettsäuren nach Esterbildung mit Coenzym A erhöht. Dies gilt auch für Aminosäuren, die an Kinasen energiereiche Säureanhydridbindungen eingehen. Ebenso stellt die Umwandlung von Ameisensäure in N-Formyl-tetrahydrofolsäure einen wichtigen Schritt im Stoffwechsel der Einkohlenstoffverbindungen dar. Dies gilt ebenso für die Umwandlung von CO_2 in Carboxy-Biotin oder von CO_2 und NH_3 in Carbamoylphosphat. Bei der Synthese des Glykogens wird Glucose an Uridindiphosphat gehängt, ein für nahezu alle Polysaccharide gültiger Reaktionsweg.

Tabelle 10. *Umwandlung von Metaboliten in reaktionsfähige Formen unter Beteiligung von ATP-abhängigen Kinasen*

Ausgangsmetabolit	Aktivierte Verbindung	Stoffwechselprozesse
Aminosäure	Aminoacyl-t-RNS	Proteinsynthese
Fettsäure	Acyl-CoA	Oxydation und Synthese der Fettsäuren, Glyceridbildung
Mevalonsäure	Isopentenylpyrophosphat	Steroid- und Isoprenoidsynthese
Glucose	Uridindiphosphatglucose	Glykogensynthese
Cholinphosphat	Cytidyldiphosphatcholin	Phospholipidsynthese
Glucose	Glucose 6-phosphat	Glykolyse
Ribose-5-phosphat	Phosphoribosylpyrophosphat	Nucleotidsynthese

Ein Spezialfall einer Kinasereaktion verdient aber besondere Aufmerksamkeit: Die Synthese der Dinucleotid-haltigen Coenzyme, wie NAD, NADP, Flavinadenindinucleotid und anderer eng verwandter Verbindungen, wie CoA, Uridindiphosphatglucose, Cytidyldiphosphatcholin, stellt eine Variation der Kinasereaktion dar. So wird aus ATP und Nicotinamidmononucleotid (NMN, Nicotinamidribosephosphat) NAD^+ in folgenden Teilschritten gebildet.

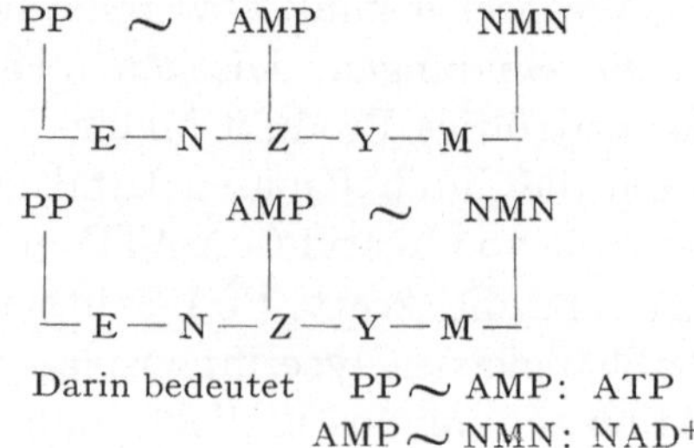

Darin bedeutet PP ~ AMP: ATP
AMP ~ NMN: NAD^+

Im Endeffekt ist also eine Bindung zwischen dem entständigen Diphosphat von ATP auf NMN übertragen worden. Dabei wird in der Ausgangsverbindung eine Diphosphatbindung gespalten, im Endprodukt eine neue Diphosphatbindung gebildet.

Bei diesen Betrachtungen geht man von der Überlegung aus, daß die einzelnen Reaktionspartner mit dem Enzym in einem Gleichgewicht stehen, das sowohl Dissoziation als auch Assoziation der jeweiligen Bindung erlaubt. Lediglich der Übergangskomplex wird auf dem Enzym fest fixiert, was damit übereinstimmt, daß solche Zwischenverbindungen noch nie losgelöst vom Enzym nachgewiesen werden konnten.

Bei den bisherigen Betrachtungen wurde der Prozeß unter der Annahme beschrieben, daß alle Reaktionspartner gleichzeitig anwesend sind und in einer wohlgeordneten Schrittfolge miteinander reagieren. Bei zahlreichen Kinasereaktionen kann man jedoch auch in Abwesenheit bestimmter Reaktionspartner

Tabelle 11. *Nucleosidtriphosphate und Phosphatacceptoren bei der durch Kinasen katalysierten Synthese von verschiedenen Coenzymen*

Coenzym	Nucleosidtriphosphat	Phosphatacceptor
NAD^+	ATP	NMN
$NADP^+$	ATP	NAD^+
CoA	ATP	Pantetheinphosphat
Uridindiphosphatglucose	UTP	Glucose-1-phosphat
Cytidyldiphosphatcholin	CTP	Cholinphosphat

Zwischenverbindungen nachweisen. So entsteht aus ATP und Acetat in Abwesenheit von CoA auf der Kinase Acetyl-AMP. Die gleiche Verbindung entsteht auch in Abwesenheit von ATP aus Acetyl-CoA und AMP.

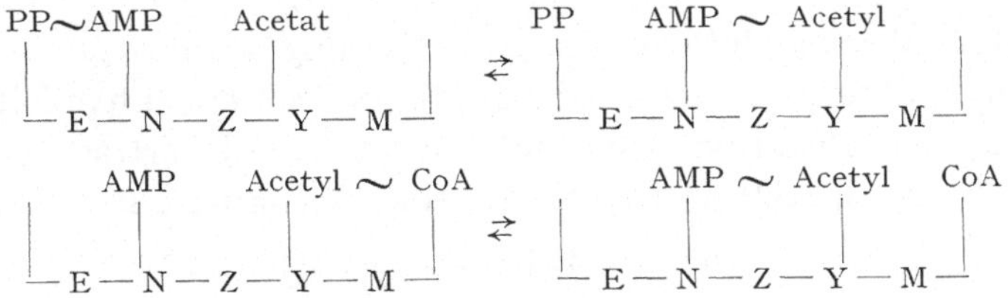

```
PP~AMP      Acetat            PP    AMP ~ Acetyl
|   |         |     |    ⇄    |      |       |     |
—E—N—Z—Y—M—                —E—N—Z—Y—M—

    AMP     Acetyl ~ CoA          AMP ~ Acetyl    CoA
|    |        |       |   ⇄   |    |       |       |
—E—N—Z—Y—M—                —E—N—Z—Y—M—
```

Für die Phosphatübertragung an der Kinase lassen sich zwei verschiedene Möglichkeiten erkennen. Zunächst kann der Phosphatrest aus ATP direkt auf einen Acceptor übertragen werden, der selbst Substrat des Enzyms ist. Dabei würde kein Intermediärprodukt gebildet werden, wie es bereits bei der Phosphoglycerinsynthese beschrieben wurde.

Andererseits kann der Phosphatrest auch auf eine bestimmte Aminosäure auf der Enzymoberfläche übertragen werden.

$$\text{ATP} + \text{Kinase} \rightleftarrows \text{ADP} + \text{Kinase}{\sim}\text{P}$$

In Erythrocyten ließ sich eine Kinase nachweisen, die den Phosphatrest aus ADP fixiert.

$$\text{ADP} + \text{Kinase} \rightleftarrows \text{AMP} + \text{Kinase}\sim\text{P}.$$

Das entsprechende gilt für die Succinylthiokinase

$$\text{GTP} + \text{Kinase} \rightleftarrows \text{GDP} + \text{Kinase}\sim\text{P},$$

in der Histidin als Phosphatacceptor dient.

Aus dem an früherer Stelle bereits gezeigten Schema zur Acetokinasewirkung geht hervor, daß zunächst eine Bindung zwischen AMP und Acetat hergestellt wird, bevor Acetyl-CoA gebildet wird. Obwohl Acetyl-AMP nicht frei nachweisbar ist, kann exogenes Acetyl-AMP mit dem Enzym in Wechselwirkung treten, um zusammen mit CoA Acetyl-CoA zu bilden. Hierbei wird kein ATP benötigt. Man muß daher schließen, daß tatsächlich Acetyl-AMP als Zwischenprodukt dieser Reaktion auftritt.

Unabhängig davon, ob ATP über die Substratkettenphosphorylierung, oxydative Phosphorylierung oder durch Glykolyse erhalten wird, lassen sich zwei Reaktionsschritte erkennen: 1. Bildung eines energiereichen Zwischenproduktes und 2. Verwendung dieser energiereichen Verbindung zur Knüpfung der Bindung zwischen ADP und Orthophosphat zum ATP. Bei dieser zweiten Reaktion sind Kinasen beteiligt. Bei der Glykolyse z. B. entsteht ATP über zwei verschiedene Kinasereaktionen:

$$\text{Diphosphoglycerinsäure} + \text{ADP} \rightleftarrows \text{Phosphoglycerinsäure} + \text{ATP}$$
$$\text{Phosphoenolbrenztraubensäure} + \text{ADP} \rightleftarrows \text{Brenztraubensäure} + \text{ATP}$$

Bei der Substratkettenphosphorylierung des Citronensäurecyclus reagiert Succinyl-CoA mit GDP und anorganischem Phosphat in Gegenwart einer Kinase unter Bildung von GTP.

$$\text{Succinyl-CoA} + \text{GDP} + \text{P}_i \rightarrow \text{Bernsteinsäure} + \text{CoA} + \text{GTP}$$

Dies stellt die Umkehrung der Acetokinasereaktion dar, wenn man GTP durch ATP und Succinyl-CoA durch Acetyl-CoA ersetzt.

Im Verlauf der oxydativen Phosphorylierung kennt man mindestens zwei verschiedene Kinasesysteme zur ATP-Bildung. Zum einen handelt es sich um die oben beschriebene Reaktion. Zum anderen wird die Übertragung der Phosphatgruppe aus ADP auf ADP in Gegenwart einer Myokinase katalysiert.

$$\text{ADP} + \text{ADP} \rightleftarrows \text{AMP} + \text{ATP}$$

Die Myokinase ist ein Membran-gebundenes Enzym. Mit großer Wahrscheinlichkeit sind noch weitere Kinasen an der Phosphatübertragung beteiligt, die bei der Bildung von ATP aus den energiereichen Zwischenverbindungen der oxydativen Phosphorylierung stattfinden.

Mechanismus der Acetokinasereaktion

Obwohl die Wirkungsweise der Kinasen noch nicht vollständig aufgeklärt ist, läßt sich doch unter Berücksichtigung aller bisher bekannten Daten und der chemischen Eigenschaften und räumlichen Verhältnisse der Reaktionspartner ein Modell entwickeln, das den Mechanismus der Kinasereaktion hinreichend erklärt.

Konzentrieren wir uns zunächst auf die Bildung von Acetyl-CoA aus ATP und Acetat sowie CoA. E. F. KORMAN entwarf hierzu das in Abb. 41 skizzierte Schema. Mit diesem Modell sollen die Grundprinzipien erklärt werden, die für eine Kinasereaktion gelten, ohne daß es Anspruch auf Vollständigkeit oder Endgültigkeit erheben kann. Dabei sind die für die Reaktion wichtigen Atome und Reaktionspartner besonders gekennzeichnet, während der Rest der Moleküle lediglich durch eine große Kugel symbolisiert wird. Der Reaktionsmechanismus wird in Einzel-

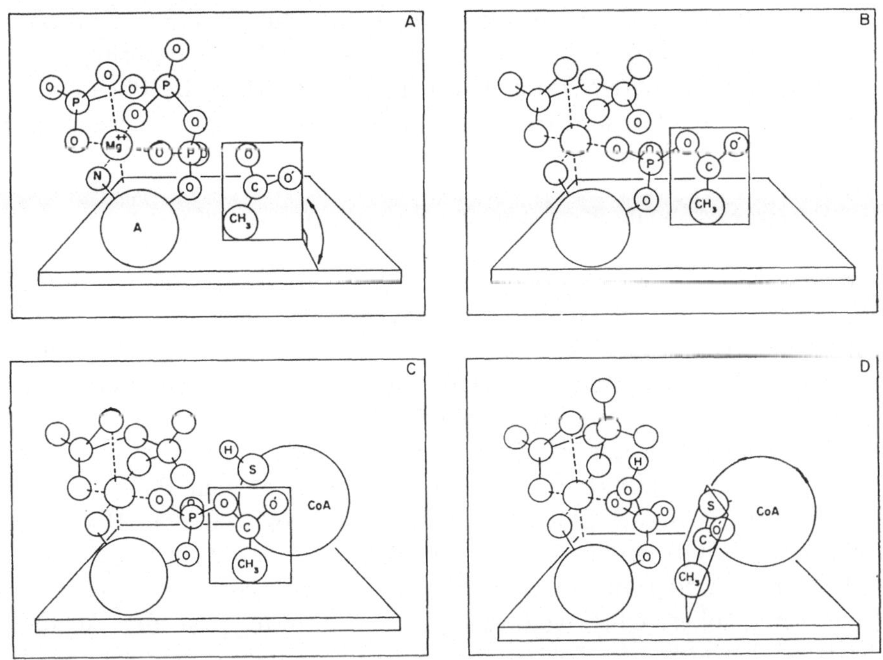

Abb. 41. Atommodell der durch Acetokinase katalysierten Reaktion

schritten beschrieben, obwohl er natürlich kontinuierlich abläuft. In dem Modell erkennt man Mg^{2+} mit seinen Chelatbindungen zu den drei Phosphatresten von ATP und der Aminogruppe am C-6 des Adenins, die durch punktierte Linien angedeutet sind. Vier Sauerstoffatome der drei Phosphatreste und der Stickstoff der Aminogruppe des Adenins halten das Mg^{++}-Atom wie eine Zange fest. Die sechste koordinative Bindung des Mg^{++} wird auf der Enzymoberfläche fixiert, die als flache, rechtwinklig zu dieser Bindung angeordnete Ebene angedeutet ist. Als unmittelbares Ergebnis dieser Komplexbildung erhält man eine bestimmte, für die biologische Aktivität der Kinase notwendige räumliche Anordnung der Phosphatreste des ATP. Ein Acetylrest, der über seine Methylgruppe ebenfalls auf der Enzymoberfläche fixiert ist, vermag nun mit der innersten Phosphatgruppe des ATP in Kontakt zu treten (Abb. 41 A). Dieser Kontakt wird bereits durch die Annäherung der beiden äquivalenten Sauerstoffatome der Carboxylgruppe an das Phosphoratom dieser Phosphatgruppe hergestellt (Abb. 41 B). Danach erfolgt die Bindung zwischen den beiden Atomen. Gleichzeitig bricht die Bindung zwischen dem Phosphatrest und dem Sauerstoffatom zum ursprünglich zweiten Phosphatrest des ATP. Der Pyrophosphatrest verläßt aber nicht das Enzym, da er durch den Komplex mit Mg^{++} ausreichend fixiert wird. Die Position dieses Spaltstückes ist nicht völlig starr, sondern der Pyrophosphatrest vermag um eine Achse zu rotieren, auf der die beiden Sauerstoffatome liegen, die für die Bindung zwischen den beiden Phosphatresten bzw. für die verbliebene koordinative Bindung zum Mg^{++} verantwortlich sind. Trotz dieser Rotation — oder möglicherweise auch wegen dieser Rotation — bleibt die getrennte Pyrophosphatgruppe in einer räumlich so günstigen Lage, daß sich das ursprüngliche ATP-Molekül leicht wieder bilden kann. Hierbei muß natürlich die Phosphat-Acetylbindung wieder gespalten werden. Diese Möglichkeit ist das Kennzeichen für die Reversibilität dieser Reaktion.

$$\text{ATP} + \text{Acetat} \rightleftarrows \text{Acetyl-AMP} + \text{PP}$$

In Abb. 41 A ist der Acetatrest in einer zur Enzymoberfläche schrägen Position markiert, aus der er nach Bindung am Phosphatrest in die senkrechte Lage übergeht (Abb. 41 B). Man nimmt an, daß der Acetatrest tatsächlich eine schaukelartige Bewegung ausführt. Dabei nähert er sich dem enzymgebundenen ATP, bis die Sauerstoffatome der Carboxylgruppe so nah an den Phosphatrest herangerückt sind, daß eine Bindung zwischen diesen Atomen entstehen kann. Vom Phosphor abgespaltene Sauerstoffatome verlassen den Phosphatrest senkrecht nach oben, während die zwei weiteren Sauerstoffatome des Phosphates unbeweglich sind. Sie dienen als eine — hypothetische — Achse, um die er rotiert. Diese Rotation wiederum ermöglicht eine geringfügige Ortsveränderung in Richtung Enzymoberfläche, wodurch die Verknüpfung mit der Acetatgruppe erleichtert wird. Natürlich erfolgen diese Vorgänge insgesamt in einem zeitlichen und räumlichen Zusammenspiel, wobei die Einzelphasen nicht mehr eindeutig voneinander trennbar sind.

Die Acetyl-AMP-Bildung erfolgt in Abwesenheit von CoA. Aus der Reversibilität der Reaktion geht gleichzeitig hervor, daß die Bildung von ATP aus Acetyl-AMP und PP ebenfalls durch dieses Enzym katalysiert werden kann. Sie ist auch für den durch Acetat ausgelösten Pyrophosphataustausch von ATP verantwortlich, bei dem aus ATP Pyrophosphat abgespalten wird und nach Kontakt mit einer anderen Pyrophosphatgruppe ATP resynthetisiert wird. Das läßt sich leicht dadurch nachweisen, daß nichtradioaktives ATP nach Inkubation mit radioaktivem Pyrophosphat in Gegenwart von Acetat und der Kinase radioaktiv wird. Acetat wirkt hierbei in katalytischen Mengen.

In Abb. 41 liegt der Acetatrest auf einer senkrecht zur Enzymoberfläche stehenden Ebene. In dieser Ebene bleibt der Acetatrest auch, nachdem er in Acetyl-AMP umgewandelt wurde. In Abb. 41 C ist schließlich CoA auf der

Enzymoberfläche hinter dem Acetatrest mit seiner SH-Gruppe schräg oberhalb der Carboxylgruppe zu erkennen. Nähert sich diese SH-Gruppe dem Acetatrest, so vermag sie schließlich eine Bindung mit der Carbonylgruppe des Acetats zu knüpfen. Dabei bildet sich eine S–C-Bindung, wobei gleichzeitig die C–O-Bindung zwischen Acetat und Phosphat gelockert wird. Der Wasserstoff der SH-Gruppe nähert sich dem Sauerstoffatom, das nun vom Acetatrest abgespalten wird. Die Bindung zwischen S und H wird in dem Augenblick gespalten, in dem der Wasserstoff mit dem abgelösten Sauerstoff reagiert. Der wichtigste Aspekt auf dieser Stufe der Kinasereaktion ist die Drehung der Ebene, auf der der Acetatrest fixiert war. Nach Knüpfung der Bindung zum CoA befindet sie sich nun nahezu rechtwinklig zur vorherigen Lage (Abb. **41** D). Auf dieser Ebene befinden sich die Carbonyl- und Methylgruppe des Acetats sowie der Schwefel. Da im übrigen aber alle Reaktionspartner nahezu unverändert auf dem Enzym verankert sind, ist damit die günstigste Position für die Reversibilität der Reaktion gegeben. Die nach Bildung der S–C-Bindung zurückgebildete Phosphatgruppe am AMP vermag daher durch Kontakt mit Acetyl-CoA leicht die Reaktion in umgekehrter Richtung einzuleiten. Hierbei würde der Acetatrest wieder in die ursprünglich geschilderte räumliche Lage zurückschwenken.

Gleichzeitig mit der Verschiebung der Bindung zwischen O–C und S–C verläuft ein Protonentransfer. Der Kohlenstoff verhält sich dabei wie ein relativ positives Zentrum, das den Kontakt mit einem Molekül oder Atom entgegengesetzter Ladung begünstigt. Nähert sich nun ein Hydroxylrest, so wird der Wasserstoff zum Schwefel übertragen. Der verbleibende Sauerstoff wird eine um so größere negative Ladung aufweisen, je stärker sich das Proton dem Schwefel nähert. In diesem Gleichgewicht erlangt der Sauerstoff schließlich die Reaktionsbereitschaft, die er für den Kontakt mit dem Kohlenstoff benötigt. Gleichzeitig wird der negative Schwefel bei Näherung des Protons seine Ladung in zunehmendem Maße verlieren und damit seine Bindung zum Kohlenstoff geschwächt. Der Protonentransfer ist bei der Acetyl-CoA-Bildung bzw. -spaltung ein Beispiel dafür, daß neben der eigentlichen enzymatischen Synthese ein sinnvoll koordinierter Protonenaustausch stattfindet. Wegen des relativ raschen Austausches der Bindungen zwischen den Reaktionspartnern muß man annehmen, daß Acetyl-AMP als solches auf dem Enzym kaum in nennenswerter Menge vorliegen wird.

Insgesamt werden bei der Kinasereaktion all die Faktoren offenbar, die die Natur in so überaus wirkungsvoller Weise für die Durchführung der enzymatischen Reaktion heranziehen kann. Es stehen Reaktionspartner geeigneter Größe zur Verfügung, die sich auf der Enzymoberfläche in der „richtigen" Weise zueinander anordnen lassen. Es erfolgen charakteristische Ladungsänderungen, die die Orientierung in bestimmten Ebenen erleichtern usw. Das Modell läßt sich im wesentlichen auf alle Kinasereaktionen übertragen, bei denen die Substratmoleküle auf dem Enzym ohne wesentliche räumliche Verschiebung lediglich durch Rotation in nahen räumlichen Kontakt kommen und damit die Reaktion einleiten können.

NADPH als Energiequelle der Fettsäuresynthese

Wie bereits in Kapitel 6 beschrieben wurde, kann NADPH als Energielieferant, vergleichbar mit ATP, dienen. Die Synthese der langkettigen Fettsäuren stellt einen der zahlreichen synthetischen Prozesse dar, an denen NADPH an Stelle von ATP beteiligt ist. In den Abb. 42 und 43 sind die Reaktionsfolgen bei der Synthese von Palmitinsäure aus Acetyl-CoA und Malonyl-CoA zu finden. Zunächst werden diese Acyl-CoA-Verbindungen an die SH-Gruppen des sog. Acyl-Carrier-Proteins (ACP) angehängt. Möglicherweise handelt es sich dabei um Pantetheinphosphat, das auf einem niedermolekularen Protein (Mol.-Gewicht 6000) gebunden ist. Aus Acetyl- und Malonyl-ACP entstehen nach Kondensation β-Ketobutyryl-ACP, das zu β-Hydroxybutyryl-ACP reduziert wird. Nach Wasserabspaltung entsteht daraus eine kurzkettige, ungesättigte Fettsäure, die schließlich weiter zu Butyryl-ACP reduziert wird. Durch erneute Kondensation mit Malonyl-ACP werden schließlich Fettsäuren mit 18 C-Atomen aufgebaut. In jedem Cyclus verlängert sich die Fettsäurekette um zwei C-Atome. Ist sie 10 C-Atome lang geworden, so tritt in den Cyclus noch eine Variation ein. β-Hydroxyacyl-ACP kann dann nämlich entweder wie bereits erwähnt in ungesättigte Acylverbindungen (an C-2 in trans-Stellung) übergehen oder eine isomere Verbindung mit einer um ein C-Atom verschobenen Doppelbindung (an C-3 in cis-Stellung) bilden. Während Palmitinsäure aus der C-2 ungesättigten Zwischenverbindung hervorgeht, werden die entsprechenden ungesättigten langkettigen Fettsäuren über die an C-3 ungesättigte Komponente gebildet.

An den beiden Reaktionsschritten in dem Synthesecyclus ist jeweils NADPH beteiligt, in seltenen Fällen NADH. ATP wird lediglich für die Synthese der Aus-

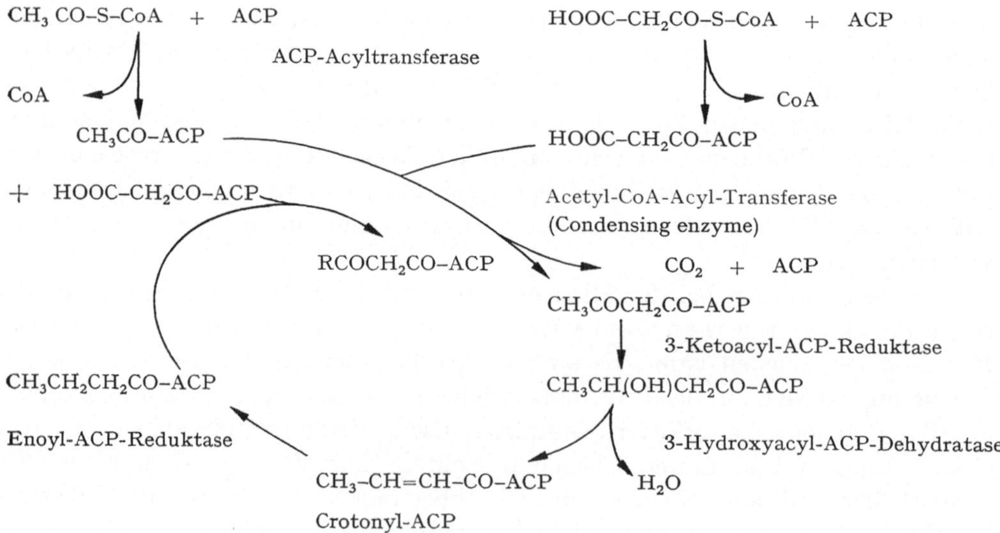

Abb. 42. Synthesecyclus bei der Bildung von Fettsäuren aus Acetyl-CoA und Malonyl-CoA. Die Reaktion erfolgt an einem Acyl-Acceptorprotein ACP

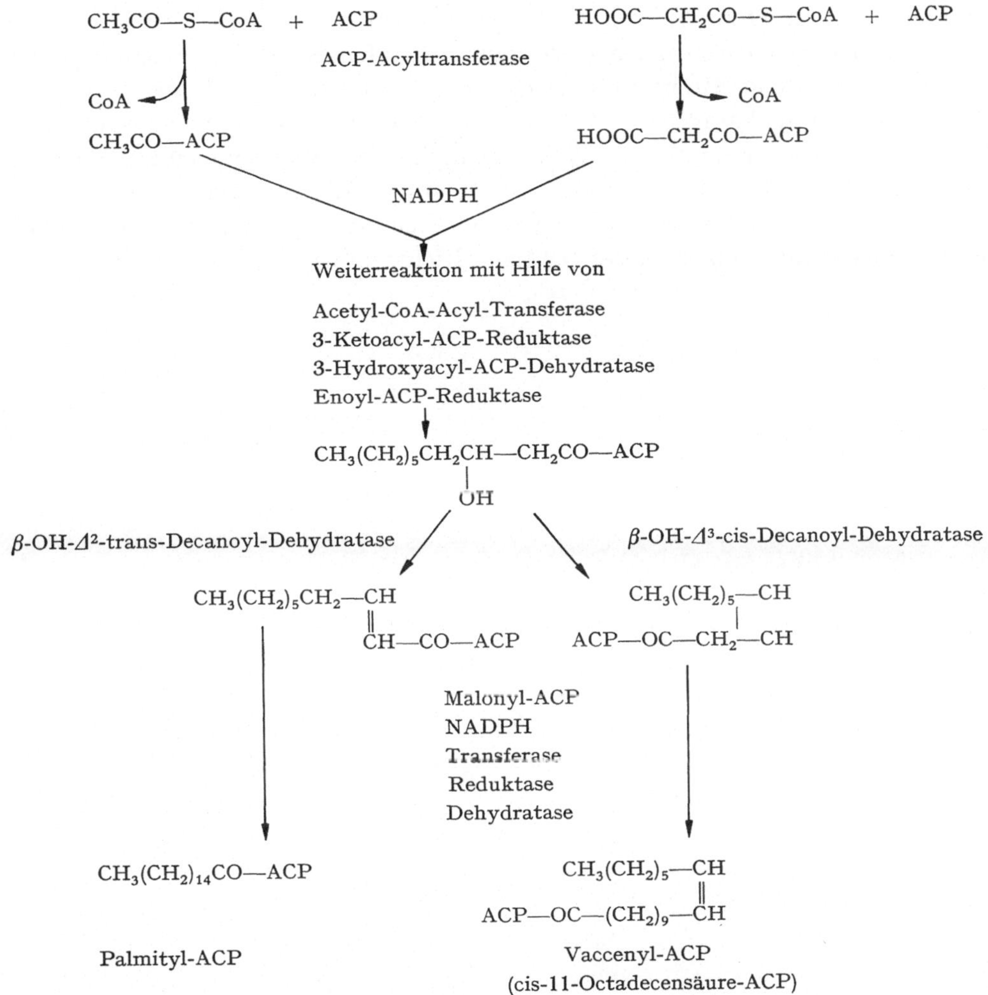

Abb. 43. Übersicht über die Einzelschritte und die beteiligten Enzyme bei der Synthese von Palmitinsäure und cis-Vaccensäure aus Acetyl-CoA und Malonyl-CoA

gangsverbindung, des Acetyl-CoA, bzw. bei dessen Carboxylierung zu Malonyl-CoA benötigt.

Umkehrung des Citronensäurecyclus durch Ferredoxin

In photosynthetisierenden Bakterien wird die Kohlenstoffkette der Aminosäuren durch Umkehrung des Citronensäurecyclus synthetisiert. Die Mikroorganismen enthalten Synthetasen, die Acetyl-CoA in Brenztraubensäure durch reduktive Carboxylierung überführen. Entsprechend bilden sie aus Succinyl-CoA α-Ketoglutarsäure und daraus Isocitronensäure. Als Reduktionsmittel tritt hierbei reduziertes Ferredoxin auf, das während der Photosynthese direkt photochemisch entsteht. Es wird für diejenigen carboxylierenden Reaktionen benötigt, bei denen gleichzeitig Redoxvorgänge ablaufen. So wird die nichtoxydative Carboxylierung von Brenztraubensäure zu Oxalessigsäure durch eine ATP-abhängige Kinase katalysiert. Während des umgekehrten Citronensäurecyclus finden demnach Ferredoxin- und ATP-abhängige Carboxylierungen und die ATP-abhängige Acetyl-CoA-Bildung aus Acetat statt. Alle übrigen Schritte werden durch die gleichen Enzyme katalysiert, die auch während des normalen Ablaufs des Citronensäurecyclusses in der richtigen Richtung wirksam sind.

Kapitel 9

Energieübertragungen

Die Umwandlung verschiedener Energieformen ineinander läßt sich von zwei verschiedenen Blickwinkeln aus betrachten. Zum einen handelt es sich um die eigentliche Bildung oder Verwertung von ATP (bzw. der entsprechenden Verbindungen), zum anderen sollen die Systeme beschrieben werden, die äußere Reize, z. B. Licht, Schall und Druck in elektrische Impulse oder andere Energieformen übertragen und dadurch die biochemische Leistung der Zelle verändern können. Während alle Zellen zur Synthese von ATP in der Lage sind, da sie ATP für außerordentlich viele verschiedenartige Leistungen benötigen, können nur bestimmte spezialisierte Zellen die Energie äußerer Reize in Zellenergie transformieren. Hierzu gehört auch in der Regel die Fähigkeit, den ursprünglichen Impuls zu verstärken, wobei ein primäres Energie-umwandelndes System beteiligt ist.

Zur Umwandlung oxydativer Energie in die Bindungsenergie des ATP sind Glykolyse und die Enzymsysteme der Mitochondrien und Chloroplasten in der Lage. Während die Glykolyse in pflanzlichen und tierischen Zellen praktisch gleichartig verläuft, findet man bei Mikroorganismen zahlreiche Varianten dieses Schemas. Die Spaltung von Fructose-1.6-diphosphat in zwei C_3-Bruchstücke und die ATP-Bildung aus der anaeroben Oxydation dieser Bruchstücke stellen die Hauptprozesse aller glykolytischen Systeme dar. In bestimmten Mikroorganismen wird stattdessen die anaerobe Oxydation von Aminosäuren mit der ATP-Bildung gekoppelt, wobei ebenso wie bei der Glykolyse kein Elektronentransport notwendig ist.

Im Gegensatz zur Glykolyse verläuft die Energieumwandlung in Mitochondrien oder Chloroplasten über wesentlich komplizierte Teilreaktionen. Hier liegen zwischen der primären Oxydation und der Bildung der Phosphatester zahlreiche Zwischenstufen und die Kopplung erfolgt über ein elektronenübertragendes System. Bei der Glykolyse ist dagegen das Molekül, das oxydiert wird, gleichzeitig der Acceptor für anorganisches Phosphat.

Energieumwandlungen

In einer einzigen Leber- oder Muskelzelle befinden sich viele hunderte Mitochondrien, von denen jedes wiederum zehntausende sog. Membranuntereinheiten

„repeating units" aufweist, die die Oxydation mit der ATP-Bildung koppeln. Bei dieser Energieumwandlung oder bei ähnlichen Prozessen erfolgt der eigentliche biochemische Prozeß stets an einzelnen Molekülen oder Molekülgruppen und nicht an ganzen cellularen Partikeln. Die Beschreibung der Systeme, die an der Umwandlung von Energie beteiligt sind, betrifft daher einzelne definierbare Moleküle, deren Eigenschaften und Verhalten für den biochemischen Prozeß ausschlaggebend sind. Andererseits sind diese Moleküle nicht frei beweglich, sondern sie sind in einer organisierten Matrix fixiert. Diese Lokalisation ist für das Zusammenspiel mit weiteren Molekülen notwendig.

Energie-umwandelnde Moleküle werden zunächst durch Energie aktiviert und wandeln sich dann in eine chemisch oder physikalisch verschiedene Form um, wobei Energie wieder frei wird. Um ihre Funktionen aufrecht zu erhalten, müssen sie stets im Verlauf des Cyclus in die ursprüngliche Form übergehen können. Diesen Molekülen kann daher stets eine gleiche Eigenschaft zugeschrieben werden: sie unterliegen reversiblen Strukturänderungen.

Mitochondrien

Bei der Energieübertragung in den Mitochondrien kann man folgende Einzelprozesse unterscheiden: 1. Die Bildung der Elektronendonatoren NADH und Bernsteinsäure entweder im Verlauf des Citronensäurecyclus oder bei der Oxydation von β-Hydroxybuttersäure bzw. den damit verwandten Metaboliten und deren Bereitstellung für die Elektronen-übertragende Reaktionskette. 2. Die mit der Bildung energiereicher Intermediärprodukte gekoppelte Elektronenübertragung und 3. Überführung dieser Intermediärprodukte in ATP oder andere Verbindungen, die zur Aufrechterhaltung von bestimmten biochemischen Leistungen notwendig sind, z. B. Ionentransport durch die Membran oder Protonentransfer von NADH auf NADP. Mit Ausnahme des ersten Prozesses finden alle Reaktionen an der Innenmembran der Mitochondrien statt. An der Bildung der Elektronendonatoren ist eine Reihe von Dehydrogenasen beteiligt, die an der äußeren Mitochondrienmembran lokalisiert sind. Dabei entsteht in erster Linie NADH. Durch das α-Ketoglutarsäure-Dehydrogenasesystem entstehen sowohl NADH als auch Bernsteinsäure. In anderen Fällen wird stattdessen Phosphoglycerinsäure als Elektronendonator von den Mitochondrien akzeptiert. Allerdings wird diese Verbindung außerhalb der Mitochondrien gebildet und gelangt demnach von außen in diese Zellorganelle.

Zur Kopplung des Elektronentransportes mit der Bildung energiereicher Verbindungen ist ein bestimmter Zustand der Elektronen-übertragenden Reaktionskette notwendig. Durch Entkopplung wird dieser Zustand gestört, und es erfolgt keine Bildung energiereicher Verbindungen mehr, obwohl noch Elektronen übertragen werden. Zur Aufrechterhaltung der biologischen Aktivität der Mitochondrien sind die im Verlauf der gekoppelten Reaktion gebildeten energiereichen Verbindungen notwendig. Diese biologische Aktivität hängt mit bestimmten Leistungen der Organelle zusammen, die nun nicht mehr mit denen der Elektronen-

Transferkette identisch sind, z. B. die Fähigkeit zum aktiven Transport divalenter Ionen durch die Mitochondrienmembran. Doch sind auf der Innenmembran der Mitochondrien beide Systeme lokalisiert, d. h. die durch die Elektronen-Transferkette gebildeten energiereichen Verbindungen befinden sich in unmittelbarer Nähe zu dem Ort, an dem sie im Partikel benötigt werden. Zu den biologischen Leistungen der Mitochondrien gehört ferner die ATP-Synthese aus ADP und Phosphat. Wegen der Vielzahl unterschiedlicher Formen, in denen die an Mitochondrien umgesetzte Energie abgegeben wird, muß man annehmen, daß ein Regelmechanismus existiert, der die Entscheidung für den einen oder anderen Reaktionsweg trifft. Wir werden an einer späteren Stelle noch einmal zu diesem Problem zurückkehren.

Tabelle 12. *Die in der mitochondrialen Elektronen-Transportkette vorkommenden Proteine mit Redox-Charakter*

Klasse	Vertreter	Funktionelle Gruppe
Flavoproteide	Bernsteinsäuredehydrogenase	Peptid-gebundenes FAD
	NADH-Dehydrogenase	FMN
Cytochrome	Cytochrom a	Häm a
	Cytochrom a_3	Häm a
	Cytochrom b	Protohäm
	Cytochrom c_1	Mesohäm
	Cytochrom c	Mesohäm
Nicht-Häm-Eisen-Proteide	Im Komplex I vorkommend	An Schwefel gebundenes Eisen
	Im Komplex II vorkommend	
	Im Komplex III vorkommend	
Kupfer-haltige Proteide	Mit Cytochrom a assoziiert	Kupfer
	Mit Cytochrom a_3 assoziiert	Kupfer

Betrachten wir die Eigenschaften der Mitochondrien aus Rinderherz, so sind ca. 80 verschiedene Proteinmoleküle direkt oder indirekt an der Elektronenübertragung beteiligt. Davon entfallen ca. ein Drittel auf die Enzyme, die die Redox-Reaktionen katalysieren. Man kann allgemein zwischen den Proteinen unterscheiden, die für strukturelle Funktionen notwendig sind bzw. an den damit verbundenen Reaktionen beteiligt sind, und denen, die an der eigentlichen Elektronenübertragung teilnehmen, was im engeren Sinn für ca. 15 Proteine zutrifft. Diese Enzyme enthalten stets prosthetische Gruppen, wie Flavin, Häm, Nicht-Häm-gebundenes Eisen oder Kupfer.

Innerhalb der Elektronen-übertragenden Reaktionskette kommt möglicherweise mehr als 1 Molekül von jeder Proteinart vor, z. B. 2 Moleküle Cytochrom b/Kette und mindestens 3 Moleküle Nicht-Häm-Eisen-Protein.

Innerhalb der Reaktionskette kann man zwischen vier Komplexen I, II, III und IV unterscheiden. Sie stellen die kleinsten funktionsfähigen Einheiten dar, die noch zur Elektronenübertragung fähig sind. In Abb. 44 ist ein Schema wiedergegeben, aus dem man die Verteilung der Proteine auf diese vier Einheiten ablesen kann. Jede dieser Einheiten weist ein durchschnittliches Molekulargewicht von 300000 auf, wovon 64% auf Protein, 36% auf Lipide entfallen. Nur die Hälfte der Proteine sind Enzyme, die an den Redoxreaktionen teilnehmen. Bei Annahme eines mittleren Molekulargewichtes von 20000 enthält demnach jeder dieser Komplexe nur vier bis fünf katalytisch wirksame Proteinmoleküle, während eine etwa gleiche Anzahl von Proteinmolekülen ohne enzymatische Aufgaben ist.

Aus dem Komplex III ließ sich bisher das einzige Nicht-Häm-Eisenprotein isolieren und charakterisieren. Es enthält 2 g-Atome Eisen/30000 g Protein.

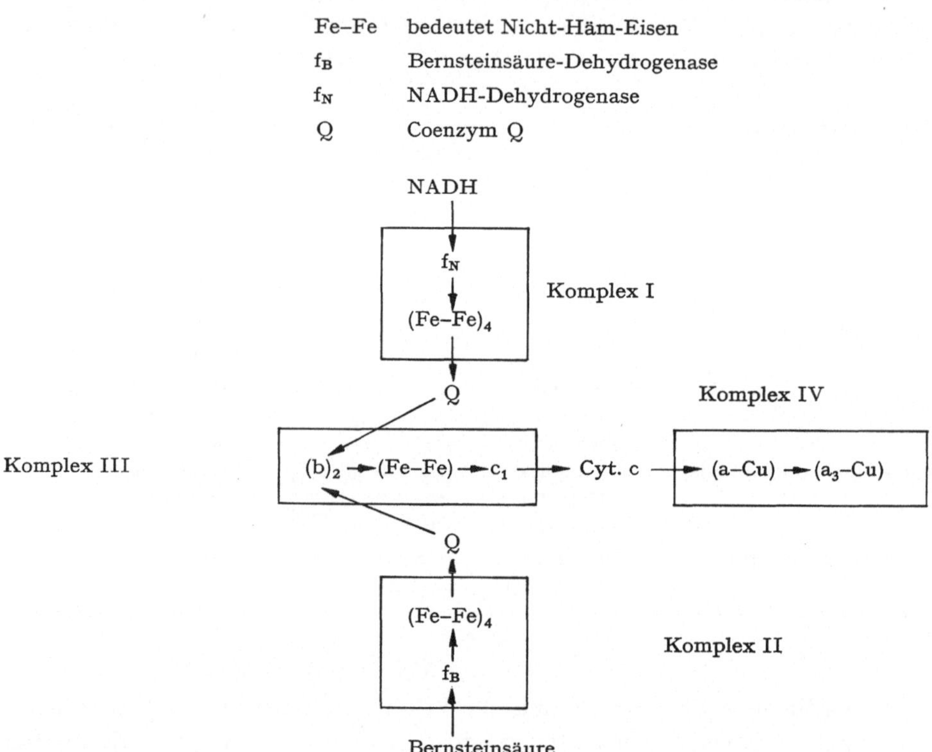

Abb. 44. Verteilung der Redox-Proteine innerhalb der Komplexe der Elektronen-Transportkette

Durch Messung der E.S.R. muß man auch in den Komplexen I und II Nicht-Häm-Eisenproteine vermuten. Da die Komplexe I und II ca. viermal soviel Eisen als Komplex III aufweisen, müßten sie vier Nicht-Häm-Eisenproteine enthalten. Die exakten Daten über Zahl und Art dieser Proteine stehen aber noch aus.

Das betrifft ebenfalls die Zahl der katalytisch wirksamen Proteine im Komplex IV, in dem sich je ein Molekül Cytochrom a und a_3 und 2 Atome Kupfer nachweisen lassen. Kupfer und Häm kommen in zwei Proteinen vor, und zwar die Hälfte des Kupfers an Cytochrom a, der Rest an Cytochrom a_3.

In der Gesamtreaktion erfolgt eine Elektronenübertragung von NADH auf molekularen Sauerstoff. Dabei werden zunächst im Komplex I von NADH

Elektronen auf das Coenzym Q übertragen. Vom reduzierten Coenzym Q werden im Komplex III Elektronen auf Cytochrom c und schließlich durch den Komplex IV die Elektronen des reduzierten Cytochrom c auf molekularen Sauerstoff übertragen.

Coenzym Q fungiert also bei den Elektronenübergängen zwischen den Komplexen I und III bzw. II und III, und Cytochrom c nimmt die gleiche Funktion zwischen den Komplexen III und IV wahr. Coenzym Q und Cytochrom c verhalten sich dabei wie frei in der Lipidschicht der Mitochondrienmembran beweg-

Komplex	Transfer-Reaktion
I	NADH $\rightarrow$ f_N $\rightarrow$ $(Fe{-}Fe)_4$ $\rightarrow$ Coenzym Q NADH-Coenzym Q-Reduktase
II	Bernsteinsäure $\rightarrow$ f_B $\rightarrow$ $(Fe{-}Fe)_4$ $\rightarrow$ Coenzym Q Bernsteinsäure-Coenzym Q-Reduktase
III	QH_2 $\rightarrow$ $(b)_2$ $\rightarrow$ (Fe Fe) $\rightarrow$ c_1 $\rightarrow$ c QH_2-Cytochrom c-Reduktase
IV	Reduziertes Cytochrom c $\rightarrow$ (a–Cu) $\rightarrow$ (a_3-Cu) $\rightarrow$ Q Cytochrom c-Sauerstoff-Reduktase (Cytochrom-oxidase)

Abb. 45. Verlauf des Elektronenflusses innerhalb der Komplexe der Elektronen-Transportkette

liche Moleküle. Der Komplex I stellt die Startstelle der Reaktion dar, an der die aus NADH stammenden Elektronen in die Transferkette eingeschleust werden, Komplex II hat die gleiche Funktion für die Elektronen, die aus Bernsteinsäure stammen. Bis zur Erreichung des Komplexes III durchlaufen demnach die Elektronen der beiden beschriebenen Donatoren verschiedene Reaktionswege. Bei den Komplexen I, III und IV ist der Elektronenfluß gleichzeitig mit der ATP-Bildung gekoppelt, d. h. wenn ein Elektronenpaar diesen Komplex durchläuft, wird gleichzeitig ATP synthetisiert.

Die Proteine aller vier Komplexe sind vorwiegend durch hydrophobe Bindungen aneinander fixiert, im Komplex III ist außerdem mindestens eine Wasserstoffbrückenbindung (aus einer SH-Gruppe stammend) nachgewiesen worden. An den Proteinen sind ebenfalls durch hydrophobe Bindungen stabilisiert Phospholipide gebunden. Im nachfolgenden Kapitel wird der Zusammenhang zwischen den Phospholipiden und der Membranbildung erläutert.

In der Elektronen-übertragenden Reaktionskette der Rinderherz-Mitochondrien sind pro Komplex I, II und III je drei Komplexe IV wirksam. Ihr Anteil zueinander variiert jedoch in Abhängigkeit von den Organen, aus denen die Mitochondrien stammen. Demnach besteht keine strenge 1:1:1:1-Stöchiometrie der vier Komplexe, ja selbst die exakte Lokalisierung der Komplexe in den Mitochondrien ist nicht möglich. Das Verhältnis der verschiedenen Komplexe zueinander wird bei der Bildung der Mitochondrien von genetischen Faktoren gesteuert. Die Aktivität der einzelnen Komplexe hängt von der Aktivität der beweglichen Faktoren ab, die in einem Pendelmechanismus zwischen den vier Komplexen den Elektronenfluß ermöglichen.

Während der Oxydation des NADH durch molekularen Sauerstoff vermindert sich das Potential des Systems um 1,2 Volt.

Diese Potentialdifferenz stellt die treibende Kraft dar, durch die der Elektronenfluß mit der Synthese von ATP gekoppelt ist. Sie läßt sich in drei Einzelbeträge entsprechend den drei Komplexen I, III und IV aufteilen. Innerhalb der Komplexe lassen sich die Einzelbeträge in noch kleinere Schritte unterteilen. Die Anzahl dieser Schritte hängt von der Anzahl der Redoxreaktionen und der daran beteiligten Proteine im jeweiligen Komplex ab.

Diese Feststellung beruht auf der Forderung, daß die günstigste Kopplung zwischen Oxydation und Bildung der energiereichen Verbindung dann erfolgen wird, wenn die Kopplung reversibel verläuft. Zur Reversibilität wiederum ist es

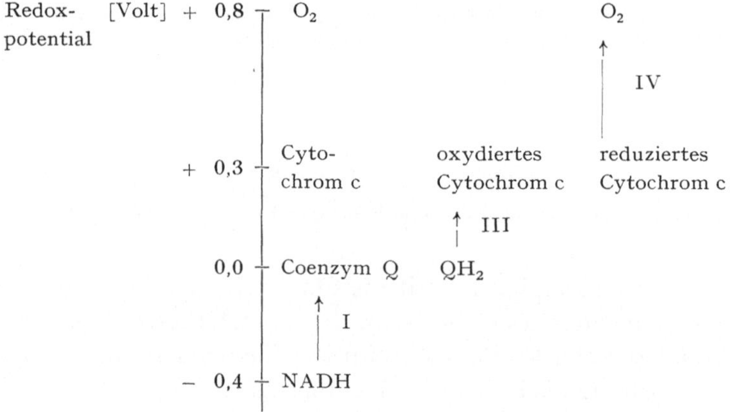

Abb. 46. Der beim Durchgang durch die drei Komplexe des elektronenübertragenden Systems meßbare Energieabfall

notwendig, daß die Potentialdifferenz zwischen den einzelnen Komponenten, die an der Elektronen-übertragenden Reaktionskette teilnehmen, möglichst gering ist.

Bei der Evolution des Elektronen-Transfersystems mußte die Natur die gesamte Potentialdifferenz zwischen −0,4 und +0,8 Volt mit geeigneten kleinen Reaktionsschritten ausfüllen. Flavoproteide sind besonders im negativen Potentialbereich wirksam, kupferhaltige Proteine und Cytochrome im Bereich postiver Potentiale. So genügt bereits die Definition der Lage des jeweiligen Potentials im Elektronentransfer, um die Position der einzelnen Proteine in der Reaktionskette festzulegen. Dabei beeinflussen nicht nur die Art des Proteins sondern auch die Art der Bindung zum Coenzym und das Coenzym selbst die Position innerhalb der Gesamtheit der Komplexe. All diese Variablen führen dazu, daß die Potentialänderungen zweier in der Kette aufeinanderfolgender Reaktionsschritte stets so klein wie möglich sind.

Die in jedem Komplex wirksamen Redoxkatalysatoren, meist fünf Proteine, müssen räumlich so angeordnet sein, daß der Elektronenfluß tatsächlich einsinnig gerichtet verlaufen kann. Jedoch bleibt die Frage unbeantwortet, auf welche Weise Elektronen zwischen diesen Einzelproteinen innerhalb eines jeden Komplexes transportiert werden. Zahlreiche Hypothesen beschäftigen sich mit diesem Phänomen, bei dem insbesondere der Quasi-Festzustand der Makromoleküle an den Membranen berücksichtigt werden muß. BRITTON CHANCE vermutet, daß die Proteine zumindest noch partiell rotieren können. RICHARD CRIDDLE und ROBERT BOCK postulieren, daß sich die Redoxgruppen der Proteine an einer flexiblen Aminosäurenseitenkette der Proteine befinden und in der Lage sind, durch eine Pendelbewegung benachbarte Strukturen anzustoßen und damit einen Kontakt zum nächsten Kettenglied herzustellen (s. Abb. 47).

Dagegen verwendet E. F. KORMAN ein System, das auf Untersuchungen an Atommodellen basiert. Danach sind zwar die Coenzyme wie NAD oder Flavin an

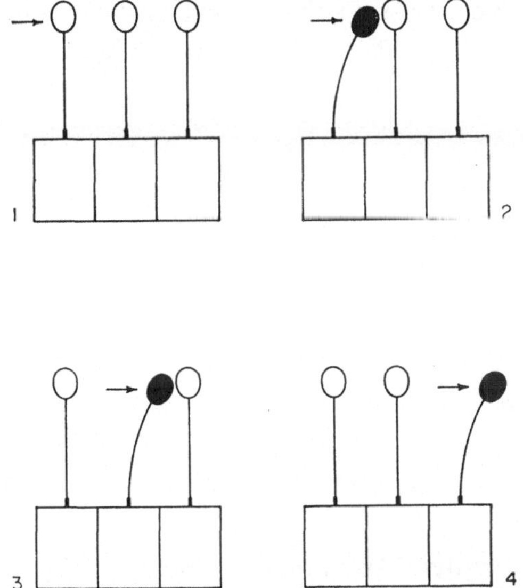

Abb. 47. Schema eines Modells zum Elektronenfluß innerhalb eines Komplexes der Elektronen-Transportkette. Eine Einheit von drei Redox-Proteinen (Rechtecke) weist flexible funktionelle Gruppen auf, an denen die Elektronen über die Oberfläche der Proteine „weitergereicht" werden

Proteinen gebunden. Bei ihrer Reduktion erleiden sie jedoch so tiefgreifende sterische Änderungen, daß sich der Winkel zwischen den Ringsystemen und dem Rest des Moleküls bis zu 90° ändern kann (s. Abb. 48).

Daraus folgt, daß beim Durchlaufen der Elektronen-übertragenden Kette eine Welle von Konformationsänderungen entsteht, die zum synchronen An- und Ausschalten der aufeinanderfolgenden Reaktionsschritte führen. Wird z. B. A reduziert, so kommt es nun in eine Lage, in der es B berührt: Es reagiert mit B. Danach schnellt A in seine Ausgangslage zurück und das nun reduzierte B kommt in eine Position, in der es mit C reagieren kann usw.

An der Elektronenübertragung sind die Phospholipide mittelbar beteiligt. Entfernt man sie, so geht die Elektronen-übertragende Aktivität verloren, fügt man sie wieder in das System ein, erholt sich die Aktivität teilweise. Sie sind nicht direkt an den Konformationsänderungen der Membrankomponenten beteiligt, sondern für die Integrität der Membran bzw. deren Bildung notwendig. Mit Ausnahme der elektrostatischen Bindung zwischen Cytochrom c und Phospholipiden werden in der Regel die Phospholipide über hydrophobe Bindungen an den Proteinen fixiert. Auf den Proteinen und Lipiden bestehen apolare Bereiche, die praktisch völlig wasserfrei sind. Die Redoxgruppen der Proteine sind ebenfalls apolar. So ist z. B. Coenzym Q mit seiner Kohlenwasserstoffkette aus 50C-Atomen vollständig wasserunlöslich. Für die Aktivität dieses Coenzyms ist dessen Lipidlöslichkeit wichtig. Ebenso sind die Enzymsysteme des Flavins und des Häms der Cytochrome hydrophob, während wir von den übrigen Enzymen der Reaktionskette, dem Nicht-Häm-Eisenprotein und den Cu-Proteinen, wegen unserer mangelnden Kenntnisse keine Aussagen über den apolaren Charakter machen können. Worin besteht nun der Vorteil, daß diese Reaktionen in einer

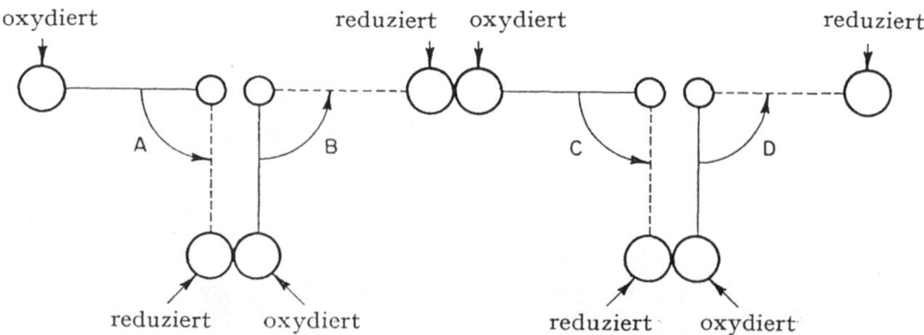

Abb. 48. Elektronentransfer durch synchrone Kontaktaufnahme bzw. -lösung während Konformationsänderungen der funktionellen Gruppen an den Redox-Proteinen

apolaren Umgebung ablaufen? Wir müssen annehmen, daß die bei der Elektronenübertragung auftretenden Zwischenprodukte nur in einem nichtwäßrigen System stabil sind und daher diese gekoppelten Reaktionen sinnvoller Weise nur in den hydrophoben Bereichen der Phospholipide und Proteine ablaufen werden.

Wenn Elektronen durch die genannten drei Komplexe der Kette transportiert werden, so erfolgt eine kontinuierliche Synthese der primären energiereichen Verbindung, die durch bestimmte Kinasen in weitere Verbindungen umgewandelt werden. Werden die Mitochondrien während der Isolierung beschädigt, so erfolgt ein rascher und spontaner Abbau der Verbindung. Allerdings läßt sich nicht klar unterscheiden, ob unter diesen Bedingungen das Intermediärprodukt nicht gebildet wird, oder ob es rasch wieder zerfällt.

Andererseits gibt es Chemikalien, wie 2.4-Dinitrophenol, die den Elektronenfluß von der Bildung stabiler Intermediärprodukte entkoppeln. Auch hier ist die Frage offen, ob tatsächlich in Gegenwart der Entkoppler kein Intermediärprodukt gebildet wird, oder ob nur dessen Stabilität herabgesetzt ist. Darüber hinaus können Entkoppler an verschiedenen Angriffspunkten wirken. So beeinflußt Dinitrophenol die Bildung der primären energiereichen Verbindung, Arsenat die Synthese einer phosphorylierten Zwischenverbindung.

Auf welche Weise werden nun in der Elektronen-übertragenden Reaktionskette energiereiche Verbindungen gebildet? Wenn wir annehmen, daß beim Transfer der Elektronen eine Welle von Konformationsänderungen durch das Proteinsystem läuft, dann könnten diese Konformationsänderungen gleichzeitig für die Bildung der energiereichen Bindung verantwortlich sein, die sich an dieser Stelle der Reaktionskette bildet. Die Kopplung würde dann darin bestehen, daß eine Strukturänderung automatisch zur Bildung der energiereichen Bindung führen muß. Die Kopplung könnte aber auch von einer akkumulierten elektrostatischen Energie ausgelöst werden. Ist eine kritische Ladungsdichte erreicht, so könnte eine Konformationsänderung eintreten oder direkt die energiereiche Verbindung gebildet werden. Das elastische System wird in jedem Falle durch bestimmte Kräfte in Spannung gehalten, die aus den während des Elektronentransfers gebildeten energiereichen Bindungen stammen. Werden sie vom System abgelöst, so geht das System in seine ursprüngliche Form über. Nun können sich zwei Gruppen räumlich nähern, die sonst nicht benachbart sind. Diese Konformationsänderungen würden auf diese Weise die Abstoßungskräfte überwinden, die normalerweise zwischen den Molekülen bestehen.

Solche Konformationsänderungen lassen sich durch elektronenmikroskopische Untersuchungen an Mitochondrien nachweisen. Während der Bildung der energiereichen Verbindungen oder bei deren Verwendung beim Transport von Ionen durch die Membran erfolgen gravierende Änderungen in der Ultrastrtukur der Membranen. Dabei lassen sich Zusammenhänge zwischen dem Membranzustand und der Fähigkeit zur Bildung energiereicher Verbindungen aufzeigen. Allerdings ist die Unterscheidung zwischen Ursache und Wirkung bei diesen Befunden nicht einfach.

Die oxydative Bildung der energiereichen Intermediärverbindung und die darauf folgende Bildung von ATP werden als oxydative Phosphorylierung bezeichnet. Entgegen dieser normalen physiologischen Richtung der Energieübertragung ist aber auch die direkte Bildung energiereicher Verbindungen aus ATP möglich, wobei kein Elektronentransfer beteiligt ist. Dies läßt sich leicht dadurch nachweisen, daß Hemmstoffe des Elektronentransportes, wie Antimycin, nicht die ATP-Wirkung beeinflussen. Andererseits wird die Bildung energiereicher Intermediärprodukte aus ATP durch Oligomycin beeinflußt, das wiederum keinen Einfluß auf die oxydative Phosphorylierung hat.

Mit Ausnahme des Komplexes II findet an allen übrigen Komplexen die gekoppelte Reaktion unter Bildung der energiereichen Verbindung statt. Aus diesem Grunde kann man die Struktureinheiten des Elektronentransfers mit denen der gekoppelten Phosphorylierung identifizieren. In jeder dieser Untereinheiten kann die energiereiche Intermediärverbindung zur Bildung von ATP, zum Ionen- oder Protonentransport dienen. Sie enthalten also alle für diese Reaktionen notwendigen Proteine, und vom Komplex I wird NAD^+, vom Komplex II Coenzym Q und vom Komplex III Cytochrom c gebildet. Die übrigen Komponenten sind noch unbekannt.

Auf die Natur der ersten energiereichen Zwischenverbindung weisen Experimente von P. BOYER hin, der mit Phosphat, das mit dem Sauerstoffisotop ^{18}O markiert war, nachwies, daß bei dieser Reaktion Sauerstoff abgespalten wird. Man muß daher annehmen, daß die fragliche energiereiche Verbindung ein Säureanhydrid zwischen Phosphorsäure und einer carboxylhaltigen Verbindung ist. AMP, Phosphat oder Arsenat können dabei die Partner dieser Reaktion sein. Mit Hilfe dieser Beobachtungen stellte man für die oxydative Phosphorylierung folgenden Reaktionsmechanismus auf: Danach enthält jeder der Komplexe, der am Elektronentransport beteiligt ist, eine Carboxylgruppe. Während des Elektronenflusses werden die Carboxylgruppen der oxydierten Formen in den einzelnen Komplexen acyliert.

$$\text{NADH} + [\text{I}_{\text{ox}}]\text{—COOH} \rightarrow [\text{I}_{\text{red}}]\text{—CO}\sim\text{NAD}^{+} + \text{H}_2\text{O}$$
$$\text{QH}_2 + [\text{III}_{\text{ox}}]\text{—COOH} \rightarrow [\text{III}_{\text{red}}]\text{—CO}\sim\text{Q} + \text{H}_2\text{O}$$
$$\text{reduziertes Cytochrom c} + [\text{IV}_{\text{ox}}]\text{—COOH}$$
$$\rightarrow [\text{IV}_{\text{red}}]\text{—CO}\sim\text{Cytochrom c} + \text{H}_2\text{O}$$

Wenn wir weiterhin voraussetzen, daß NAD^+, Coenzym Q und Cytochrom c wie Alkohole zur Acylbildung in der Lage sind, so sind damit weitere Hinweise auf die Natur der Zwischenprodukte offenbar. Interessanterweise konnte D. GRIFFITHS ein phosphoryliertes Derivat des NAD^+ isolieren, das möglicherweise den Phosphor zur ATP-Bildung beisteuert. Bei der ATP-Synthese kann man ebenfalls mehrere Stufen charakterisieren. Die erste acylierte energiereiche Zwischenverbindung geht dabei mehrere Substitutionsreaktionen ein,

$$\underbrace{[\text{I}_{\text{red}}]\text{—CO}\sim\text{NAD}^{+} + \text{AMP}}$$
$$\downarrow$$
$$[\text{I}_{\text{red}}]\text{—CO}\sim\text{AMP} + \text{NAD}^{+}$$
$$\downarrow \text{P}_i$$
$$[\text{I}_{\text{red}}]\text{—COOH} + \text{AMP}\sim\text{P}$$
$$\downarrow$$
$$\text{ATP} + \text{AMP}$$

bei denen schrittweise zunächst ADP gebildet wird und mit Hilfe von Myokinase daraus ATP synthetisiert wird. Während in der ersten Stufe AMP zunächst am Komplex gebunden wird, erfolgt anschließend die ADP-Bildung durch Substitution mit Phosphat. Allerdings ist es dazu notwendig, eine Transferase für den Übergang der an der Innenmembran fixierten ADP-Moleküle (oder auch ATP) nach außen zu postulieren, die diesen Transport katalysiert. Zwischen den an der Innenmembran der Mitochondrien gebundenen Adeninnucleotiden, die an der ATP-Bildung direkt teilnehmen, und den freien Nucleotiden, außerhalb der Mitochondrien, muß streng unterschieden werden. Die Außenmembran der Mitochondrien unterbindet ja gerade die freie Bewegung der Adeninnucleotide in die Organelle. Der hier formulierte Mechanismus für die ADP-Bildung am Komplex I gilt wahrscheinlich auch für die Komplexe III und IV.

Die während der Elektronenübertragung gebildeten energiereichen Zwischenverbindungen dienen zur Aufrechterhaltung vier verschiedener Leistungen der Mitochondrien.

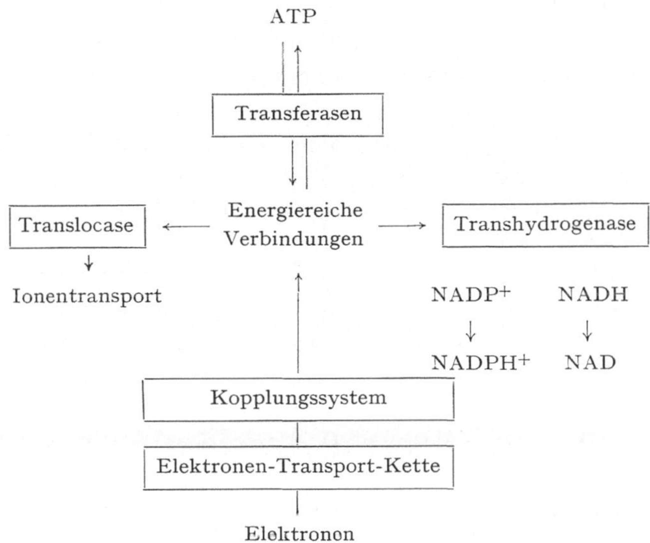

Abb. 49. Beziehungen zwischen den Systemen, die energiereiche Verbindungen bilden und denen, die sie verbrauchen

Die oxydative Phosphorylierung

Die Bildung von ADP aus AMP und Orthophosphat bzw. von ATP aus ADP und Orthophosphat wird als oxydative Phosphorylierung bezeichnet, wenn diese Diesterbildungen durch die mit dem Elektronentransport gekoppelte Synthese von primären energiereichen Verbindungen verbunden sind. Bei diesen Vorgängen sind außerdem eine Reihe von Kinasen beteiligt, die zwischen den Adeninnucleotiden Phosphat transferieren.

Die Ionentranslokation

Eine bisher noch nicht identifizierte energiereiche Verbindung stellt die für den Transport zweiwertiger Metallionen (Mg^{++}, Ca^{++}, Mn^{++}, Sr^{++}; nicht jedoch von Fe^{++} oder Cd^{++}) notwendige Energie zur Verfügung. Pro energiereicher Verbindung werden zwei Ionen transportiert, und zwar aus dem Kompartiment zwischen Außen- und Innenmembran in den Innenraum der Mitochondrien, der von der Innenmembran abgeschlossen wird. An dieser Energiebereitstellung beteiligen sich die Komplexe I, III und IV.

Gleichzeitig mit dem Kationentransport erfolgt stets eine Freisetzung von Protonen, die von den Mitochondrien nach außen abgegeben werden. Wahrscheinlich ist dieser Effekt auf die Wechselwirkung der Kationen mit bestimmten

Gruppen des Transportsystems zurückzuführen, an denen sie gebunden werden, und die dabei das Proton abgeben. Durch den Transport der Kationen in die Mitochondrien wird daher die Protonenkonzentration außerhalb der Mitochondrien verändert.

Anionen können sowohl die Außen- als auch die Innenmembran durchqueren, wenn sie durch Protonenanlagerung in ein neutrales undissoziiertes Molekül überführt sind.

Das bedeutet, daß mit der Einschleusung von Anionen gleichzeitig die Protonenkonzentration außen abnimmt. Während die Kationen unter Energieverbrauch in die Mitochondrien transportiert werden, gelangen die Anionen durch

Außen	Membran	Innen
$CH_3COO^- \xrightarrow{H^+}$	$CH_3COOH \longrightarrow$	$CH_3COO^- + H^+$
$O^-{-}P(=O)(O^-){-}OH \xrightarrow{2\,H^+}$	$OH{-}P(=O)(OH){-}OH \longrightarrow$	$O^-{-}P(=O)(O^-){-}OH + 2\,H^+$
$O^-{-}C(=O){-}OH \xrightarrow{H^+}$	$OH{-}C(=O){-}OH \longrightarrow$	$O^-{-}C(=O){-}OH + H^+$

Abb. 50. Anionenfluß durch Membranen

passive Penetration in das Innere der Organellen. Wenn nun ein Anion wie Chlorid nur langsam einzudringen vermag, so können auch Kationen nur langsam durch Translokation aufgenommen werden. Acetat dagegen, das sehr schnell in die Mitochondrien eindringt, ermöglicht auch eine rasche Translokation der Kationen. Aus diesem Grunde besteht ein enger Zusammenhang zwischen Kationen- und Anionentransport, obwohl beide Vorgänge eigentlich völlig unabhängig voneinander sind.

Eine gegebene Mitochondrienmenge kann nur eine bestimmte Anzahl von Kationen aufnehmen. Ist diese Menge erreicht, erfolgt keine weitere Kationenakkumulation mehr. Diese Grenze wird durch die Anzahl von Bindungsstellen bestimmt, die für die Metalle an den Phospholipiden vorliegen. Allerdings läßt sich in Gegenwart von Phosphat als Anion diese Grenze übersteigen, weil wegen der Bildung von unlöslichen Metallphosphaten die Metall-Phospholipidbindungen dissoziieren und z. B. als $Mg_3(PO_4)_2$ oder $Ca_3(Po_4)_2$ im Innenraum der Mitochondrien ausfallen. Diese Metallphosphatablagerungen sind für einen weiteren Aspekt bei der Translokation der Kationen von Bedeutung. Normalerweise wird das Metallion an den Phospholipiden gebunden. Bei der Übertragung der Kationen zwischen den einzelnen Phospholipidmolekülen auf der Innenmembran, oder von den Phospholipiden zum wäßrigen Innenraum der Mitochondrien, ist Wasserstoff notwendig. Protonen werden aber nur im Verlauf der Anionenpenetration bereitgestellt, die wiederum mit dem Kationentransport gekoppelt sind. Sind aber keine Protonen verfügbar, so können auch keine Kationen abgelöst werden. Damit ist aber die Kontinuität der Translokationsprozesse verloren gegangen.

Bei der Translokation von drei Atomen Mg^{++} in Gegenwart von Phosphat werden zwei Protonen nach außen abgegeben. Dies ergibt sich aus der Ablösung von zunächst sechs Protonen bei der Bindung von drei Mg^{++}-Ionen und der Aufnahme von vier Protonen, die mit der Penetration von HPO_4^{--} verbunden ist.

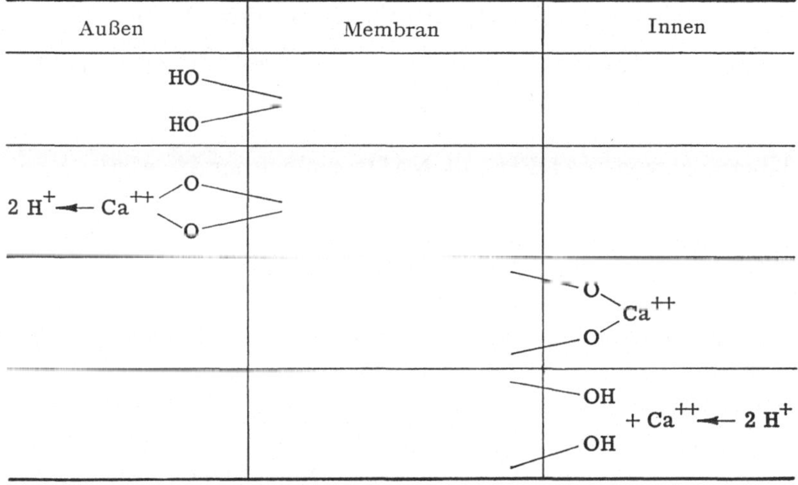

Abb. 51. Energieabhängiger Kationentransport durch Membranen

Die Schwellung der Mitochondrien

Einwertige Kationen wie K^+ oder Na^+ dringen in Gegenwart eines geeigneten Anions, wie Imidazol oder Acetat, passiv in die Mitochondrien ein. Gleichzeitig erfolgt eine Zunahme der Wassermenge und damit eine Volumenvergrößerung der Organellen. In Gegenwart von bestimmten Substratmolekülen kann sich außerdem die Permeabilität der Innenmembran gegenüber einwertigen Kationen verändern.

Die Antibiotica Gramicidin oder Valinomycin erleichtern die passive Aufnahme der einwertigen Metallionen durch die Mitochondrienmembran, hemmen aber gleichzeitig alle durch die Mitochondrien bereitgestellten biologischen Aktivitäten, z. B. die oxydative Phosphorylierung.

Da die Penetration der einwertigen Kationen unumgänglich zu einer Volumenvergrößerung, einer Schwellung der Mitochondrien führt, bläht sich der von der Innenmembran umgebene Raum, die Cristae, zu einem bläschenförmigen Gebilde auf. Gleichzeitig verändert sich die Gestalt der Membranuntereinheiten der Innenmembran, und die Außenmembran beginnt zu reißen.

Umgekehrter Elektronenfluß

Bei diesem Vorgang vermögen die aus Bernsteinsäure oder reduziertem Cytochrom c stammenden Elektronen NAD^+ zu NADH zu reduzieren. Für diese thermodynamisch ungünstige Reaktion ist Energie notwendig, die dem System zugeführt werden muß. Hierfür bestehen mehrere Möglichkeiten, z. B. die Bildung eines phosphorylierten NAD^+, dessen Potential genügend positiv ist, um die Reduktion zu ermöglichen. NAD^+ könnte allerdings auch durch andere Gruppen als Phosphat substituiert werden, die in jedem Fall zu einer Potentialverschiebung führen müssen, so daß zumindest Niveaugleichheit der Potentiale bei oxydierenden und reduzierenden Prozessen am NAD^+ besteht.

Wasserstofftransport unter Energieverbrauch

Mitochondrien können mit Hilfe eines Flavoproteids Hydridionen von NADH auf NAD^+ verschieben. Zwischen den Systemen $NADP^+$/NADPH und NAD^+/NADH besteht eine Potentialdifferenz von 80 mV, so daß thermodynamisch nur ein Übergang von NADPH auf NAD^+ ohne Energieverbrauch möglich ist. Mit Hilfe einer energiereichen Intermediärverbindung ist jedoch auch ein Transfer von NADH auf $NADP^+$ möglich. Auch dieser thermodynamisch ungünstige Weg wird dadurch gangbar, daß entweder der Hydridiondonator oder der Acceptor chemisch so modifiziert werden, daß nunmehr die Potentiale so liegen, daß die Reaktionen ablaufen können. In beiden Fällen geht wiederum die Wechselwirkung mit einer energiereichen Verbindung voraus. Unter Bedingungen, bei denen der umgekehrte Elektronenfluß nachgewiesen wurde, konnte tatsächlich D. GRIFFITHS das geforderte phosphorylierte NADH-Derivat isolieren. Diese Verbindung ist wahrscheinlich für den Wasserstofftransport vom NADH verantwortlich.

Aktivitätsverlust der Mitochondrien nach ihrer Zerstörung

Werden Mitochondrien fragmentiert, so verschwindet eine der Mitochondrienaktivitäten, die Fähigkeit zum Ionentransport, vollständig, während die drei übrigen unverändert bleiben, die oxydative Phosphorylierung, der umgekehrte Elektronenfluß und der energieabhängige Protonentransport.

Die Tatsache, daß nur eine der Mitochondrienaktivitäten verloren geht, beruht nicht darauf, daß sie besonders empfindlich ist im Vergleich zu den anderen Aktivitäten, sondern darauf, daß bei der Fragmentierung die Ordnung der mit der Ionentranslokation verbundenen Enzymsysteme auf den Membranen verloren geht. Auch läßt sich nach Zerstörung der Organelle nicht mehr die Transportrichtung von Außen nach Innen definieren, da die Innenmembran dem externen Kompartiment der Zelle direkt zugänglich geworden ist.

Physiologische Bedeutung der Mitochondrienaktivitäten

Die Bildung von energiereichen Intermediärprodukten, die letztlich zur Synthese von ATP dienen, stellt die Hauptaufgabe der Mitochondrien dar.

Damit ist aber bereits die physiologische Bedeutung der Mitochondrien für die Zelle offenbar geworden. Die übrigen Leistungen der Mitochondrien lassen sich dagegen nur unbefriedigend im Zusammenhang mit den übrigen mitochondrialen Aktivitäten verstehen. Es besteht sogar die Möglichkeit, daß einige dieser Aktivitäten Artefakte sind, Folgen der Manipulationen, die beim Experiment an den Mitochondrien biochemische Leistungen vortäuschen, die in vivo nicht existieren.

Die Translocasehypothese

Für den energieabhängigen Transport divalenter Kationen und Phosphatreste durch die sonst nicht durchlässige Innenmembran ist ein System notwendig, das als Translocase bezeichnet wird. Es katalysiert den Transport der divalenten Kationen Ca^{++}, Mg^{++}, Mn^{++}, Sr^{++}, beeinflußt jedoch nicht den Transport der einwertigen Kationen, wie K^{+} oder Na^{+}. Die Translocase erleidet unter dem Einfluß einer energiereichen Zwischenverbindung eine Konformationsänderung, die etwa der des Actomyosinsystems des Muskels entspricht. Beim Actomyosin erfolgt eine Konformationsänderung, die zur Verkürzung der Muskelfasern führt. Im mitochondrialen System erzeugt die Konformationsänderung Lageänderungen, so daß eine ursprünglich nach außen gerichtete Membranfläche nun nach innen gerichtet ist. Dies läßt sich anschaulich durch die folgende Darstellung erklären.

$$\varepsilon \quad + \quad \text{energiereiche Zwischenverbindung} \quad \rightarrow \quad з$$

Darin steht ε für die Translocase, und die Konformationsänderung bewirkt eine Drehung des Systems um 180° zu з, was durch eine energiereiche Intermediärverbindung pro Konformationswechsel ermöglicht wird. Ist die Translocase durch eine energiereiche Verbindung aktionsfähig geworden, so befinden sich die ursprünglich auf der Außenseite der Innenmembran fixierten divalenten Kationen anschließend auf der Innenseite der Innenmembran.

Im Endeffekt sind dabei die Kationen aus dem Außenraum nach innen transportiert worden, wo sie von der Membran wieder abgelöst werden können. Diese Entladung kann entweder auf Grund einer konzentrationsabhängigen Bindung oder auf einer verringerten Bindungsaffinität beruhen. Möglicherweise werden die Ionen auch durch geladene Gruppen der Phospholipidschicht der Membran abgefangen.

Bei intakten Mitochondrien hängt die Translocasewirkung von der Menge der verfügbaren zweiwertigen Metallionen ab. Ca^{++}-Ionen penetrieren sehr rasch durch die Außenmembran, sogar bei niedrigen Konzentrationen, während Mg^{++} nur langsam eindiffundiert. Die niedrige Translokationsgeschwindigkeit für Mg^{++} ist demnach auf eine Permeabilitätsschranke gegenüber Mg^{++} zurückzuführen. Wird durch Zn^{++} oder Cd^{++} die Außenmembran perforiert, so wird die Permeation von Mg^{++} erhöht und damit auch die Translokation dieses Kations durch die Innenmembran. Das Translocasesystem ist also von der Permeabilität der Außenmembran abhängig. Aus diesem Grunde sind die relativen Translokationsgeschwindigkeiten in erster Linie ein Maß für die Permeationsgeschwindigkeiten durch die Außenmembran.

Wie bereits erwähnt, führt der Ioneninflux der zweiwertigen Ionen unumgänglich zur Mitochondrienschwellung. Dabei verändert sich die Innenmembran, und es bilden sich aus der ursprünglich tubulären Form vesiculäre Partikel, die sich mit Wasser füllen. Statt durch Metallionen erhält man den gleichen Effekt nach einer Lipidperoxydation. Im Gegensatz zur Schwellung nach erhöhter Kationentranslokation ist die nach Lipidperoxydation zu beobachtende Formänderung irreversibel. Inkubiert man nämlich mit EDTA oder ATP, so geht die Schwellung nach der durch Kationen ausgelösten Schwellung zurück. Dies

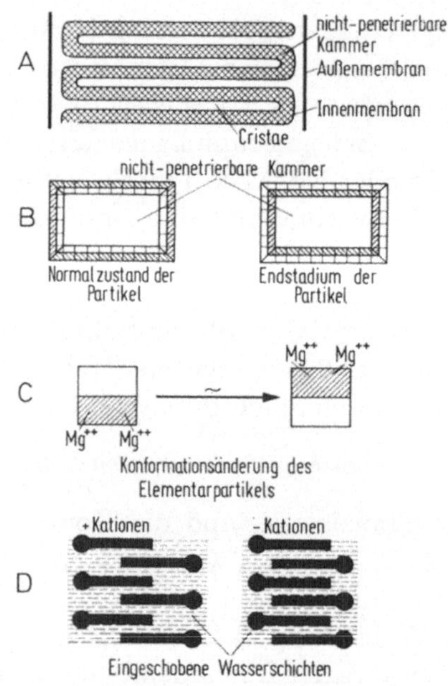

Abb. 52. Mechanismus der Translocasewirkung. A Lage des nichtpenetrierbaren Innenraums der Mitochondrien; B Konformationswechsel der Membranpartikel; C Schema der Konformationsumkehr einer Membranuntereinheit nach Einwirkung einer energiereichen Intermediärverbindung ~ D Zunahme des Wasservolumens einer Phospholipidmizelle nach Ionenbindung

beruht auf der Chelatbildung mit den Kationen, die dabei aus dem Innenraum der Mitochondrien nach Außen „gezogen" werden.

Werden Mitochondrien dagegen mit divalenten Metallkationen in Gegenwart von Phosphat inkubiert, so schrumpfen sie. Die Schrumpfung beruht auf der Ablösung der Metallionen von den Phospholipiden der Innenmembran, die als unlösliche Phosphate gefällt werden. Die Metall-freien Phospholipide begünstigen nun die Schrumpfung der Innenmembran, wobei gleichzeitig die Wassermenge im Innenkompartiment abnimmt.

Kontrolle der Atmung

Nur intakte Mitochondrien, nicht mitochondriale Fragmente, stellen Atmung und Elektronentransport auf die verfügbare Menge an ADP und Phosphat ein.

Dieses Phänomen wird als Atmungskontrolle bezeichnet. Es beruht auf der Tatsache, daß die energiereichen Zwischenverbindungen bei Abwesenheit von ADP und Phosphat nicht „entladen" werden können. Ehe nicht die Verbindung die entsprechende Substitutionsreaktion eingehen kann, kann auch nicht die für den Elektronentransport notwendige Oxydation dieser Überträgersubstanz erfolgen. Da man bei submitochondrialen Partikeln diese Atmungskontrolle nicht nachweisen konnte, nimmt man an, daß die energiereichen Zwischenverbindungen unter diesen Bedingungen instabil sind. Allerdings ist auch in intakten Mitochondrien die Atmungskontrolle unvollständig, weil auch dort die energiereichen Zwischenverbindungen eine begrenzte Lebensdauer haben und möglicherweise einer spontanen Hydrolyse unterliegen.

Der Wirkungsgrad der Kopplung

Der Grenzwert des P:O-Quotienten beträgt unter experimentellen Bedingungen 3. Das bedeutet, daß 1 Elektronenpaar, das durch die gesamte Elektronen-übertragende Reaktionskette von NADH bis zum O_2 transportiert wird, 3 Moleküle energiereicher Verbindungen, denen die Synthese von 3 Molekülen ATP entspricht, erzeugt. Das gilt auch für die Ionentranslokation an Stelle der ATP-Bildung. Andererseits konnte LYNN zeigen, daß unter bestimmten Bedingungen auch ein Verhältnis von 6 gefunden werden kann. Dies bedeutet, daß bei den üblichen P:O-Messungen ein Teil der energiereichen Verbindungen verloren geht, und der tatsächliche Wirkungsgrad demnach doppelt so hoch ist, wie bisher angenommen wurde.

Energie-übertragende Systeme und Membranen

Die Energie-übertragenden Systeme der Zelle haben stets Membrancharakter. Aber auch die umgekehrte Formulierung ist richtig: Alle Membranen sind an Energieübertragungen beteiligt. Diese Verallgemeinerung vereinfacht außerordentlich die Darstellung der Energie-übertragenden Systeme, da nun die allgemeinen Charakteristika gleichartig sind. Danach bestehen Übertragungssysteme aus einer Gruppe bestimmter Moleküle, die in charakteristischer Weise zueinander angeordnet sind. Die verschiedenen Überträgersysteme unterscheiden sich dann nur noch durch gewisse Variationen in der Art der beteiligten Moleküle und in der Anordnung zueinander. Größe, Gestalt und Anzahl der in den Membranuntereinheiten dieser Membranstrukturen vorkommenden Moleküle sind für jedes Überträgersystem charakteristisch.

Zusätzlich läßt sich eine Unterscheidung zwischen den Systemen treffen, die energiereiche Verbindungen synthetisieren und solchen, die die energiereichen Verbindungen für ihre biologische Aktivität benötigen. Nur die Membranen, die über ein Elektronen-übertragendes oder ein glykolytisches System verfügen, bilden energiereiche Verbindungen. Alle Membranen aber vermögen Leistungen aufzubringen, für die energiereiche Verbindungen benötigt werden, z. B.

Ionentranslokation oder Biosynthesen. Die mitochondriale Translocase kann dabei als Modell für viele ähnliche Systeme dienen, die am aktiven Transport beteiligt sind.

Der Chloroplast

Zwischen Mitochondrien und Chloroplasten bestehen einige grundsätzliche Analogien. So sind die Ultrastrukturen beider Partikel sehr ähnlich, der Innenmembran der Mitochondrien entspricht das Quantosom der Chloroplasten. Die Enzyme der Außenmembran der Mitochondrien, die Systeme des Pentosecyclus und der Glykolyse, entsprechen denen der Chloroplasten auf der Außenmembran, die die chlorophyllhaltigen Lamellen umhüllen. Auch der Gehalt an Strukturproteinen und Lipiden ist in beiden Organellen vergleichbar. Die Elektronenübertragende Reaktionskette der Chloroplasten ist ebenfalls ein Gegenstück zum mitochondrialen System. Der fundamentale Unterschied beider Partikel beruht auf dem verschiedenartigen Elektronendonator. Im Falle der Mitochondrien liefert NADH die Elektronen, bei den Chloroplasten ist es reduziertes Ferredoxin. Die Komponenten der Reaktionskette der Chloroplasten haben im übrigen aber völlig gleichartige Funktionen wie die der Mitochondrien. So wirkt Plastochinon vergleichbar mit Coenzym Q. Außerdem findet man in den Chloroplasten die beiden Cytochrome b und f sowie NADP. In beiden Organellen ist der Elektronenfluß mit der ATP-Bildung über eine oder mehrere energiereiche Zwischenverbindungen gekoppelt, und die Elektronenübertragung ist ebenfalls Antimycinempfindlich. Die bei Mitochondrien wirksamen Entkoppler 2.4-Dinitrophenol oder Dicumarol hemmen auch bei Chloroplasten die ATP-Synthese. In beiden Partikeln erfolgt eine energieabhängige Ionentranslokation, und sie zeigen beide unter den entsprechenden Bedingungen Schwellung und Schrumpfung. Alle gleichen oder vergleichbaren Aktivitäten und Eigenschaften der beiden Partikel unterstreichen die Tatsache, daß den beiden Organellen ein gemeinsames Bauprinzip zugrunde liegt.

In grünen Pflanzen wies D. Arnon zwei verschiedene Arten phosphorylierender Systeme nach, ein cyclisches und ein nichtcyclisches. Sie sind auf verschiedenen Chloroplastenmembranen lokalisiert. Ihre Aktivitäten ähneln sehr den mitochondrialen Leistungen. So entspricht das acyclische System der in der Außenmembran der Mitochondrien nachgewiesenen Substratkettenphosphorylierung; das cyclische System ist der an der Innenmembran aktiven oxydativen Phosphorylierung vergleichbar. Das acyclische photophosphorylierende System scheidet O_2 aus unter Bildung von NADPH, reduzierendem Ferredoxin und ATP. Das System wird nicht durch Antimycin gehemmt, ist aber empfindlich gegenüber p-Chlorphenyl-1.1-dimethylharnstoff (CPH). Das cyclische System bildet dagegen weder O_2 noch NADPH oder reduziertes Ferredoxin, ist Antimycin-empfindlich und unempfindlich gegenüber CPH. Beiden Chloroplastensystemen ist die Beteiligung von Chlorophyll und die Bildung von ATP gemeinsam, obwohl die dabei aktiven Chlorophyllarten unterschiedlich sind. Das cyclische System weist eine Elektronen-übertragende Reaktionskette auf, die die Potentialdifferenz zwischen O_2 und Ferredoxin überspannt. Das acyclische System weist dagegen eine geringere Potentialdifferenz auf, die zwischen reduziertem Ferredoxin und $NADP^+$ liegt.

Die Muskelkontraktion

Bei der Muskelkontraktion sind vier Hauptsysteme beteiligt. 1. Die Nervenzellen, 2. Das sarkoplasmatische Reticulum, das sich durch den ganzen Muskel zieht, 3. Die Mitochondrien, die in regelmäßigen Abständen in der Muskelmatrix eingebettet sind, und 4. Das Actomyosinsystem der Muskelfasern. Die Nerven lösen im sarkoplasmatischen Reticulum eine Ca^{++}-Freisetzung aus. Mitochondrien stellen das für den Kontraktionsprozeß notwendige ATP bereit und das Actomyosinsystem vermittelt in Gegenwart von ATP und Ca^{++} den cyclischen Kontraktionsvorgang.

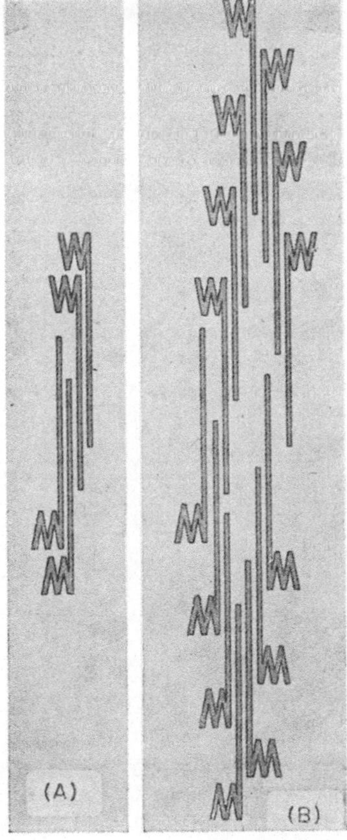

Abb. 53. Der Aufbau des Myosinmoleküls und die Aggregatbildung. Die Molekülköpfe sind als Zick-Zack-Strukturen dargestellt, der daran anhängende Molekülschwanz als gerade Linie. Die geradlinigen Molekülbereiche vermögen sich aneinander zu lagern, wobei die Köpfe an den Enden stufenweise herausragen

Abb. 54. Doppelhelix eines Actinfilamentes

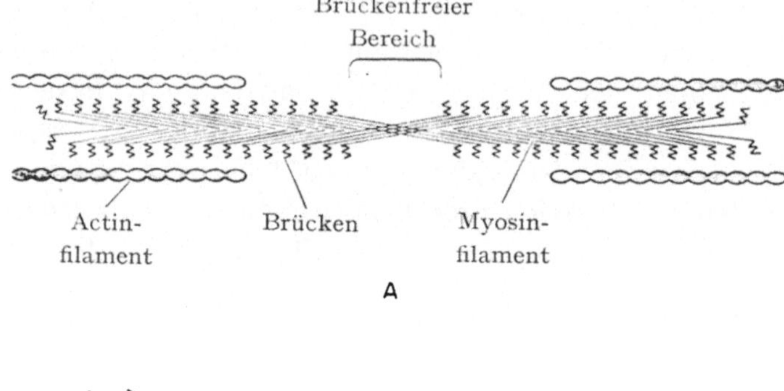

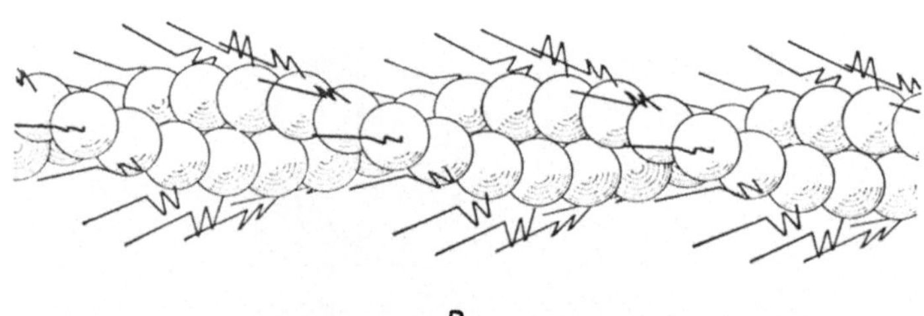

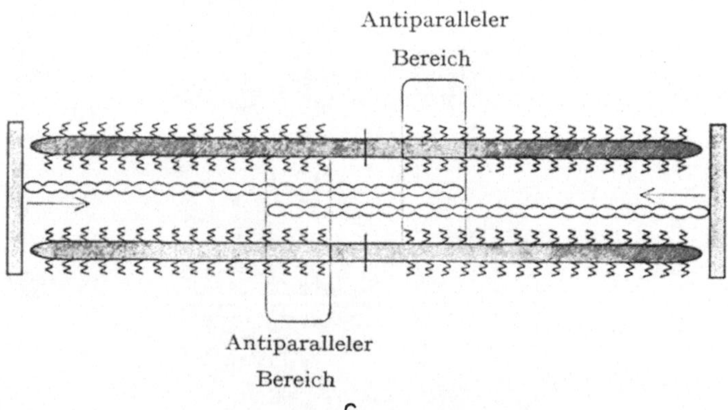

Abb. 55. Zusammenhang zwischen Actin- und Myosinfilamenten. A. Die Myosin-Molekülköpfe sind durch Zick-Zack-Linien dargestellt, wobei die Orientierung der Köpfe durch den Verlauf der Zick-Zack-Linie angedeutet ist. Diese Kopfbereiche sind Brückenteile bei der Verbindung von Myosin und Actin. Im mittleren Bereich des Myosins ist ein Brücken-freier Bereich zu erkennen. B. Ein Modell der Wechselwirkungen zwischen dem helix-förmigen Actin und den Myosinköpfen. C. Die markierten antiparallelen Bereiche weisen maximale Elektronendichten auf. Während bei A jedes Myosinfilament durch zwei Actinhelices flankiert wird, wird in C jeder der beiden Myosinfilamente durch eine der zwei Actin-helices flankiert

Nerven und sarkoplasmatisches Reticulum steuern also die Bereitstellung von Ca^{++}, das für eine Kontraktion notwendig ist. Der ATP-Gehalt unterliegt entsprechend der Muskeltätigkeit oder -ruhe cyclischen Veränderungen. Dabei ist ATP nicht die eigentliche Energiequelle, sondern es wird zur Phosphorylierung des Myosins benötigt, das als primärer Energielieferant der Muskelkontraktion dient. Für die Phosphorylierung des Myosins ist Ca^{++} notwendig.

Die ATPase-Aktivität des Myosins ist von den Reaktionen zu unterscheiden, die bei der durch ATP ausgelösten Muskelkontraktion möglicherweise zur Freisetzung von ADP und Phosphat führen, d. h. die beiden Prozesse sind nicht notwendigerweise identisch. Die bei der Hydrolyse des phosphorylierten Myosins freiwerdende Energie dient entweder zur Muskelarbeit oder wird in Wärme umgesetzt. Die energiereiche Form ermöglicht die Verschiebung der Myosinfilamente quer zu den Actinfasern. Dabei werden fortlaufend Verbindungen zwischen Myosin und Actin geknüpft und gelöst, wobei sich die Filamente gegeneinander verschieben. Bei der Verknüpfung sind kovalente Bindungen beteiligt, die bei der Lösung wieder gespalten werden müssen. H. E. und A. F. HUXLEY wiesen nach, daß eine große Zahl von Bereichen auf den Filamenten existieren, die zur Vernetzung von Myosin mit Actin in der Lage sind.

Die Details dieser Beziehungen zwischen den Muskelfilamenten sind insbesondere aus elektronenoptischen Untersuchungen klar geworden. Danach ähnelt jedes einzelne Myosinmolekül einer Samenzelle, d. h. es ist ein fadenförmiges Gebilde mit einem zwiebelförmigen Kopf. Die einzelnen Myosinmoleküle legen sich eng aneinander und bilden Pfeile mit Spitzen an beiden Enden.

Infolgedessen sind die Enden der Filamente deutlich dichter als die mittleren Bereiche, die in einer Doppelhelix angeordnet sind.

In dieser Helix sind zwei Stränge umeinander gewunden. Am Kontakt zwischen Actin und Myosin sind wahrscheinlich nur die zwiebelartigen Myosinköpfe beteiligt.

Während die physikalischen Änderungen im Verlauf der Muskelkontraktion gut beschrieben sind, liegen nur mangelhafte Informationen zu den dabei ablaufenden enzymatischen und chemischen Vorgängen vor. Das Umgekehrte gilt für unsere Kenntnisse über die Mitochondrien, bei denen wir sehr viel über die enzymatischen Vorgänge in diesen Organellen wissen, aber die physikalischen Ereignisse bei der ATP-Bildung nur unvollständig beschreiben können.

Zusammenfassend kann man feststellen, daß die Energietransformation biologischer Systeme mit Konformationsänderungen verbunden ist, die an membrangebundenen Makromolekülen stattfinden. Während in Skelett- und Herzmuskel ATP-abhängige Konformationsänderungen die Muskelkontraktion ermöglichen, dienen Konformationsänderungen in den Mitochondrien zur Synthese von energiereichen Intermediärprodukten, die zur Translokation von Ionen und Wasser notwendig sind.

Kapitel 10

Die Zellmembranen

Bis etwa zum Jahre 1960 standen keine ausreichenden Methoden zur Verfügung, mit denen man Zellmembranen analysieren und definieren konnte. Vier methodische Fortschritte charakterisieren den Weg, der zur Klärung dieser Probleme eingeschlagen wurde: Die Verbesserung der Elektronenmikroskopie, die Entwicklung neuartiger Fixier-, Färbe- und Untersuchungsmethoden für die Mikroskopie, Verbesserung der Gewinnungs- und Reinigungsmethoden, die die Anreicherung der Organellen ermöglichten, ohne daß ein Verlust an Enzymaktivitäten zu verzeichnen war und schließlich die Untersuchungen über den Zusammenhang zwischen den elektronenmikroskopischen Befunden und den biochemischen Analysen der Präparate.

Noch heute fehlen manche Daten, die für ein grundlegendes Konzept eine Membranbiochemie notwendig sind, so daß in diesem Kapitel besonders deutlich die Aktualität und die vergleichsweise junge Wissenschaft von den Membranen spürbar ist. Wohl alle biochemischen Forschungsrichtungen sind durch ein solches Übergangsstadium gegangen, wie wir es heute für die Membranbiochemie erleben. Dieses Stadium fesselt insbesondere auch deshalb, weil sich aus der Beobachtung der verschiedenartigen Befunde interessante und wichtige Schlüsse für die zukünftigen Experimente ergeben.

Die Definition einer Membran

Für alle bekannten Membranen läßt sich eine Reihe von Grundeigenschaften definieren.

1. Es handelt sich um vesiculäre oder tubuläre Systeme, wobei ein flüssiger Innenraum durch eine Begrenzung umschlossen wird, die bestimmte Strukturen aufweist.
2. Diese Struktur besteht aus einem Mosaik passender Untereinheiten (repeating units), die aus einer einmolekularen Lipoproteidschicht bestehen.
3. Es lassen sich zusätzlich Strukturproteine nachweisen, die wesentlicher Bestandteil der Membranuntereinheiten sind.

Außer den genannten Untereinheiten sind keine weiteren Strukturelemente am Aufbau der Membran beteiligt. Als wesentliches Kennzeichen der Membran muß ferner deren Eigenschaft angesehen werden, ein geschlossenes System zu sein,

d. h. es bestehen keine offenen Enden, die im übrigen nur bei einer Verletzung der Membran vorkommen und bereits nach kurzer Zeit wieder geschlossen werden. Die Bildung einer solchen Öffnung oder eines Membranrisses und deren rascher Verschluß erfolgen wahrscheinlich sogar gleichzeitig.

Das geschlossene System kann tubulär (wie eine Röhre), vesiculär (wie ein hohler Ball), zwiebelförmig oder sogar scheibenförmig sein. Die in allen Zellen vorkommende Plasmamembran ist ein Beispiel für eine vesiculäre Membran. Sie umschließt das Zellinnere und bildet damit einen abgegrenzten Raum. Die Einstülpungen der Innenmembran der Mitochondrien, die Cristae, sind Beispiele eines tubulären Systems. Durch Beobachtung im Phasenkontrastmikroskop läßt sich dabei zeigen, daß die tubuläre Membran Flüssigkeiten umschließt, in denen sich fortgesetzt die darin suspendierten Teilchen hindurchbewegen. Zusätzlich können alle Membransysteme erheblich schwellen oder schrumpfen.

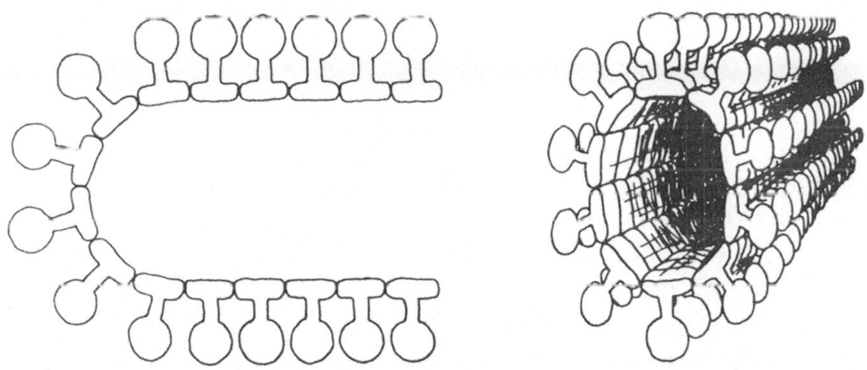

Abb. 56. Schematischer Membranaufbau aus Untereinheiten. Diese Membranuntereinheiten sind die Elementarpartikel der mitochondrialen Innenmembran

Die Außenbegrenzung der vesiculären oder tubulären Membranen ist aus einem Mosaik von Membranuntereinheiten zusammengesetzt.

Die Membran läßt sich dabei mit einer Ziegelmauer vergleichen mit den Untereinheiten als Ziegel. Hydrophobe Wechselwirkungen sind der Mörtel, mit dem die Untereinheiten in der Membran zusammengehalten werden.

Die Membranuntereinheiten bestehen aus zwei oder mehr Teilen, die wiederum als deren Untereinheiten bezeichnet werden: einem Hauptstück, an dem ein knopfartiger Vorsprung sitzt.

Die Hauptstücke sind die eigentlichen Membran-bildenden Teile, während die übrigen Untereinheiten nicht direkt am Aufbau der Membran beteiligt sind. Sie können sogar von den Membranuntereinheiten abgelöst werden, ohne daß die Membran zusammenbricht. Wird die Membran selbst aufgelöst, so können die nun freien Hauptstücke unter geeigneten Bedingungen wieder zu einer Membran zusammentreten. Die abgelösten knopfartigen Gebilde sind dagegen nicht in der Lage, membranartige Strukturen zu bilden.

Jede Membran enthält bestimmte spezifische Membranuntereinheiten, die sich durch Größe und Gestalt voneinander unterscheiden. Die in Abb. 56 gezeigte Form ist nur ein Beispiel unter vielen weiteren. Allerdings ist dieser in der Innenmembran der Mitochondrien vorkommende Typ der Membranuntereinheiten sehr häufig, z. B. kommt er auch in der Außenmembran der Chloroplasten oder in der Plasmamembran der Leberzelle vor.

Die Basis der Membranuntereinheiten, die als eigentlicher Membranbildner dient, hat eine angenähert rechteckige Struktur, die den Kontakt mit benachbarten Untereinheiten erleichtert. Allerdings findet manchmal unter den Bedingungen, bei denen man Membranen für die Elektronenmikroskopie vorbereitet, eine Schwellung dieser Untereinheiten statt, so daß sie in runde Gebilde übergehen. Dies dürfte jedoch nicht dem nativen Zustand entsprechen.

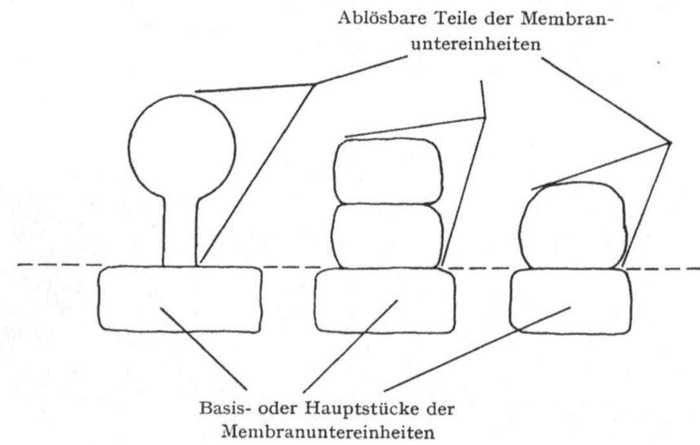

Abb. 57. Schematischer Aufbau verschiedener Membranuntereinheiten aus dem an der Membranbildung direkt beteiligten Basisstück und den daran anhängenden Stücken, die sich leicht vom Basisstück ablösen können

Die Untereinheiten der Membranuntereinheiten (Basisstück und ablösbare Teile) werden durch relativ schwache Bindungen miteinander assoziiert, so daß sie durch Ultraschallbehandlung oder durch Inkubation mit Cholsäure abgetrennt werden. Diese vorspringenden Strukturen werden dabei wasserlöslich, während die zurückbleibenden Basisteile weiterhin eine intakte Membranstruktur bewahren. Dabei geht in der Regel die Membran in vesiculäre Formen über. Jede der Untereinheiten enthalten verschiedene Proteine, die auch verschiedenartig angeordnet sind.

Obwohl die Membranuntereinheiten einer gegebenen Membran in Größe und Gestalt identisch zu sein scheinen, brauchen sie chemisch nicht identisch zu sein. Bereits aus den wenigen Untersuchungsergebnissen geht hervor, daß sich aus einer bestimmten Membranart unterschiedliche Membranuntereinheiten isolieren lassen, die jeweils verschiedene Proteine und Enzymmuster aufweisen. Diese Beobachtungen sind mit den Befunden an γ-Globulinen vergleichbar. Auch diese Proteingruppe erscheint zunächst in bezug auf Größe, Gestalt und Aufbau homogen, ist aber heterogen in bezug auf ihre Antigenspezifität.

Manche Unklarheiten bei der Beschreibung von Membranstrukturen ergeben sich aus den Schwierigkeiten bei der Interpretation elektronenoptischer Aufnehmen. So lassen sich die Membranuntereinheiten nur in bestimmten Positionen klar erkennen.

Nach Negativfärbung erscheinen die Strukturen nur dann klar, wenn sie sich an der Kante der Membranen befinden. Da sich die Membranuntereinheiten in der Regel unter gegenseitiger Beeinflussung gleichsinnig ausrichten, wird aller-

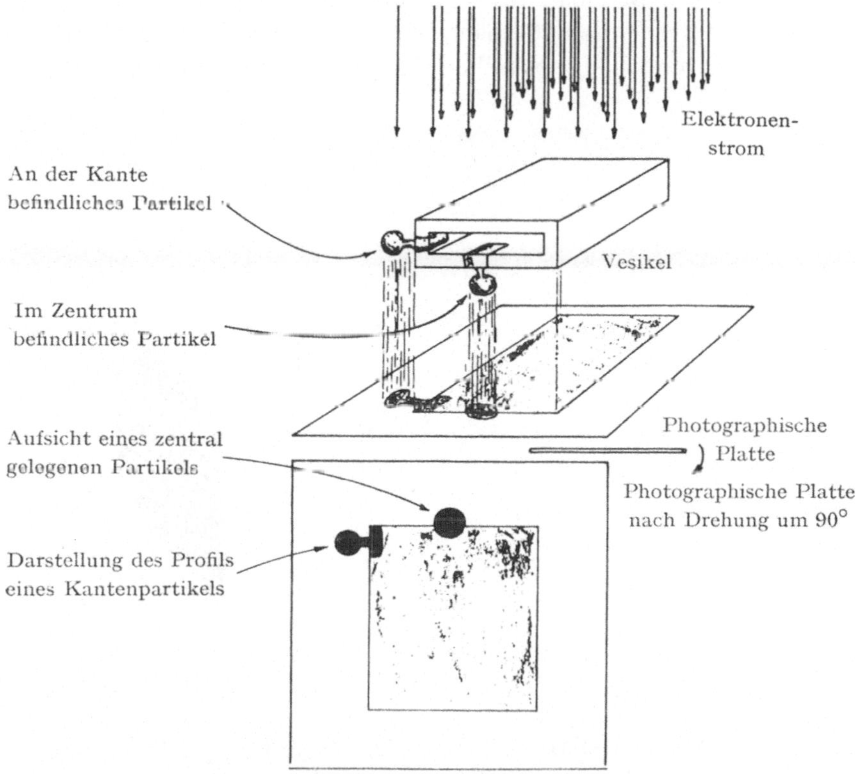

Abb. 58 Bei der elektronenmikroskopischen Darstellung können solche Partikel, die an der Kante stehen, besser gesehen werden, als die im Zentrum des Präparates liegenden Partikel

dings die elektronenoptische Abbildung erleichtert. Würden sie dagegen ungeordnet auf der Membran vorliegen, ließen sie sich hinsichtlich Größe und Anordnung wesentlich schlechter beschreiben.

Membranen können als eine geometrische Struktur angesehen werden, in der die Membranuntereinheiten eine Konformation mit minimaler freier Energie eingehen. Das entspricht dem Verhalten der Phospholipide, die eine stabile Micelle bilden. Die Struktur, die von einer Membran gebildet wird, ergibt sich demnach aus der Summe der Eigenschaften aller verknüpften Einzelbausteine und ist unter den physiologischen Bedingungen jeweils die stabilste Form. Die

Funktion der Membran ergibt sich ebenfalls aus der Integration aller Eigenschaften der in ihr vereinigten Membranuntereinheiten. Es lassen sich daher unter gewissem Vorbehalt die Funktionen der Membran auf die Eigenschaften der Einzelbausteine zurückführen.

30% des Trockengewichtes der Membran bestehen aus Phospholipiden, Sulfolipiden und Glykolipiden. Sie sind durch hydrophobe Wechselwirkungen mit den Proteinen verbunden. Dies bedeutet, daß die Kohlenwasserstoffkette eines Phospholipids tief in den hydrophoben Bereich der Proteine eindringt, während die polaren Bereiche des Phospholipides eine gewisse Wasserlöslichkeit erzeugen und auf der Proteinoberfläche elektrische Ladungen aufbauen. Aus dem räumlichen Zusammenhang zwischen Lipiden und Proteinen resultieren alle

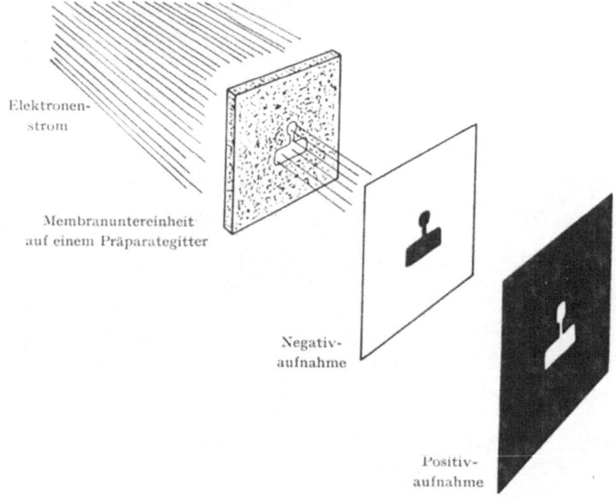

Abb. 59. Prinzip der Negativfärbung

wichtigen Membraneigenschaften. Werden z. B. die Phospholipide durch Extraktion mit geeigneten Lösungsmitteln aus der Membran entfernt, so gehen alle wesentlichen Eigenschaften der Membran verloren, die auch bei nachträglicher Zugabe der Lipide zur lipidfreien Membran nicht mehr oder nur teilweise zurückkehren.

Die Membranlipide können nicht als Einzelmoleküle betrachtet werden, sondern als Micellen-bildende Molekülgruppen, die sich gegenseitig in diesen Strukturen ausrichten, wobei ein lipidreiches Kontinuum entsteht. Auf diese Weise vermag eine lipidlösliche Verbindung auf der gesamten Membranoberfläche in allen Richtungen frei zu wandern, wenn sie nicht die Lipidschicht verläßt. Jede Membran weist ein ihr eigenes typisches Lipidmuster auf. Die Mitochondrienmembranen enthalten z. B. drei verschiedene Typen von Phospholipiden, das Kardiolipin, Phosphatidyläthanolamin und Lecithin. Kardiolipin fehlt dagegen im endoplasmatischen Reticulum. Die Fettsäurereste der mitochondrialen Phospholipide sind im allgemeinen stark ungesättigt, während die der Bakterienmembran gesättigte Fettsäuren enthalten. Die Phospholipide können grundsätzlich auch durch Sulfolipide und Galaktolipide ersetzt werden. Wegen des ausgeprägten zweiphasigen Charakters der Lipide — ein Molekülbereich verhält sich apolar, ein weiterer im gleichen Molekül wie ein polarer Sektor — tragen die Lipide wesentlich zur Stabilität der Membran bei. Die Membranproteine werden durch die Wechselwirkung mit den Lipiden in ihrer Lage auf der Membran stabilisiert. Dieses Bauprinzip gewährleistet die elastischen Eigenschaften der Membran bei mechanischen Beanspruchungen.

In zahlreichen Membranen kommen neben den Phospholipiden auch Neutralfette vor. Während der Gehalt an Phospholipiden bezogen auf die Membran-

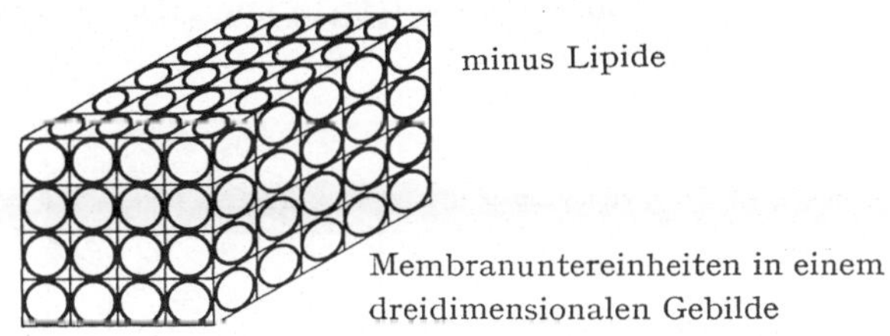

Abb. 60. Verhalten der Membranuntereinheiten in Abwesenheit und in Gegenwart von Lipiden

proteine in verschiedenen Membransystemen relativ konstant ist, schwankt der Anteil der Neutralfette erheblich. Sie werden in den von den Phospholipiden gebildeten Micellen „gelöst" und sind daher nicht direkt an der Bindung zwischen Proteinen und Phospholipiden beteiligt. Allerdings vermögen sie indirekt den hydrophoben Charakter der Phospholipide zu ändern und beeinflussen daher deren Fähigkeit zur Proteinbindung.

Die Phospholipide sind vor allem in der Basis der Membranuntereinheiten angereichert. Lipid-freie Basisteile lagern sich zu einem dreidimensionalen Gebilde zusammen, das wasserlöslich ist. Die darin enthaltenen Enzymaktivitäten sind wegen der fehlenden Wechselwirkung mit dem wäßrigen Medium nicht meßbar.

Nach der Assoziation von Phospholipiden gehen diese Gebilde jedoch in eine Struktur über, die von der dreidimensionalen Form völlig abweicht. Auf der Oberfläche der Membranuntereinheiten werden die Phospholipide so fixiert, daß in diesem Bereich keine Assoziation mit weiteren Membranuntereinheiten mehr möglich ist. Vielmehr bilden sie nun die für die zweidimensionale Membran typische Struktur aus. An dieser Assoziation sind vornehmlich hydrophobe Wechselwirkungen zwischen Proteinen beteiligt. Voraussetzung für diese Theorie der Membranbildung ist die Annahme, daß die Oberfläche der Membranuntereinheiten nur über hydrophobe Bindungen verfügt und die Phospholipide auf gegenüberliegenden Bereichen assoziiert sind.

Demnach sind Lipide für die Bildung der Membranstrukturen unbedingt notwendig. Die Membranuntereinheiten nehmen hierbei eine Lage ein, in der ein

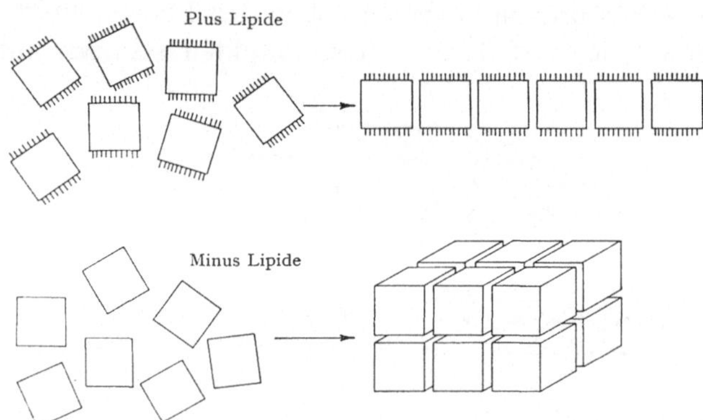

Abb. 61. Einfluß der Lipide auf die Aggregation der Membranuntereinheiten. Die Partikel sind als Kuben dargestellt, die Phospholipide als senkrecht darauf stehende Balken

direkter Kontakt mit dem Lösungsmittel möglich ist. Damit wird auch eine ausreichende Erklärung dafür gegeben, daß nur in dieser Anordnung die enzymatischen Aktivitäten der Membran meßbar sind. Die Lipide beeinflussen dabei nicht die Konformation der Enzyme, sondern deren Zugänglichkeit.

Etwa 50% des gesamten Membranproteins werden als sog. Strukturproteine angesehen, für die die folgenden Kriterien gelten:

1. Sie neigen zur Bildung von in Wasser unlöslichen Polymeren.
2. Sie binden über hydrophobe Wechselwirkungen Phospholipide.
3. Sie vermögen mit Membranproteinen zu assoziieren, wobei wasserlösliche Komplexe entstehen.
4. Sie können niedermolekulare Verbindungen, wie Phosphat, ATP oder NAD^+ fixieren.
5. Die Assoziate werden durch Dodecylsulfat, 66% Essigsäure oder verdünntes Alkali disaggregiert.

Eines der mitochondrialen Strukturproteine wurde von R. S. Criddle näher untersucht. Es weist ein Molekulargewicht von 22500 auf, besitzt am C-terminalen Ende Leucin und am N-terminalen Ende N-Acetylserin. Da das Protein eine freie SH-Gruppe besitzt, vermag es unter Disulfidbildung zu dimerisieren. Der isoelektrische Punkt liegt mit pH 10,5 weit im alkalischen Bereich und weist das Protein als stark basisches Eiweiß aus. Allgemein gehen mitochondriale Strukturproteine mit Myoglobin, Cytochrom a, b oder c_1 über hydrophobe Bindungen wasserlösliche Komplexe ein. Mit Cytochrom c bestehen darüber hinaus elektrostatische Wechselwirkungen. Das Verhältnis Strukturprotein zu Hämprotein variiert in den Komplexen, die mit Hilfe von hydrophoben Bindungen aufrecht erhalten werden, zwischen 1:1 und 1:3; dagegen geht aus der elektrostatischen Wechselwirkung stets ein Komplex 1:1 hervor. Der Anteil der Strukturproteine im Verhältnis zu den katalytisch wirksamen Proteinen beträgt sowohl für die Innen- als auch für die Außenmembran der Mitochondrien ca. 50%. Die Struktur-

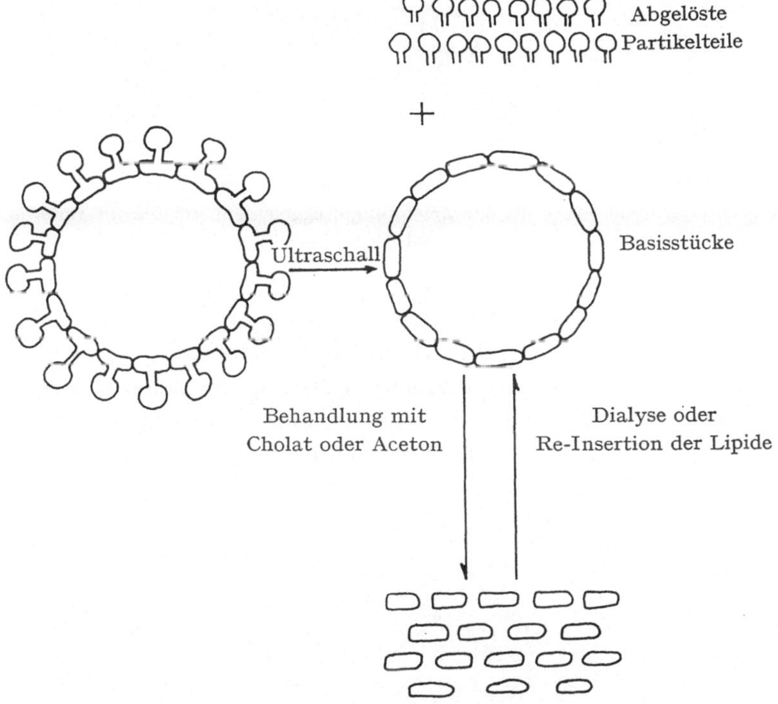

Abb. 62. Vesikelbildung aus den Basisstücken der Membranuntereinheiten nach Re-Insertion von Lipiden. Die Lipid-freien Partikel bilden dagegen regellose Konglomerate

proteine in den Basisbereichen der Membranuntereinheiten sind verschieden von den im anhängenden Kopfteil vorhandenen Strukturproteinen.

Nach Disaggregation bauen die Membranuntereinheiten spontan vesiculäre Strukturen auf.

Dabei verlieren die Membranuntereinheiten zunächst die anhängenden Kopfteile, und es läßt sich das Verhalten der Basisstücke verfolgen. Die Membranbildung unterbleibt in Gegenwart von Cholsäure oder Detergentien. Werden diese Zusätze durch Dialyse oder durch Waschen der Membranpräparation wieder entfernt, so erfolgt auch die Membranbildung wieder. In ähnlicher Weise wirkt ein Lipidzusatz. Phospholipde allein können nur Micellen bilden, vesiculäre Formen werden dagegen nicht aufgebaut. Die Tendenz, vesiculäre Strukturen zu bilden, scheint ein allgemeines Kriterium der in den Membranen vorliegenden Untereinheiten zu sein. Das bedeutet, daß die korrekte Anordnung der individuellen Membranuntereinheiten zur Membranbildung spontan und ohne Beteiligung weiterer „Informations"-Moleküle erfolgt.

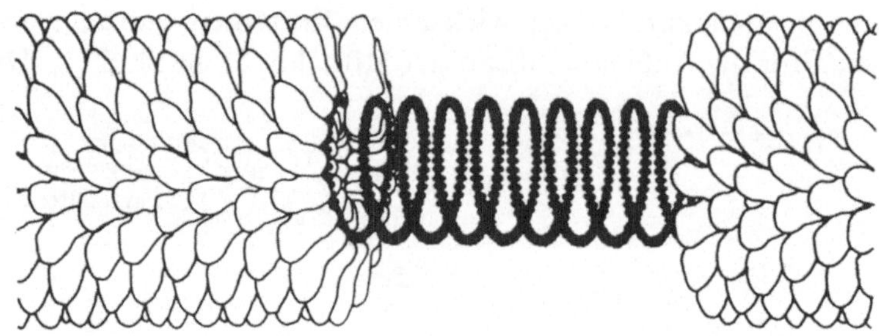

Abb. 63. Helixförmige Anordnung der Untereinheiten des Mantelproteins eines tubulären Virus. Ein Teil der Mantelproteine wurde in der Zeichnung weggelassen, um die im Inneren befindliche DNS-Helix zu zeigen

Von den Basisstücken werden stets nur vesiculäre, nie tubuläre Strukturen gebildet. Dies könnte man auf die Ablösung der Kopfteile von den Membranuntereinheiten zurückführen. Andererseits läßt sich die Bedeutung dieser Kopfstücke für die tubuläre Form nicht sicher beschreiben, weil unter allen experimentellen Bedingungen stets gerade diese Membranbestandteile verloren gehen.

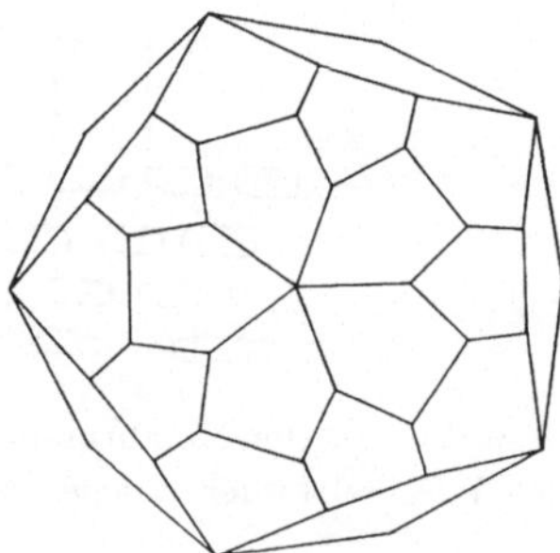

Abb. 64. Ikosaedrische Anordnung der Untereinheiten eines sphärischen Virus

Möglicherweise lassen sich die Vorgänge bei der Membranbildung mit der Assoziation disaggregierter Virusmantelproteine vergleichen. Sie vermögen auch spontan tubuläre Strukturen zu bilden, in denen die virale Nucleinsäure eingelagert wird. Dabei ordnen sich die Proteine helixförmig an. In vesiculären Strukturen liegen dagegen dodekaedrische oder ikosaedrische Symmetrien für die Einzelbausteine vor.

Mitochondrien bestehen aus sowohl chemisch als auch funktionell unterscheidbaren Membranen. Dies läßt sich im wesentlichen auch auf die Membransysteme des endoplasmatischen Reticulums, der Plasmamembran der Epithelialzellen des Darms, auf Chloroplastenmembranen und auf die äußeren Segmente der Retinalstäbchen übertragen. Man kann daher annehmen, daß das Multimembransystem die Regel, das Einmembransystem die Ausnahme ist.

Mitochondrien bestehen aus zwei getrennten und trennbaren Membranschichten, deren Anordnung in Abb. 65 wiedergegeben ist. Diese Darstellung beruht auf elektronenoptischen Aufnahmen in Übereinstimmung mit einer Reihe biochemischer Daten. Die innere Membran mit dem System der Cristae wird von der Außenmembran umschlossen. Die Membranuntereinheiten der Außenmembran sind nicht mit denen der Innenmembran identisch. Die Innenmembran besteht aus einer vesiculären Struktur, die als Einstülpungen die sog. Cristae tragen. Von der Innenmembran wird ein Zellraum umschlossen, in den die Stoffe nur

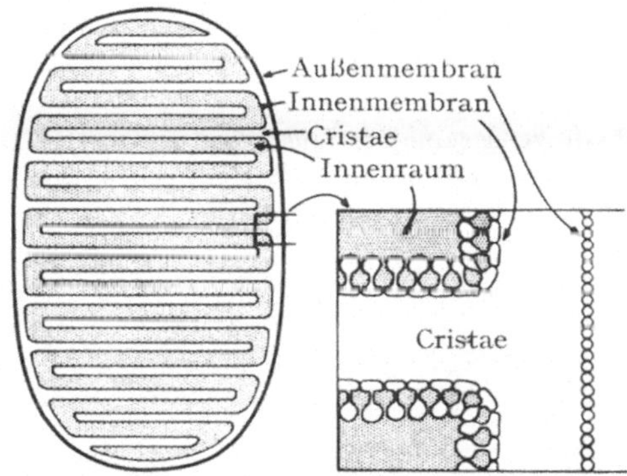

Abb. 65. Schematische Darstellung der Mitochondrienmembranen. Die Gestalt der Membranuntereinheiten der Außenmembran wurde der Klarheit wegen stark vereinfacht. Ihre tatsächliche Gestalt dürfte kaum von der der Innenmembran abweichen

nach Transport durch die Innenmembran gelangen können. In Kapitel 9 wurde dieser Raum als nichtzugänglicher Innenraum bezeichnet. Zwischen den Innen- und Außenmembransystemen befindet sich ein mit Flüssigkeit gefüllter Raum, der bis in die Cristae hineinragt.

Die elektronenoptischen Aufnahmen der Plasmamembran der Epithelialzellen des Darms weisen auf außerordentlich ähnliche Strukturen hin. Auf der sphärischen Membran befinden sich in regelmäßigen Abständen tubuläre Strukturen. Die Mikrovilli erscheinen als Strukturanaloge der mitochondrialen Cristae, nur daß ihre räumliche Anordnung gerade entgegengesetzt ist, da sie sich als Ausstülpungen in den Außenbereich der Membran erkennen lassen. Für die energieübertragenden Organellen, Mitochondrien, Chloroplasten und den Außensegmenten der Netzhautstäbchen scheint der Aufbau aus zwei Membransystemen mit tubulären Aus- oder Einstülpungen der Innenmembran typisch zu sein.

Mitochondrien bestehen aus einem System streng voneinander getrennter Kompartimente. So kann man z. B. einen Bereich beschreiben, in den bestimmte kleine Moleküle nicht ohne weiteres einzutreten vermögen. Hierbei handelt es sich um den von der Innenmembran umschlossenen Raum. Die Membran ist in diesem Falle eine nahtlose kontinuierliche Hülle, durch den die Ionen ausschließlich durch Translokation gelangen.

Bei einer gegebenen Membran stellt man stets ein charakteristisches Enzymmuster fest, das aus nur wenigen oder auch zahlreichen individuellen Enzymaktivitäten bestehen kann. Die zahlreichen in der Membran vorliegenden Membranuntereinheiten enthalten nun nicht notwendigerweise die gleichen Enzyme. Vielmehr kommen die Enzyme blockweise in bestimmten Membranuntereinheiten vor. So verteilt sich die mit der Elektronenübertragung verbundene Enzymaktivität der Innenmembran auf insgesamt vier verschiedene Arten von Membranuntereinheiten, die jeweils für einen Abschnitt der Elektronen-übertragenden Reaktionskette verantwortlich sind.

Tabelle 13. *Die in der Außenmembran von Rinderherzmitochondrien befindlichen bekannten Enzyme*

Citronensäurecyclus
- Brenztraubensäure-Dehydrogenasekomplex (aus vier Enzymen bestehend)
- α-Ketoglutarsäure-Dehydrogenasekomplex (aus vier Enzymen bestehend)
- Malat-Dehydrogenase
- Isocitrat-Dehydrogenase
- Citratsynthetase (Condensing enzyme)
- Aconitase
- Fumarase

Hilfsenzyme
- Fettsäure-oxydierendes System (aus 6 bis 8 Enzymen bestehend)
- Fettsäure-verlängerndes System (aus 6 bis 8 Enzymen bestehend)
- Hexokinase
- β-Hydroxybuttersäure-Dehydrogenase
- Bernsteinsäurethiokinase
- GTP—ADP-Kinase

Innerhalb einer bestimmten Membranuntereinheit kommen die Einzelenzyme mit großer Konstanz vor, so daß deren Anordnung, Zusammensetzung und Stöchiometrie ein Charakteristikum dieses Membranbausteins darstellen. Für die Bildung dieser jeweils charakteristischen Enzymmuster innerhalb der einzelnen Bausteinarten der Membrane liegen bis heute noch keine gesicherten Regeln vor.

Während die Innenmembran ausschließlich die für die Elektronenübertragung und Bildung und Verwertung energiereicher Verbindungen notwendigen enzymatischen Aktivitäten bereitstellt, enthält die Außenmembran die Enzyme, die den Citronensäurecyclus und Fettsäuremetabolismus einschließlich Substratkettenphosphorylierung und β-Hydroxybuttersäureverwertung aufrechterhalten.

Die Trennung bestimmter Enzymaktivitäten auf verschiedene Membrantypen stellt einen noch heute unverstandenen Prozeß der Zelle dar.

Innerhalb der Enzyme des Citronensäurecyclus lassen sich zwei Gruppen unterscheiden.

1. Leicht ablösbare Enzyme wie Aconitase, Fumarase, Isocitronensäuredehydrogenase, Malatdehydrogenase, Enzyme der Fettsäuresynthese, und
2. hochmolekulare Dehydrogenasekomplexe, deren Substrat Brenztraubensäure, α-Ketoglutarsäure, β-Hydroxybuttersäure und die Fettsäuren sind.

Die Lokalisierung jedes membrangebundenen Enzyms läßt sich durch Beantwortung folgender Fragen beschreiben: a) in welcher Membran, b) in welchem Abschnitt der Membranuntereinheiten und c) in wieviel verschiedenen Arten der Membranuntereinheiten kommt das fragliche Enzym vor? Lediglich für die Elektronentransportkette sind diese Fragen mit genügender Genauigkeit zu beantworten, nämlich a) Innenmembran, b) Basisbereich der Membranuntereinheiten und c) in vier verschiedenen Arten.

Die Enzyme des Citronensäurecyclus befinden sich sowohl auf der Innen- als auch auf der Außenmembran der Mitochondrien, die Bernsteinsäuredehydrogenase auf der Innenmembran; die an der Synthese der Phospholipide, von Glycerin und der Stickstoff-haltigen Basen beteiligten Enzyme sind ebenfalls auf beiden Membranen lokalisiert. Man muß daher annehmen, daß die Verteilung der verschiedenen Enzyme einer einzigen Stoffwechselfolge auf verschiedene Membranbereiche nur dann möglich ist, wenn die Metabolite zwischen diesen Membranen zu diffundieren vermögen. Andererseits könnte die gesamte Reaktionsfolge auf diese Weise durch einzelne Diffusionsschritte reguliert werden.

Während die Enzyme der Elektronentransportkette entsprechend den vier funktionellen Abschnitten dieses Prozesses auf vier Basisbereichen der Membranuntereinheiten lokalisiert sind, umfaßt der Citronensäurecyclus fünf Abschnitte; vier dieser oxydativen Reaktionen verlaufen in Membranuntereinheiten der Außenmembran. Die leicht löslichen Enzyme Fumarase und Aconitase und die an der über Succinyl-CoA verlaufenden ATP-Bildung beteiligte Kinase sind dagegen noch nicht auf den Membranen lokalisiert worden. Auf den Kopfstücken der Membranuntereinheiten der Innenmembran wurde ein Enzymkomplex mit den Eigenschaften einer ATPase isoliert.

Die insgesamt elf verschiedenen glykolytischen Enzyme befinden sich in der Plasmamembran der roten Blutkörperchen und der Hefezellen. Einige davon, z. B. die Milchsäuredehydrogenase und die Phosphohexoseisomerase, sind leicht von den Membranen ablösbar, andere, z. B. die Aldolase, Hexokinase und Triosephosphatdehydrogenase dagegen nicht. Man muß daher annehmen, daß die verschiedenen glykolytischen Enzyme mit jeweils bestimmten Membranuntereinheiten assoziiert sind, die sich wiederum in charakteristischer Weise mit weiteren Membranuntereinheiten zusammenlagern.

Ein weiteres Beispiel zur Enzymlokalisierung auf Membranen bieten die Untersuchungen an Mikrovilli. Durch proteolytische Spaltung mit Papain wird von den Membranuntereinheiten ein Kopfstück abgespalten, in dem sich die Dipeptidase- und Carbohydraseaktivität nachweisen lassen. Im Basisstück befindet sich dagegen die ATPase und die alkalische Phosphatase.

Membrane lassen sich durch Behandlung mit Cholsäure, Desoxycholsäure, Dodecylsulfat, verdünnter Lauge oder 66%iger Essigsäure in die Membranuntereinheiten auflösen. Dabei geht in der Regel die gesamte enzymatische Aktivität verloren, die ursprünglich auf der Membran nachweisbar war. Lediglich nach Behandlung mit Gallensäuren oder tert. Amylalkohol bleibt die enzymatische Aktivität in gewissem Umfange noch erhalten. Dies beruht darauf, daß die Membranfragmentierung auf der Trennung der hydrophoben Wechselwirkungen zwischen Proteinen benachbarter Membranuntereinheiten beruht, wobei auch die Wechselwirkung zwischen den Proteinen gestört wird. Gleichzeitig werden in gewissem Umfang die Kopf- von den Basisstücken abgetrennt. Bei der Präparation einer Zelle und Isolierung der Membranen wird man daher stets in gewissem Umfange einen Verlust membrangebundener Enzyme in Kauf nehmen müssen.

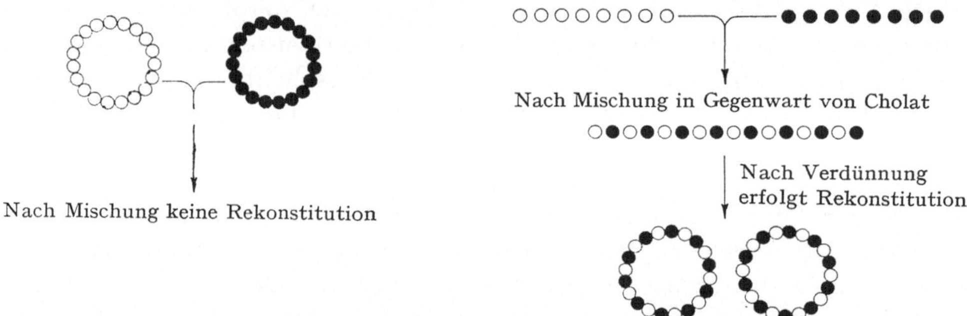

Abb. 66. Rekonstitutionsbedingungen. Die leeren bzw. schwarzen Kreise stehen für jeweils einen Typ von Membranuntereinheiten

Die von Y. Hatefi entdeckte Rekonstitution der Elektronentransportkette stellt ein Phänomen dar, bei dem sich die den einzelnen Reaktionsschritten entsprechenden Enzymkomplexe auf der mitochondrialen Membran korrekt assoziieren. Dazu werden zunächst die Komplexe in die individuellen Membranuntereinheiten fragmentiert. Unterläßt man diese Fragmentierung, so bleibt auch die nachfolgende Rekonstitution aus.

Werden z. B. die Komplexe I und III in hoher Verdünnung miteinander vermischt, so ist das Gemisch nicht zur Oxydation von NADH in der Lage. Werden dagegen die Komplexe zunächst in konzentrierter Lösung vermischt und anschließend verdünnt, so wird die Aktivität wiederhergestellt, und NADH wird oxydiert. Dieser Unterschied beruht auf der Tatsache, daß die Komplexe I und III in großer Verdünnung als diskrete vesiculäre Membranen vorliegen, die nicht miteinander in Wechselwirkung treten können. Werden dagegen die beiden Komplexe zunächst durch Cholat disaggregiert und anschließend verdünnt, so bilden sich nun vesiculäre Membrane aus, die jetzt beide Komplexe enthalten. Da der Elektronenfluß nur unter Beteiligung des Coenzyms Q als Überträger stattfindet, Coenzym Q jedoch nur innerhalb einer Membran, nicht zwischen Membranen aktiv ist, kann nur dann der Elektronentransport beobachtet werden, wenn beide Komplexe I und III innerhalb einer Membran vereinigt sind.

Während man usprünglich die Bedeutung dieses Befundes nicht klar erkannte, nach der die Rekonstitution lediglich auf der Bildung gemischter vesiculärer Membranen beruht, wissen wir heute, daß sich daraus eine vollständig neue Interpretation nicht nur des Rekonstitutionsphänomens, sondern der Natur der Elektronen-übertragenden Reaktionskette selbst ergibt. Die Wechselwirkung der vier Komplexe der Kette beruht auf dem Elektronentransport mit Hilfe der fettlöslichen und beweglichen Überträgermoleküle Coenzym Q und Cytochrom c. Der Transport erfolgt in dem Membrankontinuum so schnell, daß er praktisch unabhängig von der Entfernung und relativen Lage der einzelnen Komplexe in der Membran ist. Tatsächlich variieren diese molekularen Parameter in Mito-

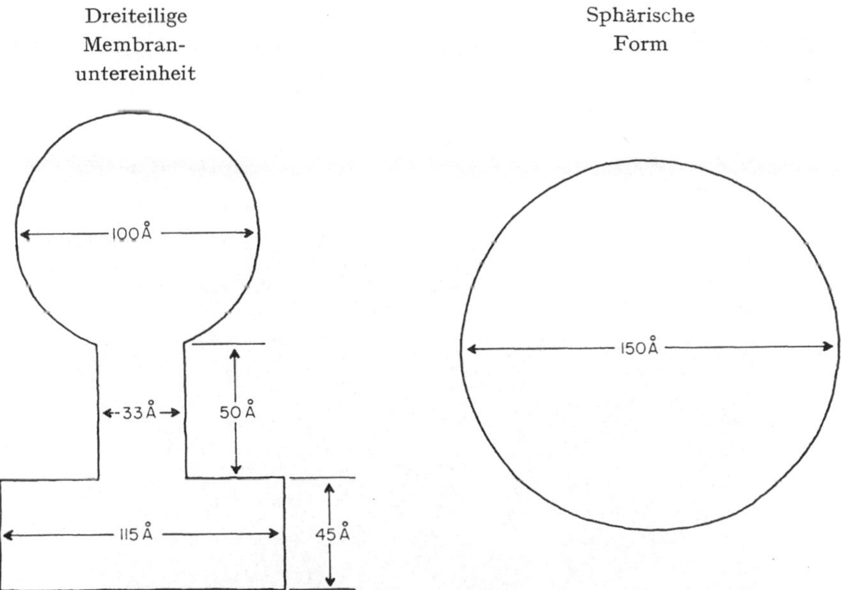

Abb. 67. Form der Membranuntereinheit der mitochondrialen Innenmembran aus Rinderherz in der dreiteiligen oder der sphärischen Struktur

chondrien verschiedener Herkunft deutlich, ohne daß dabei auch der Elektronentransport wesentlich verändert wird.

Das Elementarpartikel der mitochondrialen Innenmembran weist nach seinen geometrischen Dimensionen eine Masse um $1{,}3 \times 10^6$ auf.

Es liegt entweder in der dreiteiligen oder in einer kompakten sphärischen Form vor. Jede Membranuntereinheit besteht aus ca. 30 Proteinmolekülen mit Mol-Gewichten um 25000 und ca. 600 Phospholipidmolekülen mit Mol-Gewicht 800. Wenn man annimmt, daß 40% der Membranuntereinheiten auf das Basisstück entfallen, so enthält es ca. 12 Proteine und 240 Phospholipidmoleküle. Da außerdem das Verhältnis Strukturproteine/Gesamtproteine 0,5 beträgt, muß es sich um 6 Moleküle Strukturprotein und 6 Moleküle Enzymprotein handeln.

Die Membransysteme

Vielzeller enthalten sowohl allgemeine als auch spezialisierte Membransysteme, wie sie für die allgemeinen bzw. spezialisierten Zellen benötigt werden. Bei den einzelligen Protozoen oder bei Pflanzen findet man beide Membransysteme in der gleichen Zelle. In Bakterien schließlich ist nur noch ein Membransystem nachweisbar, das Bestandteil aller Membransysteme auch hoch komplizierter Lebensformen ist. Wesentlich ist hierbei nicht die Anzahl unterschiedlicher Membransysteme, sondern die Vielfalt der Membranuntereinheiten und der von ihnen ausgeübten Funktionen.

Zellen, deren Eigenschaften sich weitgehend mit dem einfachen Stoffwechsel einer theoretischen Minimalzelle decken, weisen nur ein oder wenige Membransysteme auf. Hoch spezialisierte Zellen, z. B. Leber- oder Epithelzellen, besitzen dagegen ein kompliziertes Netzwerk verschiedener Membransysteme. Unsere Kenntnisse über die verschiedenen Membransysteme basieren auf den elektronenoptischen Untersuchungen von Palade, Sjöstrand, Porter und Fawcett, die erstmals präzise Informationen über deren Aufbau lieferten.

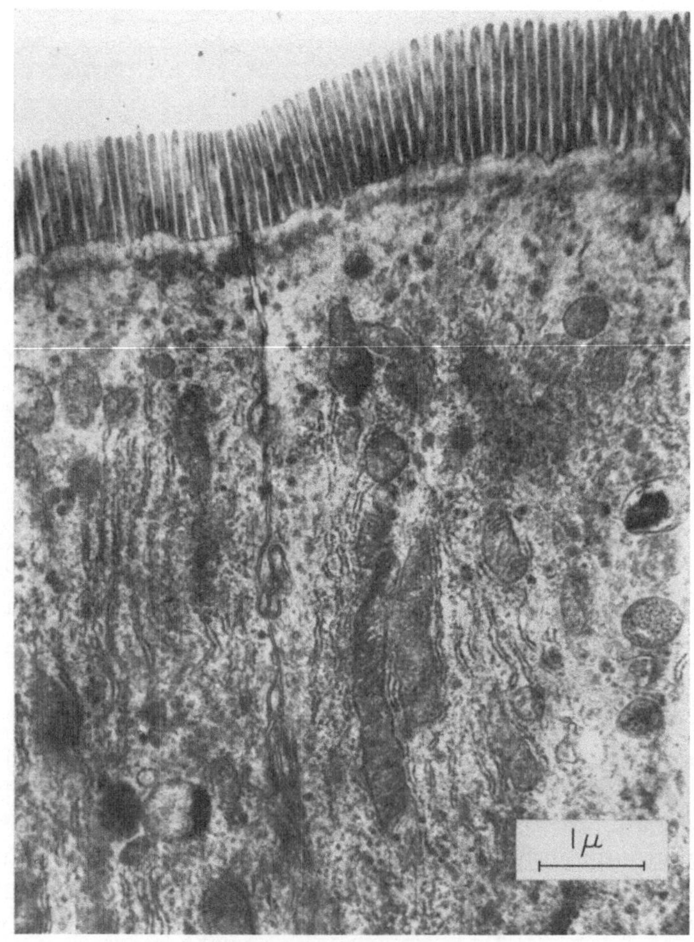

Abb. 68 A

Die Plasmamembran

Alle Zellen werden durch eine Membran begrenzt, die den Innenraum von der äußeren Umgebung scheidet. Sie wird als Plasmamembran bezeichnet und ist nicht mit der Zellwand zu verwechseln, die bei Pflanzen- oder Bakterienzellen als inerte, nichtmembranartige Schutzschicht die Plasmamembran umgibt. Die Plasmamembran füllt eine Reihe von wichtigen Funktionen aus. Durch selektive Permeabilität und spezifische energieabhängige Translokation wird die Bewegung von Ionen und Molekülen in die und aus der Zelle kontrolliert. Dies gilt für alle Plasmamembranen. In einigen Zellarten birgt die Plasmamembran die glykolytischen oder andere für die spezialisierte Zelle notwendigen Enzymaktivitäten. So sind auf der Plasmamembran der Epithelzelle des Darmes die hydrolytischen

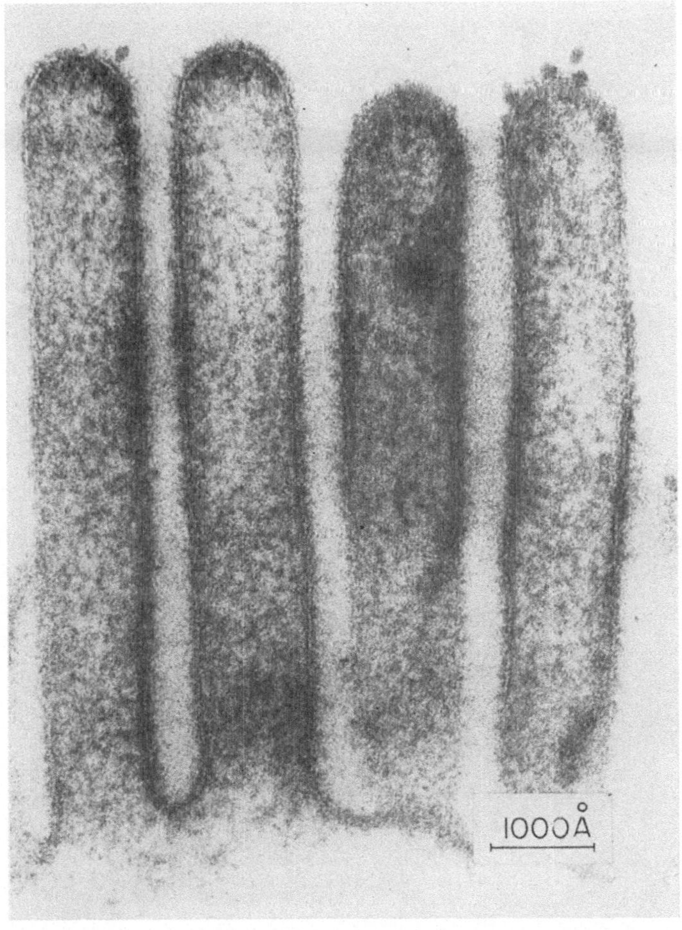

B

Abb. 68. Plasmamembran der Epithelzellen des Rattendarmes. Elektronenoptische Darstellung nach Osmiumtetroxidfärbung. A. Bei geringerer Vergrößerung sind die Bürstenregionen des Epithels mit den Mikrovilli erkennbar, die in den Außenraum ragen. B. Bei hoher Vergrößerung sind vier Mikrovilli abgebildet. Der Zusammenhang zwischen Mikrovilli und Plasmamembran ist gut zu erkennen

Enzyme lokalisiert, die Proteine oder Kohlenhydrate abbauen. Die Epithelzellen der Nierentubuli weisen eine Plasmamembran auf, die auf sekretorische Prozesse spezialisiert ist, die Plasmamembran der Nervenzellen vermag Nervenimpulse zu übertragen. Auf der elektronenoptischen Darstellung der Plasmamembran der Epithelzellen des Darmes sind Einstülpungen erkennbar, die röhrenartig von der Zelloberfläche ausgehen. Sie ähneln dabei den mitochondrialen Cristae, nur daß deren Lage zur mitochondrialen Außemembran umgekehrt ist.

Das endoplasmatische Reticulum

Zellen höherer Organismen weisen ein dichtes und allem Anschein nach kontinuierliches tubuläres Netzwerk, das endoplasmatische Reticulum, auf. Es zieht sich durch einen großen Bereich des Zellinneren.

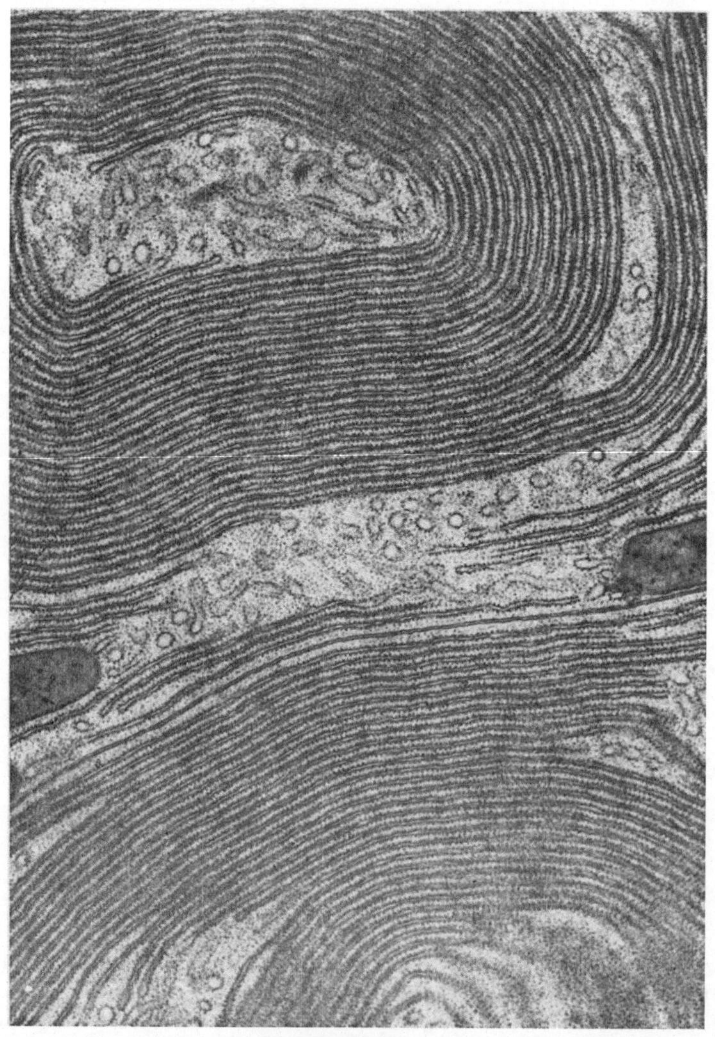

Abb. 69. Elektronenmikroskopische Aufnahme des rauhen endoplasmatischen Reticulums der Acinardrüsen der Fledermaus

Morphologisch ist es durch die am endoplasmatischen Reticulum assoziierten Ribosomen identifizierbar. Am endoplasmatischen Reticulum verlaufen eine Anzahl außerordentlich wichtiger biochemischer Reaktionen, z. B. die Proteinbiosynthese, die Biosynthese der Fettsäuren, Steroide und Phospholipide, die Steroidhydroxylierung und all die Reaktionen, die unter der Sammelbezeichnung Entgiftungsprozesse laufen. In den Membranuntereinheiten des endoplasmatischen Reticulums läßt sich die Elektronentransportkette mit Flavoproteiden, Cytochrom b_5 und einem Häm nachweisen, das mit Kohlenmonoxid reagiert.

Obwohl man normalerweise das endoplasmatische Reticulum als ein einziges Membransystem betrachtet, besteht es offensichtlich sowohl nach Zusammenset-

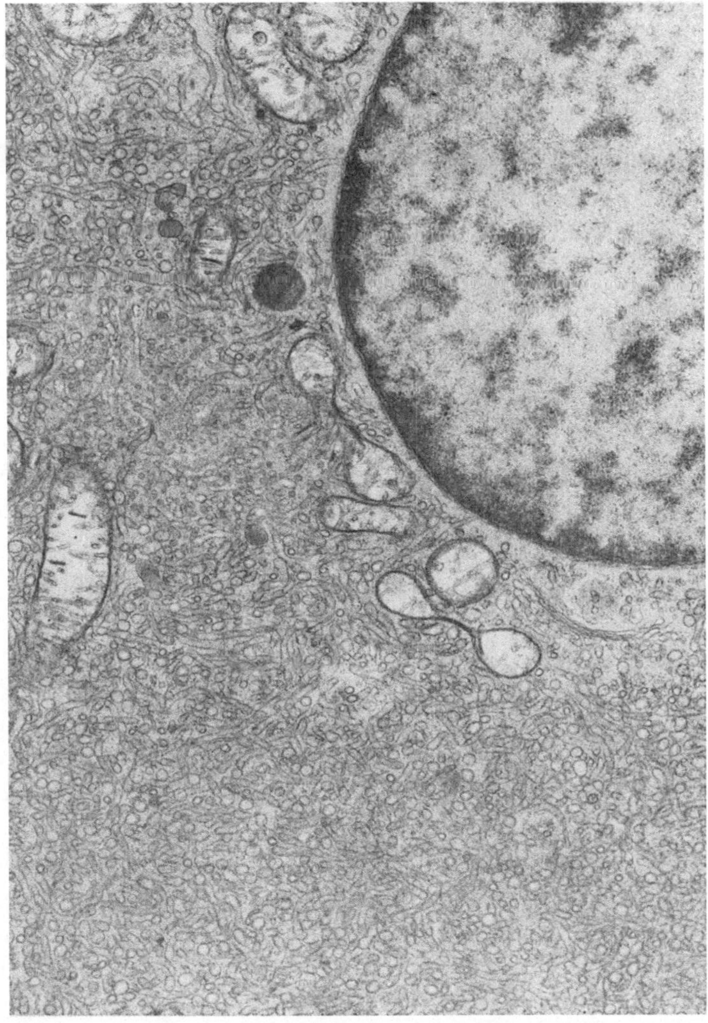

Abb. 70. Elektronenmikroskopische Aufnahme der Kernmembran und des benachbarten cytoplasmatischen Raumes einer Interstitialzelle aus Opossumtestes. Der Nucleus ist auf der Aufnahme oben rechts zu erkennen.

zung als auch nach seiner Funktion aus verschiedenen Bereichen. In der Leberzelle erfolgt am endoplasmatischen Reticulum eine Vielzahl unterschiedlicher biochemischer Prozesse, angefangen von der Proteinsynthese bis hin zu Ionentranslokation und Entgiftung. Während in allen Zellen die RNS-abhängige Proteinsynthese nachweisbar ist, sind Art und Standort der daran beteiligten Membrane häufig nicht identisch. Diese Schwierigkeit besteht nicht bei der Beschreibung von Funktion und Form der Plasmamembran. Im allgemeinen kann man daher sagen, daß trotz gleichartiger oder ähnlicher Stoffwechselwege in verschiedenen Zellen deren Ablauf an jeweils unterschiedlichen Membransystemen erfolgen kann. So verläuft die Proteinsynthese in Bakterien an Membranausläufern der Plasmamembran, während in tierischen oder pflanzlichen Zellen die Proteinsynthese stets am endoplasmatischen Reticulum stattfindet. Daher ist die Verbindung Proteinsynthese—endoplasmatisches Reticulum nur für das Pflanzen- und Tierreich, nicht aber für jede Zelle gültig.

Die Kernmembran

In tierischen oder pflanzlichen Zellen befindet sich die chromosomale DNS innerhalb des Nucleus, der durch die Nuclear- oder Kernmembran umhüllt wird.

In Bakterien liegt die DNS dagegen nicht in einer durch eine Membran abgetrennten Organelle. Allerdings dürfte dieser Unterschied nicht von fundamentaler Bedeutung sein, da die Chromosomen während der Zellteilung aus dem Nucleus in das Zellinnere übertreten. Möglicherweise existiert aber dann eine Membranhülle, die jedes Chromosom umhüllt. Der Unterschied zwischen Bakterien und anderen Zellen reduziert sich daher auf die Feststellung, daß im einen Falle alle Chromosomen innerhalb einer Membran, im anderen Falle jedes Chromosom innerhalb seiner eigenen Membran lokalisiert ist.

Die mitochondriale und Chloroplastenmembran

Die Membransysteme der Mitochondrien und Chloroplasten sind morphologisch außerordentlich ähnlich. Beide subcellularen Organellen sind für die Energieumsetzung notwendig und transformieren oxydative Energie in die gebundene des ATP.

In den Chloroplasten werden die Elektronen, die in die Elektronentransportkette eintreten, durch Wechselwirkung zwischen der Energie des Lichtes und Chlorophyll gebildet. In den Mitochondrien werden die Elektronen dagegen durch die oxydativen Schritte des Citronensäurecyclus zur Verfügung gestellt. Die Energieumsetzung erfolgt in beiden Organellen auf der Innenmembran, und zwar den Cristae der Mitochondrien bzw. den Granae der Chloroplasten. Beide Organellen werden durch eine Außenmembran begrenzt, die sich sowohl funktionell als auch strukturell deutlich von der Innenmembran unterscheiden. Bei Einzellern findet man weder Mitochondrien noch Chloroplasten, obwohl dort ein funktionelles Äquivalent existiert. Ausläufer der Plasmamembran scheinen dort die Aktivitäten zu tragen, die für die Energieübertragung notwendig sind.

Durch Zeitrafferaufnahmen läßt sich zeigen, daß sowohl Größe als auch Zahl der Mitochondrien und Chloroplasten einem ständigen Wechsel unterliegen. Zu jedem beliebigen Zeitpunkt können sie groß oder klein sein, einige spalten sich zu noch kleineren Partikeln, andere wiederum bilden größere Aggregate. Dieses Phänomen ist Ausdruck der Verformbarkeit der Organellen, die wiederum auf den plastischen Eigenschaften der Membranen selbst beruht.

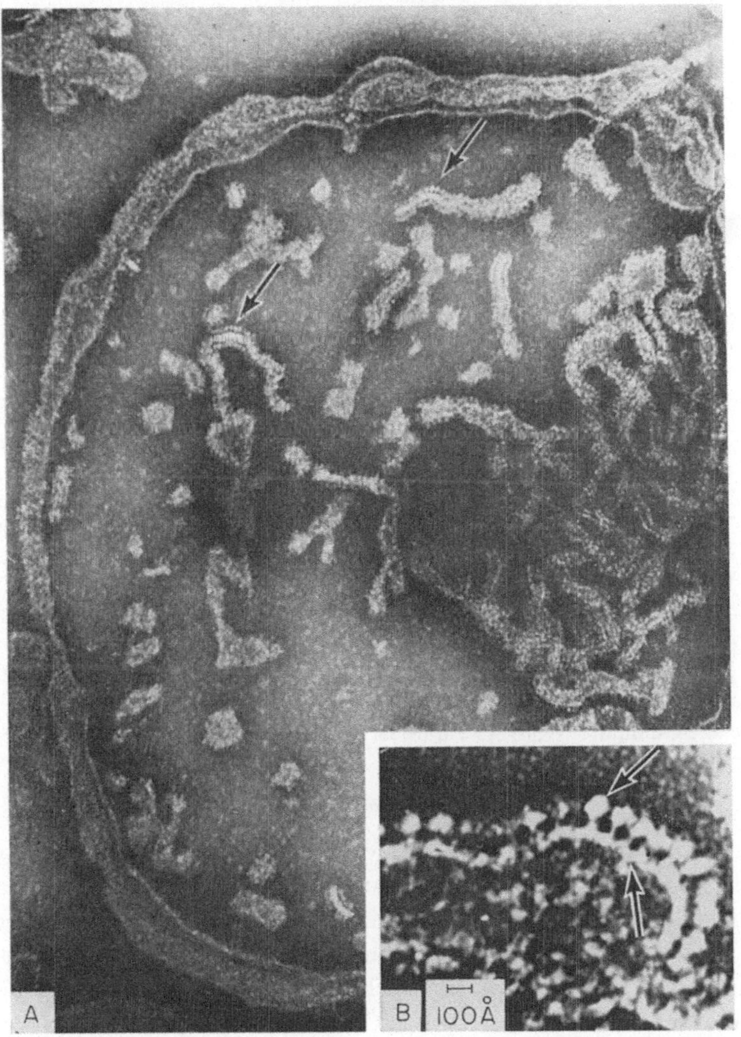

Abb. 71. Elektronenmikroskopische Aufnahme eines Mitochondrions aus Rinderherzmuskel (A). Die Pfeile weisen auf die dreiteiligen Membranuntereinheiten hin. Cristae sind nicht nachweisbar, weil die Mitochondrien vor der Aufnahme einer Schwellung unterworfen wurden. Bei B sieht man mit höherer Vergrößerung die dreiteiligen Membranuntereinheiten, wobei die Pfeile auf die knopfartigen Kopfstücke bzw. auf die Basisbereiche hinweisen. Färbung mit Phosphorwolframsäure

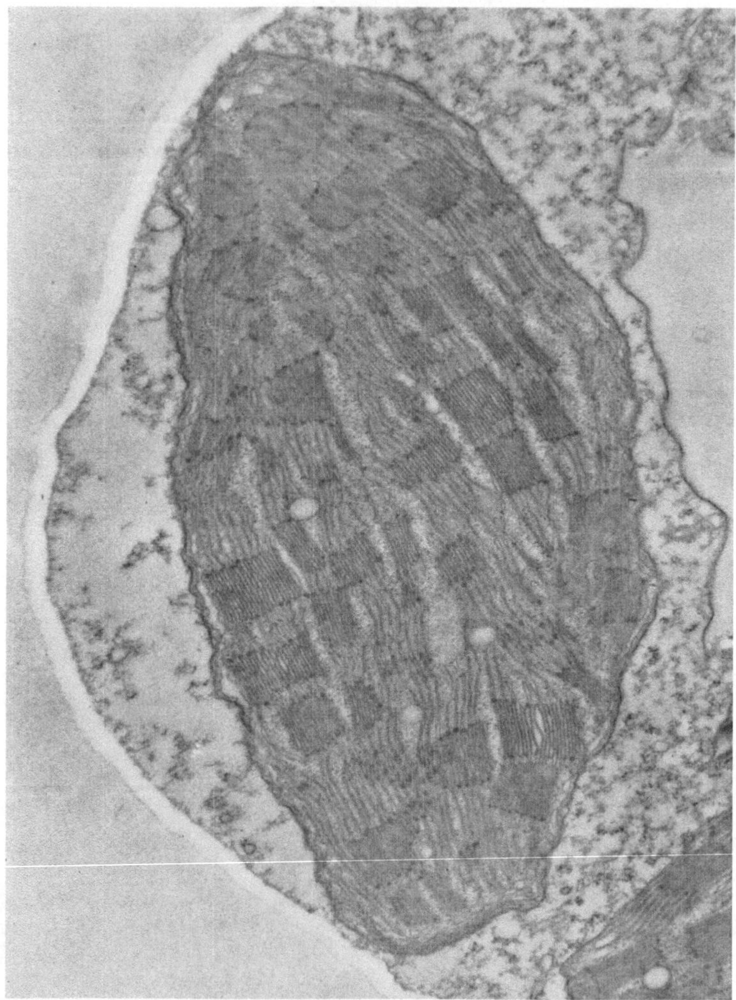

Abb. 72. Elektronenmikroskopische Aufnahme von Chloroplasten in einem Zellschnitt von Mais. Färbung mit Osmiumtetroxid. A. Vergrößerung 37000fach; B. Vergrößerung 165000fach

Membrane spezialisierter Zellen

Im Skelettmuskel hat sich das endoplasmatische Reticulum zusammen mit einem querverlaufenden tubulären System auf die Aufgaben spezialisiert, die mit der Muskelkontraktion verbunden sind. Dabei handelt es sich um die energieabhängige Translokation von Ca^{++}-Ionen, die die Kontraktion kontrollieren. Gleichzeitig liefert das endoplasmatische Reticulum das für die Muskelarbeit notwendige ATP. Herzmuskelzellen enthalten ein vergleichsweise weniger kompliziertes Membransystem, da sie mehr Mitochondrien als Skelettmuskeln enthalten.

Die Zellen der Sinnesorgane enthalten die Strukturen, die bestimmte Reize, z. B. Licht, Schall, Druck, Temperatur oder Geruch in elektrische Impulse um-

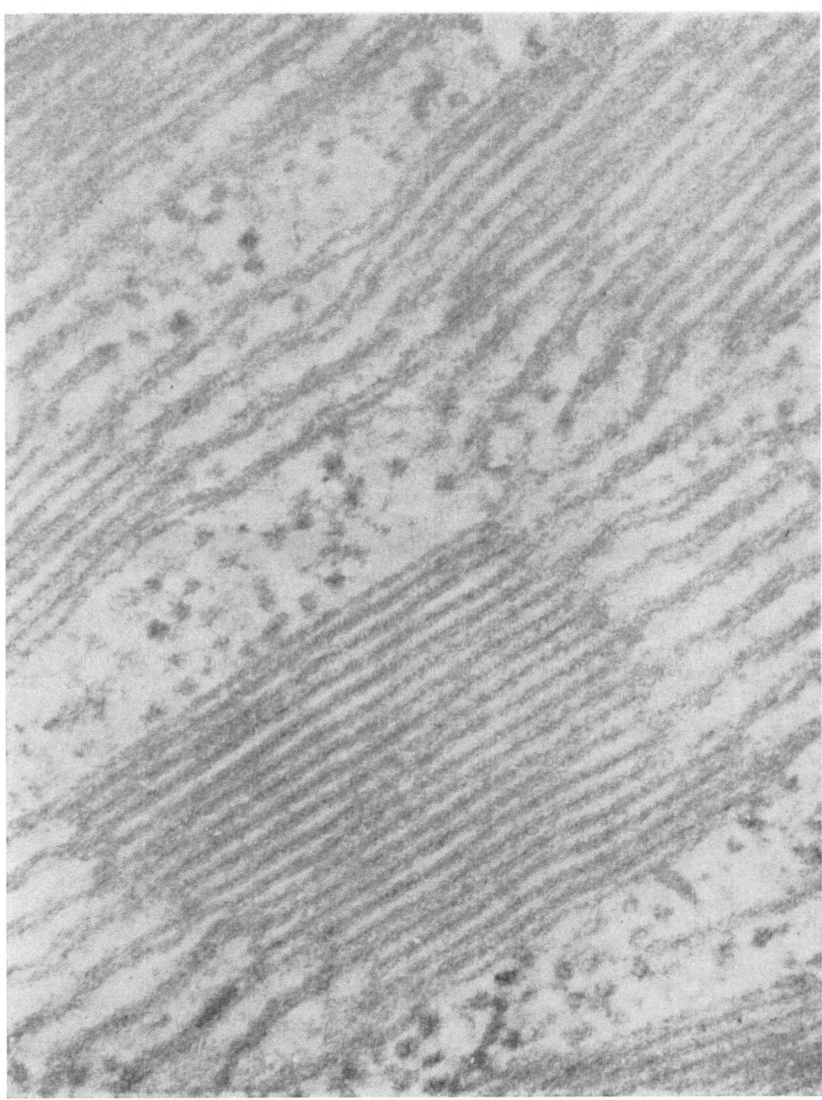

Abb. 72 B

setzen können, die vom Zentralnervensystem verarbeitet werden. Die Außensegmente der Netzhautstäbchen bestehen aus Organellen, die sich kaum von Mitochondrien unterscheiden. Die Membranuntereinheiten dieser Organelle enthalten Pigmente, die das auffallende Licht absorbieren. Wie allerdings das Lichtsignal in einen elektrischen Impuls umgewandelt wird, ist immer noch nicht bekannt.

Ein interessantes Phänomen stellt die Pinocytose dar, bei der Flüssigkeitstropfen aus der Umgebung durch die Zelle aufgenommen werden. Dabei fließt die Plasmamembran um diese Bläschen, schließt sie völlig ein und führt sie so in das

Zellinnere ein. Ob dabei Teile der Plasmamembran verloren gehen, ist unbekannt.

Der in Vielzellern vorhandene Golgi-Apparat besteht aus Tubuli, die sich in regelmäßigen Abständen zu bläschenförmigen Gebilden ausweiten.

Der Golgi-Apparat ist für die Bereitstellung der Produkte notwendig, die aus der Zelle sekretiert werden. Zwischen dem Golgi-Apparat und der Plasmamembran vermutet man eine physikalische Wechselbeziehung, ohne die diese Sekretion nicht vorstellbar ist.

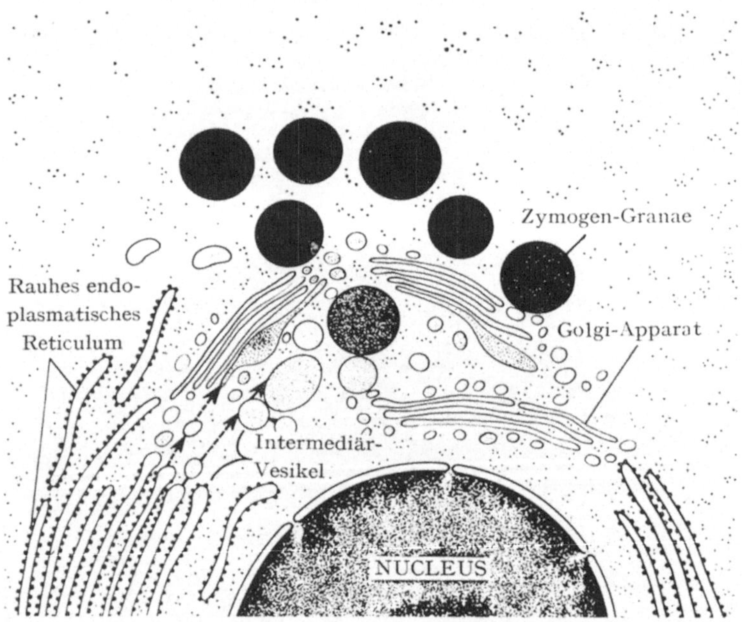

Abb. 73. Transport von sekretierbaren Partikeln aus dem rauhen endoplasmatischen Reticulum zum Golgi-Apparat. Die vom endoplasmatischen Reticulum gebildeten Produkte wandern zum Golgi-Apparat, der sich mit den Produkten füllt und dann als Zymogen-Granae loslöst

Allgemeine Bemerkungen zu den Membransystemen

Nur wenige Membransysteme sind bis jetzt in ausreichender Qualität oder genügender Menge präpariert worden, um systematische Untersuchungen auf diesem neuen Gebiet der Biochemie vornehmen zu können. Heute liegen Untersuchungen über Chloroplasten, Mitochondrien und Mikrovilli aus Darmepithelzellen vor. Außerdem kennen wir recht gut die Plasmamembran der roten Blutkörperchen und der Hefe sowie das endoplasmatische Reticulum bestimmter Zellarten. Zwar ist diese Liste recht dürftig, aber sie schließt immerhin sehr unterschiedliche Membrantypen ein.

Eine Vielzahl von Membranen wurde elektronenoptisch untersucht. Die davon abgeleiteten morphologischen Daten stellen jedoch wegen der fehlenden

Korrelationen mit biochemischen Daten keine geeignete Grundlage für eine sichere funktionelle Bewertung dar. Biochemische Untersuchungen verlangen andererseits größere Materialmengen, wenn man eine chemische und enzymatische Analyse der Membranen durchführen möchte. Aus diesem Grunde sind nur solche Membransysteme als geeignete Untersuchungsobjekte zu akzeptieren, die in ausreichendem Maße präpariert und in genügender Reinheit erhalten werden können.

Stabilität der Membransysteme

Will man die biochemischen Eigenschaften der Membranen mit ihren morphologischen Daten vergleichen, so darf die Struktur während der Isolierung keine Veränderung erleiden. Das bedeutet, daß man die Isolierungsmethoden auf die Stabilität der Membran abstimmen muß. In der Regel sind jedoch die heute zugänglichen Methoden so wenig schonend, daß die dabei gewonnenen Membranpräparationen einen mehr oder weniger großen Proteindefizit aufweisen. Das betrifft insbesondere die Technik zur Trennung von Außen- und Innenmembran, bei der man zwar eine weitgehende Trennung erreicht, die zwei Membransysteme nun aber nicht mehr bezüglich ihres Enzymbesatzes vollständig sind. Auf diese Membraninstabilität ist z. B. das Urteil zweier Generationen von Biochemikern zurückzuführen, nach dem die glykolytischen Enzyme nicht membrangebunden seien. Ganz allgemein werden die von der Membran abgespaltenen Komponenten nicht durch kovalente Bindungen, sondern durch relativ schwache hydrophobe und elektrostatische Wechselwirkungen fixiert. Unter den experimentellen Bedingungen werden aber gerade diese Bindungen stark geschwächt, und es kommt unvermeidbar zur Ablösung eines Teils dieser Komponenten. Die Kunst der Membranisolierung besteht daher in der Auswahl genügend milder Bedingungen zur Zellhomogenisation und Trennung der Membransysteme.

Die Plasmamembran der roten Blutkörperchen ist in physiologischer Kochsalzlösung relativ stabil. Die isolierte Membran verliert dagegen sehr rasch die glykolytischen Enzyme, vor allem Fructose-6-phosphat-Isomerase, wenn sie mit der gleichen Kochsalzlösung behandelt wird. Dieses unterschiedliche Verhalten beruht möglicherweise darauf, daß bei intakten Erythrocyten die Innenseite der Plasmamembran mit einer „flüssig-kristallinen", möglicherweise hydrophoben, Phase in Kontakt steht, die aus orientierten Hämoglobinmolekülen bestehen kann. Auf diese Weise wird die Innenseite der Plasmamembran vom wäßrigen salzhaltigen Milieu abgeschirmt und stabilisiert somit die Membran in vivo. Es wird extrem schwierig sein, in vitro ähnliche Bedingungen wie in der intakten Zelle zu schaffen, die für die Stabilität der isolierten Membran von so entscheidender Bedeutung sind.

Gerade bei den Membransystemen der Zelle wird die Tatsache deutlich, daß nur die gleichzeitige Beschreibung von Struktur und Funktion der ganzen Zelle und der daraus isolierten Teilen verwertbare und allgemeine gültige Schlüsse zuläßt. Beschreibt man nur eines von beiden unter Vernachlässigung der weiteren Kriterien, so wird man unweigerlich zu Fehlschlüssen kommen.

Membransysteme und Kontrollmechanismen

Wichtige Kontrollmechanismen der Zelle laufen an den Membransystemen ab. Insulin stimuliert direkt die Permeabilität der Muskelzelle für Glucose, nicht jedoch die der Leberzelle. Als Folge hiervon ist der Glucosestoffwechsel am Muskel erhöht. Acetylcholin beeinflußt außerordentlich rasch die Permeabilität bestimmter Plasmamembranbereiche der Nervenzellen, worauf ein elektrischer Impuls entsteht. Die Konformation eines Membranproteins mag nach Extraktion aus der Membran völlig verändert sein, so daß nun bestimmte Wirkungen auf diese Enzyme nicht mehr nachweisbar sind, die sonst am membrangebundenen Enzym zur spezifischen Änderung der Konformation und damit der Enzymaktivität führten.

Erhaltung der Membransysteme

Membrane sind keine statischen Gebilde. Vielmehr muß ständig Energie zugeführt werden, um die durch äußere Einflüsse verursachten Membranschäden, z. B. bei osmotischen Änderungen, wieder zu reparieren. Energie wird auch für die Aktivität der Membrane selbst benötigt, sei es für die Ionentranslokation, die ATP-abhängigen Synthesen oder für die Bildung eines elektrischen Impulses. Wegen dieses ständigen Energiebedarfs benötigt die Membran katalytische Systeme zur Bildung von ATP oder zur Umwandlung energiereicher Verbindungen, die für die eigentliche Energietransformation durch die Membrane in Frage kommen.

Der vektorielle Charakter der Membransysteme

Das Konzentrationsgefälle zwischen bestimmten Ionen innerhalb der Membran und im Außenraum stellt ein charakteristisches Phänomen intakter Membransysteme dar. Diese Konzentrationsunterschiede sind letztlich Folge der energieabhängigen Translokation eines jeden Ions in nur einer Richtung, im Normalfalle also von außen nach innen. Diese Wirkrichtung der Membran beruht auf der Orientierung der Transportsysteme in den Membranuntereinheiten, die die energieabhängige Translokation nur in einer Richtung katalysieren.

Die Permeabilität der Membransysteme

Die Permeabilität der Membrane für bestimmte Ionen oder polare Moleküle beruht auf der molekularen Struktur der Membran, und auch die Wechselwirkungen zwischen benachbarten Membranuntereinheiten beruhen auf deren Struktur. Hinsichtlich der Permeabilität für bestimmte Stoffe können sich Membrane verschiedenen Ursprungs stark unterscheiden. Die äußere mitochondriale Membran ist allgemein stärker permeabel als die Innenmembran.

An der Permeation sind in den meisten Membranen eine ganze Gruppe von Translokasen beteiligt, die den selektiven und energieabhängigen Stofftransport durch die Membranbarriere hindurch katalysieren. Obwohl die Lipide als Bestandteil der Membranuntereinheiten die Permeabilität der Membranen beeinflussen, kann man ihnen dabei keine entscheidene Rolle zusprechen, da sich z. B. der Lipidgehalt der Außen- und Innenmembran der Mitochondrien nicht unterscheidet.

Membranen und Stoffwechselketten

Die Assoziation bestimmter Stoffwechselprozesse an Membranen ist ein universelles Kennzeichen aller Zelltypen. Die Konstanz im Ablauf verschiedener

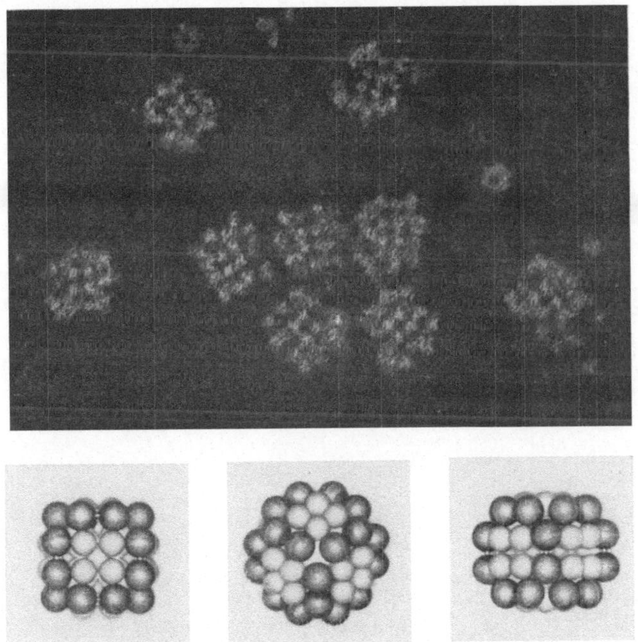

Abb. 74. Oben. Elektronenmikroskopische Aufnahme des Brenztraubensäure-Dehydrogenasekomplexes aus Escherichia coli. Negativfärbung mit 0,25% K-Phosphorwolframsäure, pH 7,0; Vergrößerung 200000fach. Unten. Modell des Enzymkomplexes nach L. J. Reed. 12 Moleküle der Brenztraubensäuredecarboxylase (große Kugeln) und sechs Moleküle Liponamid-Dehydrogenase (Kugeln mittlerer Größe) sind regelmäßig um 24 oder 48 Untereinheiten angeordnet, die Acetyl-Transferase bzw. Liponamidreduktase enthalten

Reaktionsketten beruht u. a. auf deren Bindung an Membranen, wobei sie sich so weit wie möglich in das Muster der Membranuntereinheiten einpassen müssen. Daraus folgt, daß die dreidimensionale Anordnung der Enzyme einer bestimmten Reaktionskette zueinander relativ starr ist, so daß der Umfang möglicher Änderungen und Abweichungen im Reaktionsablauf nur gering ist. Die Membranassoziation stellt darüber hinaus eine Regulationsmöglichkeit zur Verfügung, bei der die Aktivität einzelner Enzyme und damit der gesamten Reaktionskette gesteuert werden kann. Als gut untersuchtes Beispiel mag hierzu der auf der

Außenmembran der Mitochondrien lokalisierte Komplex der α-Ketoglutarsäure- und Brenztraubensäuredehydrogenase dienen. Hierbei handelt es sich um einen hochmolekularen Komplex mit Molekulargewicht von 2 bis 4×10^6, in dem zahlreiche Untereinheiten von jeweils vier verschiedenen Enzymen vereinigt sind. Die Anordnung der Untereinheiten zueinander ist genau fixiert und in Abb. 74 dargestellt. Der isolierte Komplex hat einen Durchmesser von mindestens 200 Å und ist damit größer als eine Membranuntereinheit der Außenmembran mit 100 Å. Wegen dieser Differenz nimmt man an, daß der Komplex möglicherweise bei der Isolierung zu größeren Strukturen assoziiert.

Kapitel 11

DNS, RNS und Proteinsynthese

Die Reproduktion der Zelle erscheint uns als außerordentlich faszinierender und komplizierter Vorgang lebender Organismen. Jede Zelle entsteht aus einer elterlichen Zelle, so daß bei vielzelligen Organismen aus einer elterlichen Zelle nach Teilung zunächst zwei neue gebildet werden, aus denen nach erneuter Teilung schließlich vier Zellen entstehen. Der Prozeß schreitet zumindest am Anfang in einer geometrischen Reihe fort. Verschiedene Zellgruppen teilen sich verschieden schnell und zu verschiedenen Zeitpunkten, bis am Schluß ein vollständiger Organismus gebildet ist.

Dieser Mechanismus muß einer exakten Kontrolle unterliegen, wenn er fehlerfrei ablaufen soll. Denn jeder einmal gesetzte Fehler vervielfacht sich durch die große Zahl von Zellen, die aus der einen abnormen elterlichen Zelle entstanden sind. Aus diesem Grunde ist die korrekte fehlerfreie Zellteilung ein wesentliches Merkmal der cellulären Reproduktion, bei der zwei Tochterzellen als exakte Kopien aus der elterlichen Zelle hervorgehen.

Funktion und Gestalt einer Zelle werden in erster Linie durch bestimmte celluläre Proteine bestimmt, so daß man erwarten sollte, daß die Zellteilung eine Verdopplung dieser Proteine bedeuten würde. Dies trifft jedoch nicht zu. Die einzigen Zellstrukturen, von denen vor der Teilung eine identische Kopie hergestellt wird, sind die Chromosomen. Sie enthalten die für die Zelle charakteristischen Gene. Es werden zwar vor der Teilung noch weitere Strukturen in der Zelle verdoppelt. Diese werden aber lediglich als Hilfsfaktoren für die chromosomale Synthese oder für die Teilung selbst benötigt.

Bei der Teilung der Zelle treten zahlreiche morphologische Veränderungen auf. An dieser Stelle genügt es, die wichtigsten Schritte zu beschreiben, wie sie in dem einfachen Schema in Abb. 75 illustriert sind. Beobachtet man eine sich teilende Zelle unter dem Mikroskop, so fällt zunächst der Mitoseapparat auf, die Centriolen, die sich teilen und sich zu entgegengesetzten Polen in der Zelle bewegen. Außerdem sieht man den faserartigen Spindelapparat (Abb. 75 A und B). Inzwischen verdoppelt sich das Chromosom (C und D), und die beiden Chromosomenhälften wandern zu den entgegengesetzten Polen, wobei sie gleichsam durch Fasern des Spindelapparates gezogen werden (E und F). Nun schnürt sich die Zelle ein, und es bilden sich die beiden Tochterzellen (G und H), die nun jeweils einen kompletten Chromosomensatz aufweisen. Das auffälligste Phänomen der Zellteilung ist die

Tatsache, daß die Tochterzelle vollkommen mit der elterlichen Zelle identisch ist, obwohl ursprünglich nur die Chromosomen verdoppelt und gleichmäßig auf die Tochtergeneration verteilt worden sind. Die vielen tausend verschiedenen Strukturen und Moleküle, insbesondere die charakteristischen cellulären Proteine, sind erst mit Hilfe der identisch weitergegebenen Chromosomen gebildet worden. Die Chromosomen dienen der Tochterzelle als Matrize, an der mit Hilfe des bei der

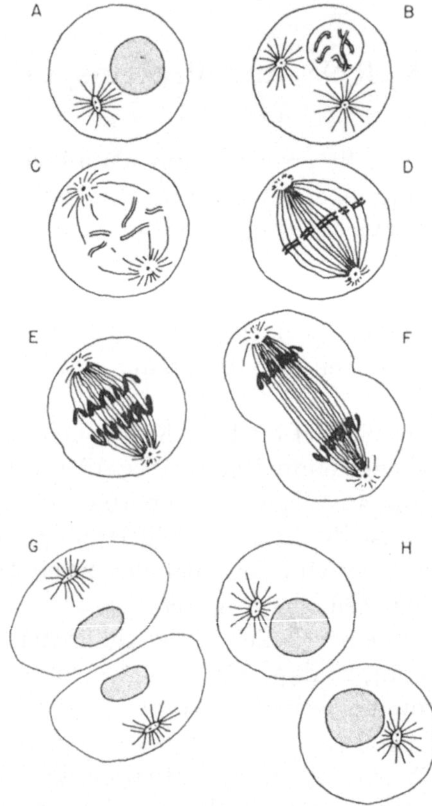

Abb. 75. Hauptstadien bei der Zellteilung, wie sie unter dem Lichtmikroskop zu beobachten sind. Die Einzelheiten sind im Text beschrieben

Zellteilung weitergegebenen Cytoplasmarestes alle für die Zelle notwendigen Komponenten gebildet werden.

Nucleinsäuren und Gene

Identifizierung der DNS als genetisches Material

Bereits seit mehreren Jahrzehnten vermutete man, daß die DNS der für die Funktion der Gene wesentliche Faktor ist. Aber es waren zunächst noch außerordentlich große Anstrengungen notwendig, um diese Theorie zu beweisen und insbesondere die Annahme zu entkräften, daß Proteine für die chromosomale Funktion verantwortlich seien. Für das genetische Material lassen sich Kriterien definieren: A. Es muß sich innerhalb des Zellkerns befinden. B. Die Menge muß in jeder Zelle konstant sein, da unter normalen Bedingungen genetisches Material weder verloren geht noch zunimmt. C. Während der Zellteilung muß sich die Menge an genetischem Material verdoppeln. D. Das genetische Material ist schließlich gegenüber bestimmten chemischen und physikalischen Agentien, die Mutationen auslösen, empfindlich. Diese Kriterien werden von der DNS als Bestandteil des chromosomalen Materials vollständig erfüllt.

Ein weiterer wesentlicher Hinweis zur Natur der Chromosomen folgt aus Versuchen zur sog. bakteriellen Transformation. Virulente Stämme des Mikroorganismus Diplococcus pneumoniae verursachen eine Lungenentzündung, während nichtvirulente Stämme dies nicht vermögen. Werden die virulenten Keime zunächst durch Hitze abgetötet, so erzeugt man bei dem damit behandelten Tier keine Lungenentzündung mehr. Behandelt man jedoch die Tiere mit den hitzeinaktivierten ehemals virulenten Mikroorganismen und gleichzeitig mit den nichtvirulenten Zellen, so bildet sich eine Pneumonie aus, obwohl die nichtvirulenten Keime allein gegeben ohne Wirkung sind. Isoliert man aus dem kranken Tier die Erreger, so stellt sich heraus, daß es sich nun um den virulenten Mikroorganismus handelt. Durch Transformation entstand demnach aus dem nichtvirulenten Mikroorganismus ein virulenter Keim, der diese Eigenschaft in allen weiteren Generationen behält. Bei der Transformation ist also eine vererbbare Eigenschaft übertragen worden; folglich muß es sich um genetisches Material handeln.

Den bahnbrechenden Arbeiten von Oswald Avery haben wir es zu verdanken, daß mit den Versuchen zur Transformation der Diplococcen die chemische Natur des genetischen Materials geklärt wurde. Avery war nämlich in der Lage, aus den hitzeinaktivierten virulenten Keimen eine Substanz zu isolieren, die selbst zur Transformation der nichtvirulenten Zelle in der Lage war. Sie bestand aus DNS, nicht aus Protein. Wird die Verbindung durch chemische oder enzymatische Methoden abgebaut, so verliert sie ihre transformierende Aktivität. In der Folgezeit wurden aus zahlreichen weiteren Mikroorganismen weitere transformierende Komponenten isoliert und stets als DNS identifiziert. Später fand man sogar, daß sich einzelne Merkmale, z. B. die bakterielle Resistenz gegenüber einem bestimmten Antibiotikum, ein spezieller Vitaminbedarf oder bestimmte morphologische Charakteristika durch Übertragung der DNS eines geeigneten Donors auf einen Bakterienstamm, dem die jeweilige Eigenschaft fehlt, transformieren lassen.

Chemie der Nucleinsäuren

Bereits in der zweiten Hälfte des 19. Jahrhunderts begann man, Nucleinsäuren zu isolieren und zu untersuchen. So wurde DNS aus Zellnuclei gewonnen und ihre Eigenschaften gegenüber denen der RNS abgegrenzt. Im Kapitel 3 wurden bereits einige Elementardaten zur Chemie der Nucleinsäuren vermittelt, so daß an dieser Stelle nur noch wenige Bemerkungen notwendig sind.

DNS und RNS sind lineare Polymere, die aus vier verschiedenen Nucleotiden bestehen. Abgesehen davon, daß der Zuckerrest in der RNS die Ribose, in der DNS die Desoxyribose ist, unterscheiden sich beide Nucleinsäurearten dadurch voneinander, daß nur in der DNS die Base Thymin, nur in RNS die Base Uracil vorkommt. Die übrigen Basen Adenin, Guanin und Cytosin kommen in beiden Nucleinsäuren vor. In DNS sind demnach die Nucleotide Desoxyadenylsäure, Desoxyguanylsäure, Desoxycytidylsäure und Thymidylsäure vertreten, in RNS Adenylsäure, Guanylsäure, Cytidylsäure und Uridylsäure. Die einzelnen Nucleo-

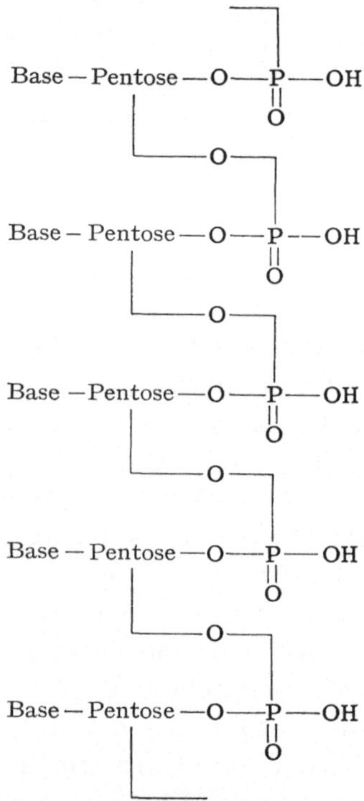

Abb. 76. Anordnung der Nucleotide in einem Polynucleotid. Jedes Nucleotid wird am Zuckerrest mit Hilfe von Phosphorsäure mit dem nächsten Nucleotid verknüpft

tide sind in den Nucleinsäuren durch eine Phosphatbrücke am Zucker miteinander verbunden.

In den Nucleinsäuren kommen zwischen 80 und Millionen solcher Nucleotide vor. Man bezeichnet daher Nucleinsäuren als Polynucleotide, lange Moleküle, in denen Nucleotide zu einem langen Strang zusammengetreten sind.

Nach Spaltung der DNS und Chromatographie der dabei erhaltenen Produkte läßt sich zeigen, daß der Gehalt der einzelnen Basen Adenin (A), Guanin (G), Cytosin (C) und Thymin (T) in der DNS je nach deren Herkunft zwischen weiten Grenzen schwanken kann, jedoch das Verhältnis von A zu T und von G zu C stets eins ist. Auf Grund dieser Daten und unter Verwendung von Röntgenstrahlenbeugungsmustern schlugen J. Watson und F. Crick ein Modell der DNS-Struktur vor. Danach besteht die DNS aus zwei linearen Einzelsträngen, die über Wasserstoff-Brückenbindungen in einer doppelsträngigen Struktur fixiert werden. Dabei bildet sich eine schraubenförmige Doppelhelix aus.

Die Wasserstoffbrücken bestehen jeweils zwischen einem Paar von Basen, die sich auf den beiden Einzelsträngen gegenüberstehen. Aus Struktur und Größe der Basen folgt, daß solche Wasserstoffbrücken nur zwischen den Paaren A und T bzw. G und C möglich sind. Die Zucker-Phosphatreste, die das Rückgrat der

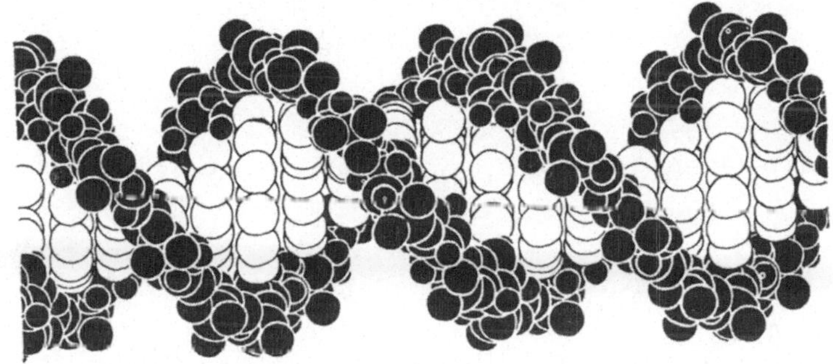

Abb. 77. Kalottenmodell eines Ausschnittes aus einer DNS-Doppelhelix. Die Atome der Basen sind als offene Kreise gezeichnet, die der Phosphat- bzw. Desoxyribosereste als gefüllte Kreise

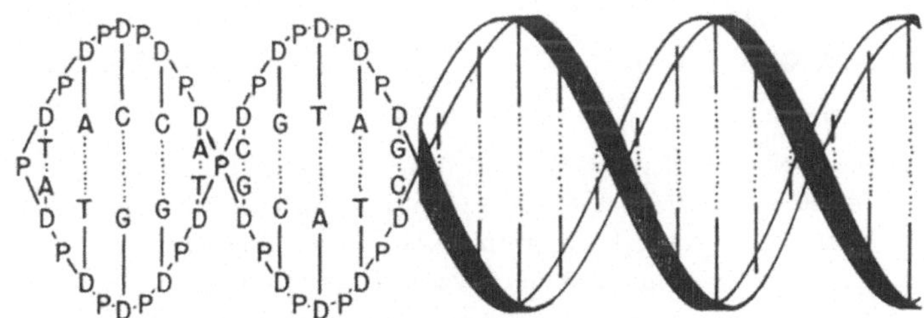

Abb. 78. Schemazeichnung einer DNS-Doppelhelix. Die Basen A ,T, C und G sind im Inneren der Helix angeordnet, Phosphat (P) und Desoxyribose (D) befinden sich dagegen außen. Wasserstoffbrückenbindungen sind durch punktierte Linien markiert

Einzelstränge bilden, befinden sich auf der Außenseite der Doppelhelix, die Basen dagegen im Inneren.

Die Basenpaare bilden eine Ebene, die senkrecht zur Helixachse steht. Wegen der Spezifität der Wasserstoff-Brückenbindung muß für DNS stets der Gehalt an A = T, der von G = C sein. Darüber hinaus bestimmt die Basenfolge eines Stranges die Zusammensetzung des anderen, sie sind spiegelbildlich zueinander und man spricht von Komplementarität der Stränge.

Replikation der DNS

Ein grundsätzliches genetisches Problem stellt der Mechanismus dar, der die Replikation des genetischen Materials der Zelle beschreibt. Da DNS die eigentliche genetische Verbindung darstellt, muß sie bei jeder Zellteilung ebenfalls verdoppelt werden. Die durch das Modell von WATSON und CRICK geforderte Komplementarität der Einzelstränge zueinander ist die Grundlage für eine interessante Hypothese. Danach sollte die DNS zunächst in ihre beiden Einzelstränge zerlegt werden und an diesen der jeweils komplementäre Strang gebildet werden. Als Endergebnis geht eine Verdopplung der DNS-Menge hervor. Aus diesem Mechanismus folgt außerdem, daß jeder Einzelstrang als Matrize für die Synthese eines neuen Stranges wirkt.

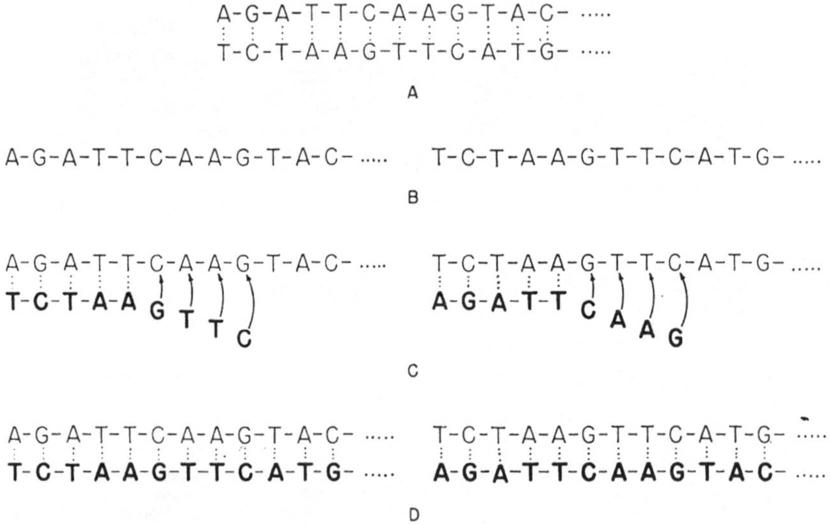

A-G-A-T-T-C-A-A-G-T-A-C- .....
T-C-T-A-A-G-T-T-C-A-T-G- .....

A

A-G-A-T-T-C-A-A-G-T-A-C- ..... T-C-T-A-A-G-T-T-C-A-T-G- .....

B

A-G-A-T-T-C-A-A-G-T-A-C- ..... T-C-T-A-A-G-T-T-C-A-T-G- .....
T-C-T-A-A G T T C **A-G-A-T-T C A A G**

C

A-G-A-T-T-C-A-A-G-T-A-C- ..... T-C-T-A-A-G-T-T-C-A-T-G- .....
T-C-T-A-A-G-T-T-C-A-T-G- ..... **A-G-A-T-T-C-A-A-G-T-A-C-** .....

D

Abb. 79. Schema der DNS-Replikation. A. Elterliche doppelsträngige DNS; B. Trennung in die Einzelstränge; C. Jeder Strang dient als Matrize eines neuen DNS-Stranges; D. Wegen der spezifischen Basenpaarung sind die beiden Tochtermoleküle mit der elterlichen DNS identisch. Die punktierten Linien symbolisieren Wasserstoffbrücken

Wenn wir annehmen, daß die Synthese eines neuen Stranges am einen Ende des alten Stranges durch schrittweise Anheftung der Nucleotide beginnt, so sollte wiederum ein neuer Doppelstrang resultieren. Die Selektion der neu eintretenden Basen erfolgt über die Basenpaarung an den im Matrizenstrang vorliegenden Basen. Wenn wir z. B. Desoxyadenylsäure betrachten, so sollte das entsprechende Nucleotid im neuen Strang Thymidylsäure heißen, und Desoxyguanylsäure steuert den Einbau von Desoxycytidylsäure in die wachsende Kette. Wie aus Abb. 79 hervorgeht, erhält man in der gesamten Reaktion ein Polynucleotid, dessen Zusammensetzung der der eingesetzten DNS entspricht. Zu Beginn der Replikation liegt ein Doppelstrang vor. Sie paaren sich nach ihrer Trennung mit neuen Strängen, die komplementäre Basensequenzen zum jeweiligen Einzelstrang aufweisen. Die zwei neuen Doppelstränge sind demnach als Ganzes gesehen mit der ursprünglichen DNS identisch.

MESELSON und STAHL haben diese Hypothese getestet. Dabei zogen sie eine Technik heran, bei der die wachsenden Zellen in einem Medium kultiviert werden, in dem die einzige Stickstoffquelle aus dem schweren Isotop ^{15}N besteht. Die Zellen nehmen dieses schwere Stickstoffisotop auf, und alle Stickstoff-haltigen Verbindungen sind demnach schwerer als die normal kultivierter Zellen. Bei einem Stickstoff-reichen Makromolekül wie die DNS bedeutet das, daß dessen spezifisches Gewicht so deutlich erhöht ist, daß es von den leichteren normalen DNS-Molekülen durch Dichtegradientenzentrifugation abgetrennt werden kann.

Geht man von ^{15}N-haltigen Zellen aus, so enthalten sie die ^{15}N-markierte schwere DNS. Läßt man die Zellen in ^{14}N-haltigem Medium weiterwachsen, so

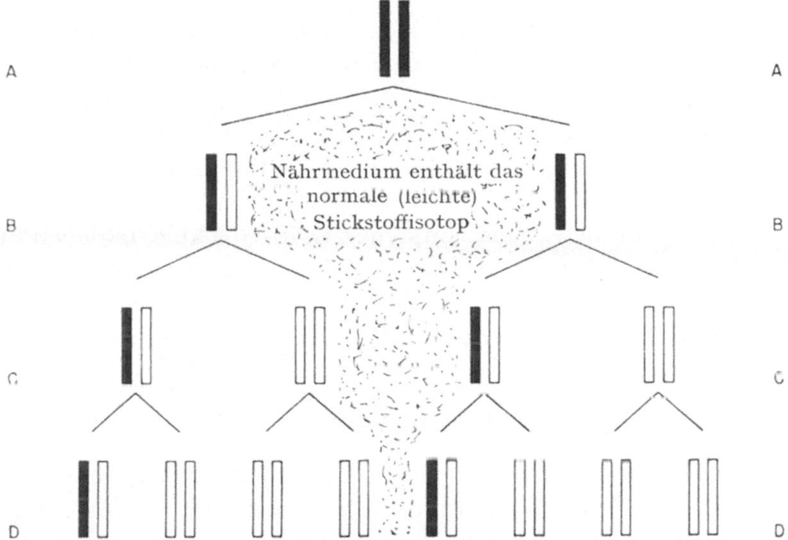

Abb. 80. Experimenteller Beweis für die Strangtrennung der DNS während der Replikation. Ausgehend von Zellen, die in ^{15}N-haltigem Medium kultiviert waren, erhält man schwere DNS (schwarze Balken für die schweren Einzelstränge (Reihe A). Nach Replikation in ^{14}N-haltigem Medium bilden sich leichte Einzelstränge, die mit den schweren elterlichen Einzelsträngen DNS mittleren Gewichtes ergeben (Reihe B). Nach Weiterkultivierung in dem ^{14}N-haltigen Medium verringert sich der Anteil der DNS mit unterschiedlich schweren Einzelsträngen kontinuierlich (Reihen C und D)

eröffnen sich zwei verschiedene Möglichkeiten. Entweder wird die ursprüngliche ^{15}N-markierte DNS als Ganzes repliziert, oder sie trennt sich in ihre Einzelstränge, die jeder für sich repliziert werden. Dazu ließen MESELSON und STAHL die ^{15}N-markierten Zellen einmal im ^{14}N-haltigen Medium teilen und isolierten dann die DNS. Sie wies ein spezifisches Gewicht auf, das zwischen dem der schweren ^{15}N-haltigen und dem der leichten ^{14}N-haltigen liegt, d. h. die DNS besteht aus einem schweren und einem leichten Strang. Hat sich die Zelle zweimal geteilt, so kann man zwei DNS-Arten mit unterschiedlichem Gewicht nachweisen, solche mit einem Intermediärgewicht und leichte DNS. Nach weiteren Zellteilungen nimmt der Anteil der leichten DNS allmählich zu. In Abb. 80 ist das Ergebnis dieses Versuches noch einmal dargestellt. Es bestätigt, daß sich die DNS nach der eingangs erwähnten Hypothese verdoppelt.

Weitere Daten zur DNS-Replikation gehen aus Versuchen mit DNS-Polymerase hervor. ARTHUR KORNBERG konnte nachweisen, daß dieses Enzym in Gegenwart von Starter-DNS und den vier Nucleotiden die Synthese einer DNS katalysiert. Überraschenderweise wird die Zusammensetzung der neuen DNS durch die Starter-DNS gesteuert. Sie dient als Matrize und bestimmt die Nucleotidsequenz der neu gebildeten DNS. Aus der Tatsache, daß einsträngige DNS eine bessere Matrize zur DNS-Synthese ist als zweisträngige native DNS, kann man den Schluß ziehen, daß einsträngige DNS als natürliche Matrize bei der DNS-Replikation dient.

Es bleibt nun die Frage offen, ob beide Stränge der DNS für deren genetische Funktion notwendig sind. MARMUR und DOTY haben zur Lösung dieses Problems eine Technik entwickelt, mit der sich die DNS-Stränge zunächst trennen und anschließend wieder zu DNS rekombinieren lassen. Dazu verwenden sie eine DNS, die ein spezifisches Gen enthält, und spalten sie in ihre Einzelstränge. Jede dieser Stränge wird anschließend mit DNS-Einzelsträngen rekombiniert, die nicht dieses Gen tragen. Auf diese Weise entstehen DNS-Moleküle, in denen nur jeweils ein Strang das spezifische Gen aufweist. Bei einer anschließenden bakteriellen Transformation mit dieser künstlich rekombinierten DNS zeigt sich, daß nur einer der beiden Stränge der ursprünglichen DNS eine genetische Funktion trägt.

Proteinsynthese

Der genetische Code. Geht man von der Tatsache aus, daß Gene aus DNS bestehen, die vor jeder Zellteilung so repliziert werden, daß die Tochterzellen eine identische Kopie des ursprünglichen Gensatzes erhalten, so bleibt die Frage offen, in welcher Weise Gene wirken. Gene kontrollieren die Synthese der Proteine, d. h. jedes Protein wird entsprechend den auf den einzelnen Genen niedergelegten Informationen gebildet. Die Einzelheiten dieses Mechanismus lassen sich bei der Reproduktion DNS-haltiger Bakteriophagen verdeutlichen. Wenn ein solcher Phage eine Bakterienzelle infiziert, so tritt lediglich seine DNS in die Zelle ein, während die Proteinhülle abgestreift wird und außen liegen bleibt. Die Zelle repliziert nun die virale DNS, bildet alle Phagenproteine, und es kommt schließlich zum Zusammenschluß aller notwendigen Komponenten unter Bildung kompletter Phagenpartikel. Wenn die Zelle platzt, werden zahlreiche neue Phagen freigesetzt, die nun ebenso viele weitere Zellen mit ihrer DNS infizieren können. Da nur die Phagen-DNS in die Bakterienzelle eintritt, ist damit bewiesen, daß für die Synthese der Phagenproteine nur diese DNS verantwortlich ist. Die Stoffwechselkapazität der infizierten Zelle dient lediglich zur Synthese der Phagenproteine auf Kosten der zelleigenen Komponenten.

Neben den Genen, die für die Proteinsynthese notwendig sind, existieren allerdings noch weitere Gene, die die Aktivität dieser ersten Gengruppe kontrollieren. Sie beeinflussen die Proteinsynthese indirekt. Über die Funktion dieser Gene kann man Einzelheiten im nächsten Kapitel nachlesen. An dieser Stelle soll uns nur die Frage beschäftigen, auf welche Weise Gene direkt die Proteinsynthese kontrollieren.

Proteine ähneln den Nucleinsäuren insofern, als es sich ebenfalls um Makromoleküle handelt, die aus zahlreichen Untereinheiten aufgebaut sind. Im Gegensatz zu den Nucleinsäuren bestehen die Proteinuntereinheiten aus Aminosäuren. Die Reihenfolge der Aminosäuren eines gegebenen Proteins bestimmt alle seine Eigenschaften, die das Protein von jedem weiteren unterscheiden. Die Frage nach dem Mechanismus der genkontrollierten Proteinsynthese vereinfacht sich daher zu der Frage nach dem Zusammenhang zwischen Nucleotidsequenz auf der DNS und der Aminosäurenreihenfolge auf dem zu bildenden Protein. Dieser Zusammenhang wird häufig als Codeproblem definiert, da eine in der Sprache der DNS niedergelegte Information in die Sprache der Proteine übersetzt werden muß, um ein funktionell sinnvolles Produkt zu gewährleisten. Die Zuordnung beider Informationsinhalte wird als genetischer Code bezeichnet.

Wären Proteine nur aus vier verschiedenen Aminosäuren aufgebaut, so wäre der Code sehr einfach. Es würde jedes der vier Nucleotide eine Aminosäure spezifizieren, und der Basensequenz auf der DNS würde direkt die Reihenfolge der Aminosäuren im Protein entsprechen. Proteine bestehen jedoch aus 20 verschiedenen Aminosäuren, so daß die vier verschiedenen Nucleotide nicht direkt diese Reihenfolge spezifizieren können. Ähnlich dem Morse-Code, bei dem zwei Zeichen so kombiniert werden, daß sie nun für 26 Buchstaben stehen können, lassen sich die Basen der DNS in bestimmte Gruppen einordnen, die die 20 Aminosäuren festlegen können. Für diese Kombinationen sind viele verschiedene Lösungsmöglichkeiten vorgeschlagen worden. Wir beschäftigen uns hier nur mit dem endgültigen durch das biochemische Experiment bestätigten System, dem nichtüberlappenden Triplettcode von Francis Crick. Er nahm an, daß jede Aminosäure durch ein Nucleotidtriplett, das sind drei hintereinanderstehende Nucleotide, spezifiziert wird. Die vier Nucleotide lassen sich zu 64 Tripletts kombinieren, die demnach theoretisch zur Steuerung von 64 verschiedenen Aminosäuren ausreichen.

Im linearen DNS-Molekül steuert die Nucleotidsequenz die Reihenfolge der Aminosäuren in der linearen Polypeptidkette eines Proteins, wobei jeweils drei Nucleotide eine Aminosäure festlegen. Ein DNS-Abschnitt mit der Sequenz GGTCTTCAG steuert also drei Aminosäuren, und zwar die Sequenz Prolin–Glutaminsäure–Valin, weil GGT für Prolin, CTT für Glutaminsäure und CAG für Valin codiert. Ein DNS-Molekül ist in der Regel so lang und enthält soviele Gene, daß damit die Synthese zahlreicher Proteine gesteuert werden kann.

Die Transkription

Die cellulare Proteinsynthese findet vornehmlich nicht im Nucleus statt, wo sich die chromosomale DNS befindet, sondern an den im Cytoplasma befindlichen Ribosomen. Für die Verbindung der mit der chromosomalen DNS bereitgestellten Information im Nucleus und der Proteinsynthese im Cytoplasma ist RNS notwendig. Dies gilt selbst für Mikroorganismen, deren DNS nicht durch eine Kernmembran vom Ort der Proteinsynthese abgetrennt ist. In den Zellen höherer Organismen sind Ribosomen Teil des endoplasmatischen Reticulums. Bakterien enthalten zwar kein endoplasmatisches Reticulum, dafür muß man aber annehmen, daß sich dort bestimmte Membranbereiche zusammen mit den Ribosomen an der Proteinsynthese beteiligen.

Wie bereits beschrieben wurde, sind RNS und DNS außerordentlich ähnlich. Sie unterscheiden sich im wesentlichen durch den Gehalt an Ribose in der RNS im Gegensatz zur Desoxyribose in der DNS und darin, daß RNS Uracil und kein Thymin, und DNS Thymin und kein Uracil enthalten. Den vier Basen Guanin, Cytosin, Adenin und Thymin der DNS stehen demnach die vier Basen Guanin, Cytosin, Adenin und Uracil in der RNS gegenüber. Uracil vermag ebenso wie Thymin mit Adenin Wasserstoffbrückenbindungen zu bilden. Ein RNS-Strang

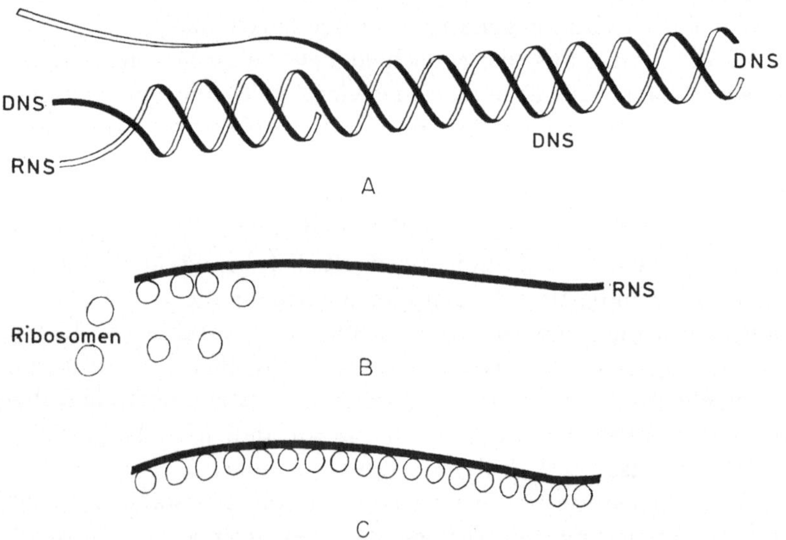

Abb. 81. Stark vereinfachtes Schema zum Transkriptionsmechanismus. Die DNS-Information wird zunächst in die komplementäre Nucleotidsequenz einer RNS übertragen (A). Die RNS löst sich von der DNS und assoziiert sich mit den Ribosomen im Cytoplasma (B) und (C)

kann daher ebenfalls einem gegebenen DNS Strang komplementär sein. Sie bilden dabei ein hybrides Nucleinsäuremolekül. Solche Hybride wurden insbesondere von Spiegelman zur Charakterisierung der RNS bei der Proteinsynthese herangezogen.

Zu den ersten Schritten der Proteinsynthese zählt die Synthese einer RNS, deren Basensequenzen komplementär einem Gen auf der DNS sind. Dieser Prozeß findet im Zellkern statt. Der Mechanismus entspricht den Vorgängen bei der DNS-Replikation, nur ist ein anderes Enzym daran beteiligt. Zunächst trennt sich die DNS in zwei Einzelstränge und ein bestimmter Abschnitt eines Stranges wird durch die Synthese eines komplementären RNS-Stranges kopiert. Berührt z. B. die wachsende RNS-Kette einen Desoxyadenylsäurerest, so wird nun Uridylsäure (und nicht Thymidylsäure) inkorporiert. Für die übrigen Basen gelten die gleichen Regeln zur Basenpaarung wie bei der DNS-Replikation. Auf diese Weise trägt die so synthetisierte RNS die gleiche Information wie der Abschnitt auf dem anderen DNS-Strang.

Die RNS löst sich anschließend von der DNS ab, wobei die beiden getrennten DNS-Einzelstränge sich wieder zur kompletten Doppelhelix vereinigen, und wandert zu den Ribosomen am Ort der Proteinsynthese.

Möglicherweise wird die RNS bereits während ihrer Synthese an der DNS an Ribosomen fixiert.

Da diese RNS die zur Synthese der Proteine notwendige Information überträgt, wird sie auch als Boten-RNS, englisch Messenger-RNS (m-RNS), bezeichnet. Obwohl in der Zelle zahlreiche verschiedene RNS-Arten existieren, wie die ribosomale und die Transfer-RNS, die ebenfalls an der Proteinsynthese beteiligt sind, trägt nur die m-RNS die zur Festlegung der Aminosäurenreihenfolge notwendige genetische Information. Jacob und Monod vom Pariser Pasteur Institut haben als erste die Funktion und Bedeutung der m-RNS postuliert. Der Prozeß, bei dem m-RNS auf der DNS gebildet wird, wird als Transkription bezeichnet, weil es sich um einen Abschreibvorgang einer Information handelt, bei dem die Nucleotidsequenz der DNS in die der RNS übertragen wird. Da auf der chromosomalen DNS jeweils nur ein bestimmter Abschnitt zur Synthese der m-RNS dient, muß die DNS Signale aufweisen, die den Beginn und das Ende der RNS-Synthese auf der DNS festlegen.

Die Translation

In der nächsten Phase der Proteinsynthese müssen Aminosäuren nach Maßgabe der Basensequenz der m-RNS aneinandergereiht werden. Bei diesem Vorgang ist eine ganze Serie von Reaktionen beteiligt. Aus diesem Grunde müssen wir zunächst die weitere Beschreibung der m-RNS-Funktionen zurückstellen und uns mit den Vorgängen beschäftigen, die an der Bereitstellung der Aminosäuren vor deren Polymerisation beteiligt sind.

Bevor die Aminosäuren an ihren jeweiligen Positionen auf dem neuen Proteinmolekül fixiert werden, durchlaufen sie zwei Reaktionen. Zunächst werden sie in Gegenwart bestimmter Synthetasen in eine reaktionsfähige Form umgewandelt, wobei ATP verbraucht wird. Im nächsten Schritt wird jede aktivierte Aminosäure an eine wiederum spezifische Transfer-RNS (t-RNS) gebunden. Die verschiedenen Transfer-Ribonucleinsäuren haben ihren Namen wegen ihrer Funktion erhalten, die Aminosäuren an die jeweilige Position auf der m-RNS heranzuführen. Transfer-Ribonucleinsäuren sind relativ kleine Moleküle und bestehen aus ca. 80 Nucleotiden, während Messenger-Ribonucleinsäuren Makromoleküle sind, die zwischen 300 und 30000 Nucleotiden enthalten. Wegen der Spezifität der Transfer-Ribonucleinsäuren für jede Aminosäure existieren mindestens 20 verschiedene t-RNS-Species. Tatsächlich gibt es wesentlich mehr t-RNS-Arten, weil es für jede Aminosäure mehrere t-RNS-Species gibt. Die Funktion dieser Extra-Transfer-Ribonucleinsäuren ist noch ungeklärt. t-RNS^{Val} ist spezifisch für Valin, t-RNS^{Ala} für Alanin usw., d. h. jede t-RNS reagiert nur mit einer bestimmten

Aminosäure. Die Bindung einer Aminosäure durch ihre spezifische t-RNS erfolgt ebenfalls nur durch ein spezifisches Enzym, so daß es mindestens 20 dieser Enzyme geben muß. Die verschiedenen t-RNS-Arten unterscheiden sich nur wenig voneinander. Sie bestehen aus einer einzigen RNS-Kette, die in bestimmter Weise gefaltet ist und mindestens zwei besondere Bereiche aufweist, die für die Anlagerung ihrer spezifischen Aminosäuren bzw. für die Bindung an m-RNS verantwortlich sind.

Kehren wir nun zur m-RNS zurück, die sich an den cytoplasmatischen Ribosomen befindet und dort die von einem DNS-Abschnitt kopierte Information zur Verfügung stellt. Ihre Nucleotidsequenz bestimmt die Reihenfolge der Aminosäuren in dem zu bildenden Protein auf folgende Weise:

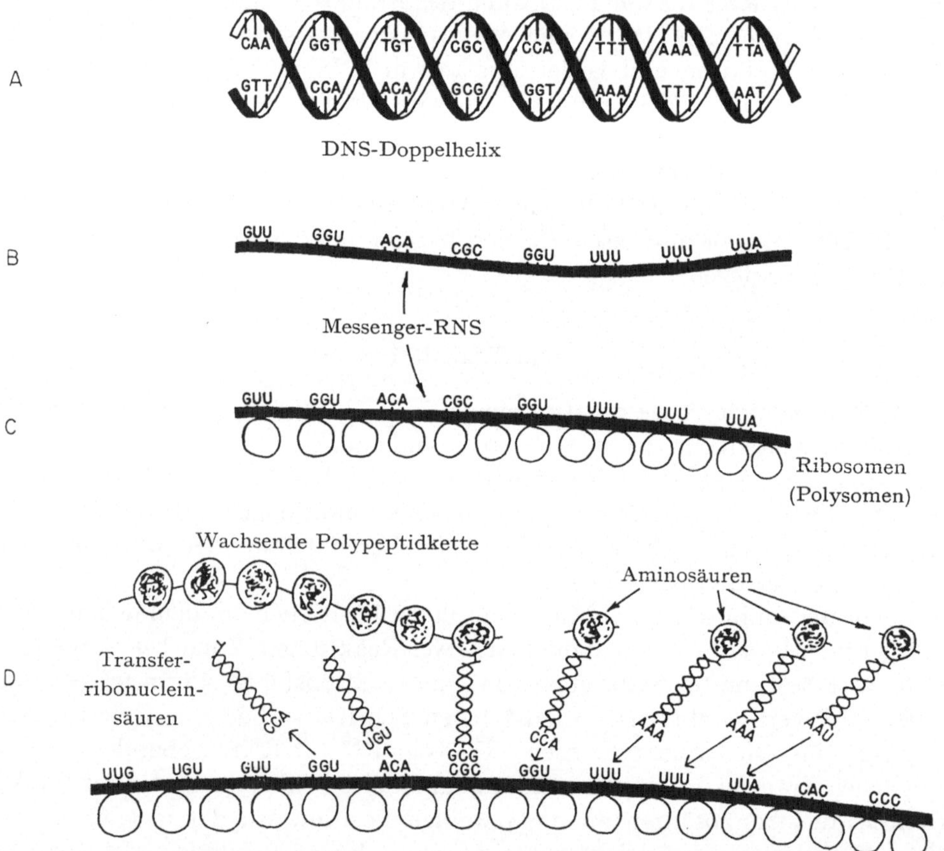

Abb. 82. Translationsmechanismus nach Bereitstellung der DNS-Information mit Hilfe von Messenger-RNS. A. Die auf einem bestimmten Abschnitt der chromosomalen DNS bereitgestellte Information wird in Messenger-RNS übertragen; B. Messenger-RNS mit ihren komplementären Tripletts; C. assoziiert mit Ribosomen zu Polysomen; D. Die Nucleotidsequenz der Messenger-RNS wird nun in die Aminosäuresequenz übersetzt, wobei Transfer-Ribonucleinsäuren als Adaptermoleküle wirken. Auf der Zeichnung sind zwischen den einzelnen Tripletts der Übersichtlichkeit halber Zwischenräume eingefügt worden, die in Wirklichkeit nicht existieren. Auch die Größenordnung der einzelnen Komponenten zueinander wurde in der Zeichnung nicht berücksichtigt

Die Tripletts der m-RNS spezifizieren die zugehörigen Aminosäuren nicht direkt, sondern sie binden die Aminosäure-tragenden Transfer-Ribonucleinsäuren. Falls z. B. Alanin diejenige Aminosäure ist, die von dem ersten Triplett der m-RNS codiert wird, so wird die Alanin-haltige t-RNS^{Ala} durch dieses Triplett fixiert. Codiert das nächste Triplett für Valin, so wird auf diesem Triplett die Valin-spezifische t-RNS gebunden usw. Auf diese Weise gelangen die beiden miteinander zu verknüpfenden Aminosäuren in unmittelbare Nachbarschaft, gesteuert durch die Basensequenz der m-RNS. Im nächsten Schritt wird unter Beteiligung eines weiteren Enzyms die Carboxylgruppe der ersten Aminosäure auf die Aminogruppe der zweiten Aminosäure übertragen, und es kommt zur Bildung eines Dipeptides, das nun an der t-RNS der zweiten Aminosäure kovalent gebunden ist, im obigen Beispiel also Alanylvalyl-t-RNS^{Val}. Das nächste Codon auf der m-RNS codiert nun für eine weitere an t-RNS gebundene Aminosäure, die dort gebunden wird und mit dem gleichen Mechanismus an das Dipeptid unter Bildung einer Tripeptidyl-t-RNS angeheftet wird. Mit Hilfe dieser sequentiellen Anlagerung der t-RNS-Moleküle an der m-RNS wird die korrekte Reihenfolge der miteinander zu verknüpfenden Aminosäuren sichergestellt.

Während dieses Translationsprozesses muß die m-RNS in Kontakt mit Ribosomen stehen, wobei mehrere Ribosomen gleichzeitig an der Translation eines gegebenen m-RNS-Moleküls beteiligt sein können. Durch elektronenoptische Aufnahmen hat man diese als Polysomen bezeichneten Assoziate nachweisen können. Die Anzahl der auf der m-RNS gebundenen Ribosomen ist dabei proportional der Länge des m-RNS-Moleküls.

Nachdem klar geworden war, daß die Aminosäurensequenz der Proteine durch die DNS codiert wird, konzentrierten sich die Bemühungen auf die genaue Zusammensetzung der Tripletts. Zur Lösung dieses Problems entwickelte man eine besondere Technik, mit der die Proteinsynthese in einem zellfreien System verfolgt werden konnte. Auf diese Weise war es möglich, nach Zugabe aller notwendigen Komponenten allein durch DNS die Synthese einer Polypeptidkette auszulösen. Wenn man die Nucleotidsequenz der DNS und die des gebildeten Peptides kennt, vermag man den einzelnen Aminosäuren die jeweiligen Tripletts zuzuordnen. Auf der Grundlage dieser Arbeitshypothese variierte man das System insofern, als man bereits von synthetischen m-RNS-Molekülen ausging und damit den Transkriptionsprozeß von der DNS ausschaltete. Die synthetische m-RNS bietet außerdem noch den Vorteil, daß deren Nucleotidsequenz in der Regel gut bekannt ist. Mit diesem abgewandelten zellfreien System unter Verwendung synthetischer m-RNS-Arten gelang es erstmals M. Nirenberg u. J. Matthaei in vitro Polypeptide zu synthetisieren, deren Aminosäurenzusammensetzung dem jeweils als m-RNS angebotenen Polynucleotid entsprach. Ihr System enthielt Ribosomen aus E. coli, Aminosäuren-aktivierende Enzyme, Transfer-Ribonucleinsäuren und ATP. Mit Polyuridylsäure als synthetische Messenger-RNS isolierten sie das Polypeptid Polyphenylalanin. Demnach steht das Triplett UUU für Phenylalanin. Nach Nirenberg bestimmte auch Oacha unter Verwendung zahlreicher synthetischer Polynucleotide die Codezusammensetzung für eine Reihe von Aminosäuren.

Da allerdings in vielen Fällen lediglich die Zusammensetzung und nicht die Sequenz der verschiedenen Basen in den synthetischen Polynucleotiden bekannt war, konnte man die Codonzuordnung nur auf der Basis statistischer Methoden durchführen. Zudem folgte daraus nur die Zusammensetzung der Codons und nicht die Reihenfolge der Basen im Triplett. Wird z. B. festgestellt, daß GUU das Codon für Valin ist, so bleibt zunächst noch ungeklärt, ob das Codon aus der Sequenz GUU, UGU oder UUG besteht. Um diese Frage zu beantworten, entwickelte NIRENBERG eine Methode, bei der Trinucleotide bekannter Sequenz ihre zugehörigen Aminosäure-tragenden Transfer-Ribonucleinsäuren am Ribosom in

Tabelle 14. *Der genetische Code*

1. Base	2. Base				3. Base
	U	C	A	G	
U	Phe	Ser	Tyr	Cys	U
	Phe	Ser	Tyr	Cys	C
	Leu	Ser	Term.	Term.	A
	Leu	Ser	Term.	Trp	G
C	Leu	Pro	His	Arg	U
	Leu	Pro	His	Arg	C
	Leu	Pro	GluN	Arg	A
	Leu	Pro	GluN	Arg	G
A	Ileu	Thr	AspN	Ser	U
	Ileu	Thr	AspN	Ser	C
	Ileu	Thr	Lys	Arg	A
	Met	Thr	Lys	Arg	G
G	Val	Ala	Asp	Gly	U
	Val	Ala	Asp	Gly	C
	Val	Ala	Glu	Gly	A
	Val	Ala	Glu	Gly	G

einem zellfreien System binden. Schließlich synthetisierte KHORANA kurze DNS-Moleküle bekannter Sequenz, von denen er RNS transkribierte, die er schließlich als Matrize zur Proteinsynthese einsetzte. Trotz der verschiedenen Methoden, die durch verschiedene Arbeitskreise in der ganzen Welt verwendet wurden, stimmen die erhaltenen Ergebnisse außerordentlich gut überein und führten zur Aufstellung des Schemas des genetischen Codes.

Aus der Tabelle geht hervor, daß der genetische Code degeneriert ist, d. h. eine gegebene Aminosäure in der Regel durch mehrere Codewörter gesteuert wird. Aus diesem Grunde tragen tatsächlich nahezu alle 64 möglichen Codewörter eine Aminosäure-spezifische Information. Die Degeneration des Codes bietet darüber hinaus einen Mechanismus zur Regulation der Proteinsynthese. Außerdem vermindert er die Chance, daß eine bestimmte Mutation ein letales Ereignis ist. Der

Schutzeffekt der Degeneration läßt sich darin erkennen, daß bei Änderungen einer Base im Codon ein neues Codon entsteht, das entweder für die gleiche oder für eine nah verwandte Aminosäure steht. Die Mutation führt dann zu einem veränderten Protein, dessen chemische Eigenschaften jedoch so wenig verändert worden sind, daß die Mutation für die Zelle kein einschneidender Vorgang mehr ist. Die Codons UAG, UAA und UGA spezifizieren keine Aminosäuren, sondern signalisieren das Ende der Proteinkette. Während der Translation der m-RNS erfolgt nach Erreichen dieser Codewörter der Schluß der Proteinsynthese. Dies ist besonders wichtig für die m-RNS-Moleküle, von denen bekannt ist, daß sie Information für mehrere verschiedene Proteine enthalten. Hierbei stellen diese Codons Interpunktionen dar, durch die die richtige Kettenlänge der synthetisierenden Polypeptide gewährleistet wird. In bakteriellen Systemen existiert ferner für den Start der Proteinsynthese ein bestimmtes Codewort, das Triplett AUG.

Mit dem von NIRENBERG aufgebauten zellfreien System läßt sich überdies zeigen, daß der genetische Code universell ist, d. h. ein bestimmtes Triplett codiert in allen Zelltypen für die gleiche Aminosäure. ZINDER wies auf diese Weise nach, daß mit Hilfe einer bestimmten Virus-RNS in einem zellfreien System das Hüllprotein des Virus gebildet wird. Die an der viralen RNS enthaltene Information wurde also von dem aus E. coli gewonnenen System erkannt und in Protein übersetzt. Das gleiche Ergebnis erhält man mit einem zellfreien System aus Euglena gracilis, einem Organismus, der kein natürlicher Wirt des Virus ist. Mit zahlreichen ähnlichen Experimenten läßt sich zeigen, daß verschiedene Species die auf der RNS niedergelegte Information zu erkennen vermögen und sie in gleiche Polypeptide übersetzen.

Der dreidimensionale Aufbau der Proteine. Das auf diese Weise erhaltene komplette lineare Polypeptid ist noch kein natives Protein. Es hat nur eine einfache zweidimensionale Struktur im Gegensatz zu den nativen Proteinen, die meist sehr kompliziert aufgebaut sind und in drei Dimensionen organisiert sind. Bisher wurde ausnahmslos von linearen Makromolekülen berichtet, von der DNS der Gene, der m-RNS und den linearen Polypeptidketten. Tatsächlich sind lineare Strukturen für die Lagerung und Übertragung linearer Informationen am besten geeignet. Im Gegensatz dazu stellt die dreidimensionale Struktur ein besonderes Merkmal der Proteine dar.

In einem nächsten Schritt der Proteinbiosynthese muß daher die ursprünglich lineare Polypeptidkette in die gefaltete Struktur des kompletten Proteins übergehen. Diese Struktur wird nicht nur durch kovalente Bindungen stabilisiert, also Peptidbindungen zwischen den einzelnen Aminosäuren, Disulfidbindungen zwischen Cysteinresten, sondern es sind daran auch andere intramolekulare Kräfte beteiligt, wie hydrophobe, elektrostatische und Wasserstoffbrückenbindungen. Die Mehrzahl der apolaren Aminosäuren ist im Kern der Proteine angeordnet, während die polaren Aminosäuren auf der Außenseite der Proteine dem wäßrigen Medium zugekehrt sitzen. Das native Protein besitzt, im Gegensatz zur linearen Polypeptidkette, nur eine Konformation, die sich durch physikochemische und kristallographische Parameter definieren läßt. In Abb. 83 ist die dreidimensionale Struktur von Myoglobin abgebildet. JOHN KENDREW konnte sie durch Röntgenstrahlenkristallographie ableiten. Die Polypeptidkette des Myoglobins faltet sich unter physiologischen Bedingungen ausschließlich zu dieser Struktur.

Am aktiven Zentrum des Enzyms können Aminosäuren beteiligt sein, die sich auf verschiedenen Abschnitten der Polypeptidkette befinden. Wenn diese auf der linearen Polypeptidkette ursprünglich weit voneinander entfernten Reste im aktiven Zentrum als eine Einheit nachweisbar sind, so muß das aktive Enzym

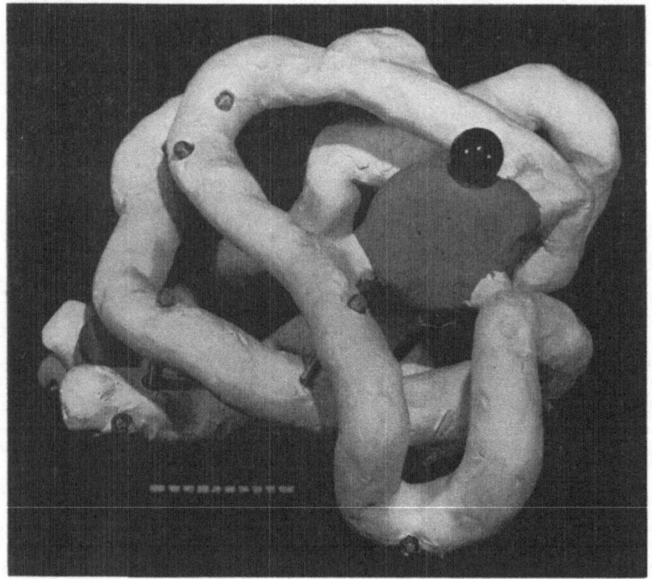

Abb. 83. Dreidimensionales Modell des Myoglobinmoleküls.

so gefaltet sein, daß sich diese Reste nun genügend nähern können. Dieser Vorgang ist in Abb. 84 schematisiert. Ribonuclease aus Rinderpankreas ist z. B. ein Enzym, das nur in seiner nativen Konformation RNS zu spalten vermag. Diese Struktur wird durch vier Disulfidbrücken zwischen acht Cysteinresten stabilisiert. Diese Disulfidbrücken lassen sich relativ leicht spalten. Damit löst sich die Tertiär- und Sekundärstruktur des Proteins auf. Andererseits vermag man das aufgefaltete Protein wieder in eine Tertiärstruktur überzuführen, bei der nun die falschen Cysteinreste durch Disulfidbrücken verbunden sind. Das Protein weist nun eine falsche Struktur auf und ist biologisch inaktiv, obwohl es die gleiche Aminosäurenzusammensetzung und die gleiche Anzahl von Disulfidbrücken besitzt wie das native Enzym. In Abb. 85 ist noch einmal dargestellt, daß eine inkorrekt gefaltete Peptidkette enzymatisch inaktiv sein muß, weil sich die zum aktiven Zentrum gehörenden Bereiche nicht mehr berühren.

Auf welche Weise wird die ursprünglich lineare Peptidkette zur biologisch richtigen Tertiärstruktur gefaltet? Hierfür bieten sich zwei Möglichkeiten an. So könnte das Protein, dessen Primärsequenz durch die m-RNS festgelegt wird, an einer anderen ebenfalls genetisch fixierten Matrize ihre endgültige Konformation

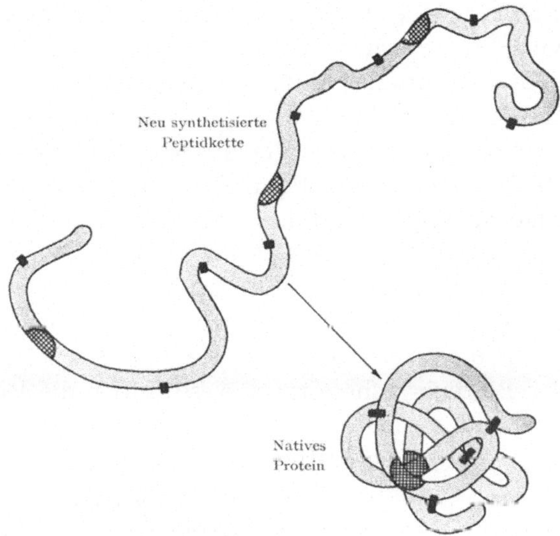

Abb. 84. Eine neu synthetisierte Polypeptidkette muß in spezifischer Weise gefaltet werden, um all die Aminosäuren in einen räumlichen Kontakt zu bringen, die am aktiven Zentrum des Proteins nachzuweisen sind. Diese Aminosäuren sind in der Zeichnung schraffiert, die Sulfhydrylreste des Cysteins als schwarze Quadrate und die daraus gebildeten Disulfid-Brückenbindungen als Rechtecke symbolisiert

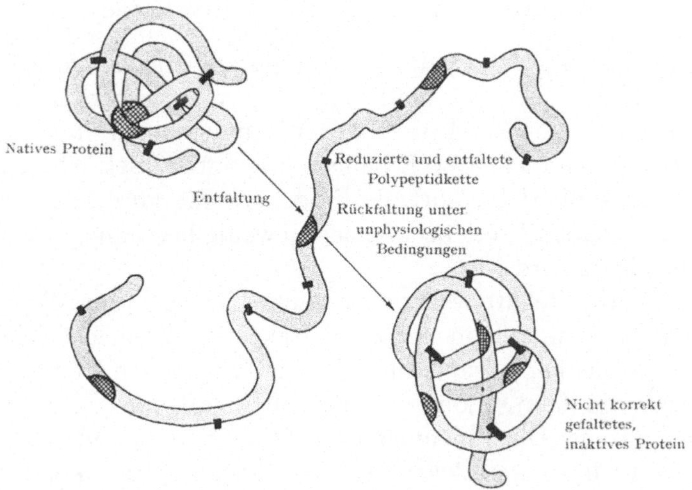

Abb. 85. Schema eines Experimentes, bei dem ein hypothetisches Protein zunächst entfaltet wird. Die dabei geöffneten Disulfidbrücken werden unter unphysiologischen Bedingungen wieder geschlossen. Dabei bildet sich ein unkorrekt gefaltetes Protein, das biologisch inaktiv ist

erhalten. Diese Möglichkeit ist aber mit unseren Kenntnissen über die Linearität des genetischen Materials unvereinbar. Eine andere Hypothese postuliert, daß die native Konformation die Struktur ist, die aus thermodynamischen Gründen unter physiologischen Bedingungen am stabilsten ist. Das bedeutet, daß der Übergang der linearen Peptidkette zum dreidimensionalen Protein spontan erfolgt und durch die Differenz zwischen der freien Energie der gestreckten und der gefalteten Form bestimmt wird. Entsprechend dieser Hypothese sollte sich ein künstlich entfaltetes Protein unter normalen Bedingungen stets wieder zur nativen Konformation zurückfalten. Dies ließ sich von C. B. ANFINSEN bei Untersuchungen an Ribonuclease aus Rinderpankreas bestätigen. Danach läßt sich das Enzym nach Spaltung der Disulfidbrücken vollständig öffnen und unter geeigneten Bedingungen wieder in die native Form überführen, die die ursprüngliche enzymatische Aktivität besitzt.

Inzwischen wurde mit Untersuchungen an zahlreichen weiteren Enzymen diese Hypothese bestätigt. Dabei muß man allerdings berücksichtigen, daß der Prozeß der Rückfaltung in vitro relativ langsam erfolgt. Berücksichtigt man jedoch die Geschwindigkeit der Proteinsynthese in vivo, so dürfte die Bildung der Tertiärstruktur der Proteine außerordentlich schnell erfolgen. Man nahm daher an, daß an diesem Vorgang ein Enzym beteiligt sein könnte, das die in vitro langsam verlaufende Reaktion katalysiert. Aus dem endoplasmatischen Reticulum ließ sich tatsächlich ein solches Enzym isolieren, das den in vitro langsam ablaufenden Rückfaltungsprozeß beschleunigt. Es beeinflußt jedoch nicht direkt die Tertiärstruktur des jeweiligen Proteins, sondern katalysiert die Bildung von Disulfidbrükken. Die hierzu notwendige Energie entstammt der Energiedifferenz vom Übergang der relativ instabilen offenen Struktur in die stabile gefaltete Form.

Bildung organisierter Proteinsysteme

Während im bisherigen Teil die Gründzüge zur Biochemie der Proteine erläutert wurden, bleibt weiterhin die Frage offen, wie die verschiedenen Proteine zu organisierten cellularen Strukturen zusammentreten. Zu diesem Problem sind bis heute noch keine brauchbaren Lösungen erkennbar. Betrachtet man z. B. die Mitochondrien, so stellt sich sofort die Frage, wie die korrekte stöchiometrische Anordnung der einzelnen Proteine an einem jeweilig bestimmten Membranort der Organelle kontrolliert wird.

Wie bereits in Kapitel 10 beschrieben wurde, bestehen die Mitochondrien aus Proteinen und Lipiden, die in einem charakteristischen Zweimembransystem arrangiert sind. Dabei kann man annehmen, daß die beiden Membranen zunächst einzeln vorliegen und dann so kombiniert werden, daß eine einzige Organelle ohne offene Enden entsteht. Die Innenmembran besteht aus mindestens 25 verschiedenen Proteinen allein aus der Elektronentransportkette. Dazu kommt wahrscheinlich noch eine gleich große Anzahl von Proteinen für die Kopplungsprozesse. Mindestens zwölf verschiedene Redoxkomponenten lassen sich an der Elektronentransportkette unterscheiden, die an einem jeweilig bestimmten Protein in charakteristischer Weise gebunden sind. Mit den Proteinen der Innenmembran ist eine besondere Gruppe von Lipiden assoziiert, zu denen ein bestimmter Satz von Phospholipiden gehört, die wiederum ein charakteristisches Muster an ungesättigten Fettsäuren aufweisen. Dazu gehören ferner die zwar in geringer, aber konstanter Menge auftretenden neutralen Lipide, wie Coenzym Q, Vitamin E, Carotinoide und Cholesterin. Insgesamt sind demnach allein für die Innenmembran mehr als 50 verschiedene Proteine zu synthetisieren, mit ihren jeweiligen funktionellen Gruppen zu verbinden, die Assoziation mit bestimmten Lipiden einzuleiten und in charakteristischer Weise in den Membranuntereinheiten zu fixieren. Schließlich müßten diese Membranuntereinheiten zu Membranstrukturen zusammengeführt werden. Dabei haben wir noch vier verschiedene Membranuntereinheiten zu unterscheiden, die jede in Form und Größe übereinstimmen, aber verschieden in Zusammensetzung und Funktion sind. Jeder dieser vier Bausteine enthält einen der vier Komplexe des Elektronentransportsystems sowie die Proteine der Kopplungsreaktionen. Die Außenmembran der Mitochondrien stellt eine vergleichbar komplexe Struktur dar.

Abgesehen von dieser Vielzahl unterschiedlicher Bausteine, die in Mitochondrien vorkommen, existieren drei weitere an der Mitochondriensynthese beteiligten Faktoren. 1. In reiner Form neigen die mitochondrialen Proteine dazu, zu polymerisieren. Diese Eigenschaft nutzt die Zelle im Falle der Strukturproteine zum Aufbau der Organelle aus, im Falle der Enzyme des Elektronentransportsystems bedeutet es aber Verlust biologischer Aktivitäten. 2. Zahlreiche mitochondriale Proteine bilden leicht Assoziate mit Lipiden. Diese Komplexe dürfen jedoch während der Mitochondrienbildung nicht entstehen, weil andernfalls die hydrophoben Bereiche auf den Proteinen für die Wechselwirkung zwischen den Proteinen bereits besetzt sind. 3. Jede prostethische Gruppe muß durch das zugehörige Protein gebunden werden, damit das Wechselspiel mit allen benachbarten funktionellen Gruppen möglich wird. Aus diesen drei Forderungen ergibt sich, daß es hier nicht nur um das Problem der Biosynthese der mitochondrialen Komponenten geht, sondern um deren korrekte und sinnvolle Kombination. Man muß daher annehmen, daß die Biosynthese dieser mehr als 100 Einzelbausteine nicht unabhängig voneinander erfolgt und sie nicht zufallsbedingt zueinander finden. R. Lester u. A. Linnane beobachteten bereits vor einigen Jahren, daß Hefezellen unter anaeroben Bedingungen keine Mitochondrien bilden, während in aerober Kultur sofort die Mitochondriensynthese beginnt. Als frühestes Ereignis findet man den Start der Kardiolipinbildung. Gleichzeitig ordnen sich Protein-Lipidmizellen in konzentrischen Ringen in der Nähe des Kernes im Cytoplasma. Schließlich beobachtet man strukturierte Körperchen, aus denen letztlich Mitochondrien entstehen.

Aus diesen den fertigen Mitochondrien vorausgehenden Strukturen läßt sich erstaunlicherweise in relativ großer Menge DNS isolieren, deren Zusammensetzung vollständig von der der Nuclear-DNS abweicht. Außerdem findet man in diesen prämitochondrialen Partikeln eine Proteinsynthese, die sich durch Hemmstoffe wie Actinomycin D unterbrechen läßt. Die Entwicklung der Mitochondrien ist dann auf der Stufe arretiert worden, zu der das Antibioticum gegeben wurde. Auch ist die Tatsache wichtig, daß Mitochondrien in gewissem Umfang selbst Proteine zu synthetisieren vermögen. Das ist so zu verstehen, daß zwar wesentliche Informationen für die mitochondriale Struktur in der Nuclear-DNS niedergelegt sind, daß die mitochondriale DNS aber die Synthese bestimmter Mitochondrienproteine steuert. Die gesamte Diskussion der Biogenese der Mitochondrien sollte als ein Beispiel für die Vielfalt der Phänomene dienen, die bei der Beschreibung organisierter Proteinsysteme zu berücksichtigen sind.

Kapitel 12

Kontrollmechanismen lebender Systeme

Zu den auffälligsten Eigenschaften lebender Systeme gehört deren Fähigkeit, geordnete und sinnvolle Funktionen auszuführen. Die hierbei wirksamen Kontroll- und Regelvorgänge sollen in diesem Kapitel beschrieben werden. Ein Teil dieser Kontrollmechanismen läuft innerhalb der Zellen ab, ein anderer Teil verläuft über Wechselwirkungen zwischen verschiedenen Zellen. Dabei muß man voraussetzen, daß sowohl Organisation als auch Regulation keine künstlichen, von außen dem lebenden Organismus „aufgesetzten" Eigenschaften sind, sondern daß sie dem lebenden System als biochemische Charakteristika innewohnen. Die Natur verwendet dabei die Regulationsmechanismen nicht, um biochemische Prozesse zu ordnen, sondern geordnete Reaktionen sind gegenüber den unkontrollierten Prozessen vorteilhafter und organisierte Strukturen waren im Verlaufe der Evolution stets bevorzugt. Die Selektion der belebten Natur erfolgte nicht auf Grund kluger oder schöpferischer Entwicklungen, sondern auf der Grundlage des chemisch günstigsten Prozesses.

Stoffwechselkontrolle

Innerhalb der Zelle finden hunderte verschiedene chemische Reaktionen gleichzeitig statt. Die Mehrzahl davon wird durch Enzyme katalysiert, die jeweils ein spezifisches Substrat in ein bestimmtes Produkt überführen. Berücksichtigt man die vielen tausenden weiteren Moleküle, wie anorganische Salze, Cofaktoren, Enzymaktivatoren und -inhibitoren, so erhält man ein außerordentlich verwirrendes Bild des cellularen Stoffwechsels. Dennoch laufen diese verschiedenen Reaktionen geordnet ab. Die wichtigsten hierbei wirksamen Kontrollprozesse sollen nachfolgend beschrieben werden.

Bereits die hohe Selektivität der Zellmembran stellt einen Kontrollfaktor dar, der die Wechselwirkung der verschiedenen Komponenten miteinander koordiniert, d. h. nur die Substanzen, die normalerweise an den Stoffwechselprozessen teilnehmen, vermögen durch die Membran in die Zelle einzutreten, während alle anderen Verbindungen entweder gar nicht oder nur sehr langsam durch die Membran penetrieren.

Befinden sich die Moleküle innerhalb der Zelle, so können sie sich innerhalb des Cytoplasmas — allerdings nicht in jede Richtung — frei bewegen. Die Zelle besitzt eine Anzahl von Membransystemen, z. B. das endoplasmatische Reticulum, durch die der Stofftransport kanalisiert wird.

Die verschiedenen Organellen der Zelle, wie Mitochondrien, Nucleus oder Ribosomen, weisen bestimmte Aktivitäten auf. Zum Teil sind sie von Membranen umgeben, die wie bei den Mitochondrien eine Barriere für die gelösten Moleküle darstellen. Die Bildung bestimmter Kompartimente durch intracelluläre Organellen stellt ein weiteres Ordnungsprinzip dar. Sie ermöglichen die Anreicherung bestimmter Moleküle in relativ hoher Konzentration entsprechend der Spezialfunktion dieser Organellen. Schließlich wirken die miteinander unmischbaren Phasen als Kontrollfaktoren. Lipidreiche Bereiche nehmen nur apolare Verbindungen auf, wäßrige Kompartimente schließen apolare Verbindungen aus. Verschiedene Moleküle werden daher nach ihrer Fett- oder Wasserlöslichkeit geordnet.

Funktionell verwandte Enzyme liegen häufig in organisierten Systemen vor. In diesen Komplexen werden die Eigenschaften eines jeden Enzyms durch die Wechselwirkung mit den benachbarten Enzymproteinen beeinflußt. Gleichzeitig können sie sich nicht mehr als individuelle Moleküle verhalten. Die daraus resultierenden Vorteile lassen sich aus dem folgenden hypothetischen Beispiel ableiten. In einer Stoffwechselkette wird der Metabolit A über die Zwischenverbindungen B, C und D in das Endprodukt E überführt, wobei die Enzyme a, b, c und d beteiligt sind. Lägen die einzelnen Enzyme als diskrete Proteine vor, so müßte zunächst Substratmolekül A mit dem Enzym a zusammentreffen, um in B umgewandelt zu werden. B muß dann mit Enzym b in Wechselwirkung treten, um in C umgewandelt zu werden usw. Demnach müßten vier voneinander unabhängige Ereignisse, die Kontakte der Substrate mit ihren jeweiligen Enzymen, stattfinden, um A in E zu überführen. Sind dagegen die vier Enzyme in einem Komplex vereinigt, so ist nur noch ein Kontakt zwischen A und dem Komplex notwendig. Alle weiteren Schritte erfolgen auf dem Komplex mit wesentlich größerer Wahrscheinlichkeit im Vergleich zum erstgenannten Schema mit mehreren diskreten Enzymmolekülen.

Reaktionskontrolle durch chemische Gleichgewichte

Die überwiegende Zahl biochemischer Reaktionen ist reversibel, was in Reaktionsgleichungen durch einen Doppelpfeil gekennzeichnet wird

$$X \rightleftarrows Y$$

Das Gleichgewicht der Reaktion wird durch das Verhältnis

$$\frac{[Y]}{[X]}$$

beschrieben, wobei die eckigen Klammern für die molaren Konzentrationen der Stoffe Y und X stehen. Im Gleichgewicht ist die Geschwindigkeit der Hinreaktion ebenso groß wie die Rückreaktion. Das Verhältnis [Y]/[X] ergibt sich demnach aus dem thermodynamischen Gleichgewicht der gesamten Reaktion. Während der

Evolution haben sich diejenigen Stoffwechselprozesse behauptet, deren Gleichgewichte den Bedürfnissen der lebenden Organismen am besten angepaßt sind. Das bedeutet, daß sich die Mehrzahl der Reaktionen dann im Gleichgewicht befindet, wenn das Verhältnis

$$\frac{[\text{Produkt}]}{[\text{Substrat}]}$$

groß ist. Daneben sind auch eine Reihe von Prozessen bekannt, für die ein thermodynamisch ungünstiges Verhältnis gemessen wird, obwohl sie für das lebende System außerordentlich wichtig sind. Läuft die nachfolgend

$$\text{Äpfelsäure} + \text{NAD}^+ \rightleftarrows \text{Oxalacetat} + \text{NADH} + \text{H}^+$$

beschriebene Reaktion in vitro in Gegenwart des entsprechenden Enzyms ab, so wird das Gleichgewicht bei einem extrem kleinen Quotienten

$$\frac{[\text{Oxalacetat}]\ [\text{NADH}]\ [\text{H}^+]}{[\text{Äpfelsäure}]\ [\text{NAD}^+]}$$

erreicht. Das bedeutet, daß Äpfelsäure nur dann in nennenswerter Menge in Oxalacetat überführt wird, wenn es in großer Menge vorliegt. Trotzdem erfolgt die für die Zelle lebensnotwendige Oxalacetatsynthese, weil dieses Produkt gleichzeitig Substrat einer weiteren, nun irreversiblen Reaktion ist, und daher laufend aus dem Gleichgewicht entnommen wird.

$$\text{Oxalacetat} + \text{Acetyl—CoA} \rightarrow \text{Citrat} + \text{CoA}$$

Im Endeffekt ist damit das Verhältnis [Produkt]/[Substrat] so beeinflußt worden, daß die Reaktion doch in Richtung Oxalessigsäuresynthese verschoben wird.

Kontrolle durch Reaktionsgeschwindigkeiten

Das Gleichgewicht einer chemischen Reaktion definiert die Richtung, in der die Reaktionspartner umgesetzt werden, wenn das Gleichgewicht noch nicht erreicht ist. Das relative Verhältnis von Substrat und Produkt ist im Gleichgewichtszustand bekannt. Das Gleichgewicht sagt dagegen nichts über die Geschwindigkeit der Reaktion und über den Reaktionsmechanismus aus. Gerade die Geschwindigkeit der Reaktion bietet aber eine gute Regulationsmöglichkeit, mit der der gesamte Prozeß gesteuert werden kann. Enzymatische Prozesse verlaufen normalerweise recht schnell. Um das einwandfreie Zusammenspiel verschiedener biochemischer Prozesse zu gewährleisten, existieren geschwindigkeitsbestimmende Schritte, nach denen sich die Gesamtreaktion ausrichten muß. Würde nämlich z. B. der Abbau der Glucose zu CO_2 und Wasser mit der Geschwindigkeit des schnellsten Teilschrittes verlaufen, so würde der Organismus in kürzester Zeit seine gesamte Glucose verbraucht haben. Durch die Existenz des geschwindigkeitsbestimmenden Schrittes wird der Stoffwechsel der Glucose durch den Schritt kontrolliert, der am langsamsten verläuft, unabhängig davon, wie viele weitere Schritte und wie schnell diese anderen Teilschritte ablaufen. Der Gesamtprozeß kann nicht schneller als die langsamste Reaktion sein. Der geschwindigkeitsbestimmende Schritt stellt daher eine Kontrolle dar, durch die sowohl überschießende Produktion als auch Unterproduktion weitgehend vermieden werden.

Durch die Gleichung

$$\text{Substrat} \rightleftarrows \text{Produkt}$$

wird ein Fließgleichgewicht definiert, bei dem das Substrat ebenso schnell bereitgestellt wird, wie es bei der Produktbildung verbraucht wird. Die Geschwindigkeit wird dabei durch das Substrat so beeinflußt, daß mit ansteigender Substratkonzentration auch die Geschwindigkeit des Umsatzes steigt, bis ein neues Gleichgewicht erreicht wird, bei dem die höhere Substratkonzentration durch eine höhere Umsatzrate metabolisiert wird. In lebenden Systemen wird damit der Einfluß von Umweltsänderungen auf den Umfang der Biosynthesen weitgehend ausgeglichen.

Autokatalyse

Bei der Autokatalyse katalysiert das Produkt der Reaktion seine eigene Bildung. Zu Beginn einer solchen Reaktion liegt zunächst nahezu ausschließlich das Substrat neben einer geringen Produktmenge vor. Die Reaktion beginnt daher langsam. Bei fortschreitender Reaktionsdauer bildet sich das Produkt, das den Prozeß nun zu beschleunigen vermag. Solche autokatalysierten Reaktionen verlaufen daher stets mit steigender Reaktionsgeschwindigkeit. Erst durch den Substratverbrauch muß sich zwangsläufig die Reaktionsgeschwindigkeit wieder erniedrigen. Der Vorteil eines solchen beschleunigten Prozesses ist dann wichtig, wenn es sich um die Bildung von Produkten handelt, die für den Organismus sehr schnell und in großem Umfang zur Verfügung gestellt werden sollen. Autokatalytische Reaktionen verlaufen meist periodisch und werden durch plötzliche cellulare Bedürfnisse ausgelöst.

Das Enzym Trypsin katalysiert innerhalb des Darms den Abbau der Proteine in Peptide. Das Enzym wird vom Pankreas zunächst in Form der inaktiven Vorstufe Trypsinogen sekretiert. Durch enzymatische Spaltung wird vom Trypsinogen ein Hexapeptid unter Bildung von Trypsin abgelöst. Diese Reaktion katalysiert das Trypsin selbst.

$$\text{Trypsinogen} \xrightarrow{\text{Trypsin}} \text{Trypsin} + \text{Hexapeptid}$$

Zunächst könnte man fragen, wie das erste Molekül Trypsin gebildet wird, wenn zu Beginn der Reaktion nur Trypsinogen vorhanden ist. Tatsächlich wird die Reaktion durch ein anderes Enzym, eine Enterokinase, gestartet. Dieses Enzym wird von den Zellen in der Darmwand sekretiert. Die durch Enterokinase katalysierte Reaktion verläuft ziemlich langsam. Sie genügt aber, um zunächst geringe Trypsinogenmengen in Trypsin überzuführen. Dieser geringe Trypsingehalt beschleunigt anschließend die Trypsinogenumwandlung, so daß in kürzester Frist das gesamte Ausgangsprotein umgesetzt ist. Die Enterokinase wird im

Augenblick des Nahrungseintritts in den gastrointestinalen Trakt sekretiert. Dieser Mechanismus garantiert, daß Trypsin nur dann bereitgestellt wird, wenn es tatsächlich vom Organismus zur Nahrungsverwertung benötigt wird.

Endprodukthemmung

Bei einer großen Zahl von Stoffwechselketten hat man zeigen können, daß jeweils das erste Enzym der Reaktion durch das Produkt der letzten Reaktion gehemmt wird. Dieses Phänomen wurde zuerst von UMBARGER beschrieben und als negative Rückkopplung beschrieben. So wird z. B. ATP und Phosphoribosylpyrophosphat bei Salmonella typhimurium in einer Zehnstufenreaktion in die Aminosäure Histidin überführt. Jeder einzelne Schritt wird durch ein anderes Enzym katalysiert, in der ersten Stufe wird zunächst Phosphoribosyl-ATP aus ATP und Phosphoribosylpyrophosphat in Gegenwart eines Enzyms gebildet, das aus mehreren Untereinheiten besteht. Es wird spezifisch durch Histidin gehemmt, wobei es sich nicht um eine Kompetition des Substrates und von Histidin um das Enzym handelt.

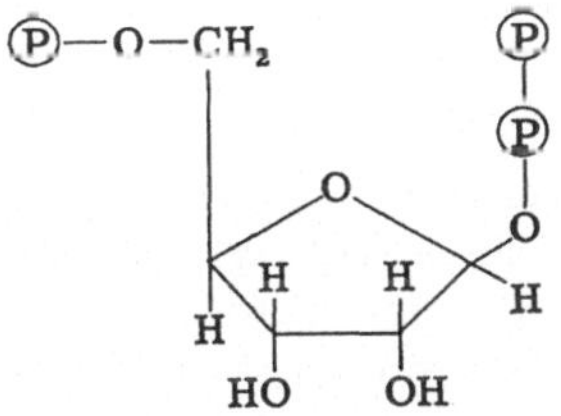

5-Phosphoribosyl-1-pyrophosphat

Ⓟ = Phosphat

Ⓟ—Ⓟ = Pyrophosphat

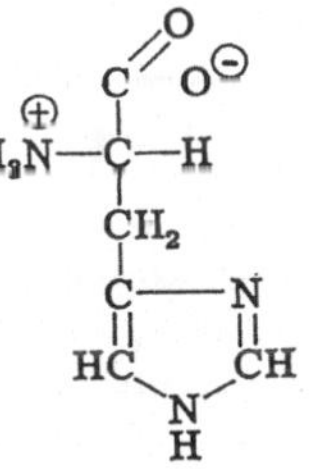

Histidin

Vielmehr besitzt das Enzym zwei spezifische Bereiche. Eines davon bindet das Substrat, das aktive Zentrum. Das andere bindet Histidin. Nach Behandlung mit Quecksilberionen bleibt das aktive Zentrum intakt, d. h. das Enzym katalysiert nach wie vor die Synthese von Phosphoribosyl-ATP. Doch ist es nun nicht mehr durch Histidin hemmbar. Diese Eigenschaft ist erst nach Entfernung des Schwermetalls wieder meßbar. Allgemein erklärt man die Wechselwirkung niedermolekularer Verbindungen mit Enzymen ohne Beteiligung des aktiven Zentrums durch eine spezifische Änderung der tertiären oder quartären Proteinstruktur und bezeichnet sie als allosterischen Übergang. Nach Anlagerung von Histidin verändert sich die dreidimensionale Struktur des Enzyms unter Verlust seiner biologischen Funktion. Solche allosterischen Übergänge werden nur bei Proteinen beobachtet, die aus mehreren Untereinheiten bestehen und deren Anordnung zueinander durch Verzerrung oder Verdrillung verändert werden kann.

Obwohl es theoretisch möglich wäre, daß Endprodukthemmungen auch über eine normale kompetitive Hemmung am aktiven Zentrum eines Enzyms der

Reaktionskette erfolgen könnten, ist dies bisher noch nie beobachtet worden. Die allosterische Endprodukthemmung stellt einen außerordentlich ökonomischen Kontrollmechanismus dar. Wenn man sich z. B. vorstellt, daß Salmonellen in einem Histidin-freien Medium wachsen, so werden die Zellen von ATP und Phosphoribosylpyrophosphat ausgehend Histidin synthetisieren. Ist auf diese Weise genügend Histidin bereitgestellt, so wird die überschüssige Histidinsynthese durch Endprodukthemmung blockiert. Sie wird erst dann wieder anlaufen, wenn Histidin durch Proteinbildung verbraucht ist. Inwiefern Endprodukthemmungen bei höheren Organismen ebenfalls eine Rolle spielen, läßt sich nur schwer abschätzen, da bisher nur für wenige Stoffwechselwege dieser Kontrollmechanismus nachgewiesen wurde.

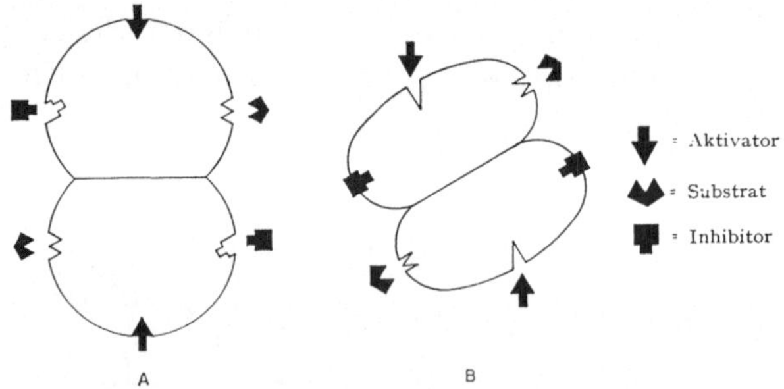

Abb. 86. Graphische Darstellung eines allosterischen Proteins. A. Hat das polymere Protein einen Aktivator gebunden, so akzeptiert es auch Substrat an der entsprechenden Substratbindungsstelle; B. Nach Bindung eines Inhibitors ändert sich die Proteinkonformation derart, daß die Substratbindungsstellen nicht mehr zur Substratakzeption fähig sind

Kontrolle der Proteinsynthese

Würde die Proteinsynthese in Mikroorganismen ohne Kontrolle ablaufen, so würde das bedeuten, daß ein Teil der Proteine außerordentlich schnell von der Zelle gebildet werden kann, während andere Proteine nur langsam oder gar nicht synthetisiert werden. Die Zelle würde dann sehr rasch ein unbalanciertes Verhältnis der verschiedenen Proteinarten zueinander aufweisen. Für die Kontrolle der Proteinsynthese bei Mikroorganismen entwickelten F. Jacob u. J. Monod ein Modell, über dessen Bedeutung bei höheren Organismen allerdings kaum gesicherte Daten vorliegen.

Wenn wir zunächst zu dem bereits geschilderten Biosyntheseweg des Histidins zurückkehren, so stellen wir fest, daß Histidin die Aktivität des am ersten Reaktionsschritt beteiligten Enzyms hemmt. Histidin setzt aber noch einen weiteren Kontrollmechanismus in Gang. Das Endprodukt hemmt gleichzeitig die Synthese aller übrigen Enzyme des Histidinbiosyntheseweges. Dieses Phänomen heißt Repression und ließ sich auch bei zahlreichen weiteren Stoffwechselwegen nachweisen, bei denen ebenfalls Metabolite die Synthese *der* Enzyme hemmen, die für die eigene Biosynthese benötigt werden. Dabei wird das Endprodukt durch ein Protein gebunden, das nunmehr repressorisch die Biosynthese des jeweiligen

Enzyms oder einer Enzymgruppe hemmt. Dieses Protein wird von einem als Regulatorgen bezeichneten Abschnitt auf der DNS kodiert.

Mit dem Regulatorgen ist die in Kapitel 11 zunächst gegebene Definition der genetischen Funktion erweitert worden. Gene wurden bisher als Informationsstränge für die Struktur cellulärer Proteine angesehen (Strukturgene). Mit den Regulatorgenen kommt nun eine weitere Gruppe hinzu, die die Information für die Struktur der Regulatorproteine tragen, die als Repressoren die Aktivität der Strukturproteine kontrollieren.

Im Falle der durch Histidin ausgelösten Synthesehemmung erlangt der Repressor nach Kontakt mit Histidin seine repressorische Aktivität und wird am Operatorgen gebunden. Das Operatorgen ist ein DNS-Abschnitt, der vor einem nachfolgenden Strukturgen lokalisiert ist und dessen Information „öffnet“ oder „schließt“. Durch Assoziation mit dem aktiven Repressor ist das Operatorgen inaktiv geworden. Damit sind die anschließenden Strukturgene ebenfalls nicht mehr transkribierbar. In Abwesenheit des Repressors können dagegen alle nach dem Operator verfügbaren Informationen von der DNS abgeschrieben werden. Die Gesamtheit der Strukturgene einschließlich Operatorgen heißt Operon. Im Falle der Histidinbiosynthese bei S. typhimurium besteht das Operon aus neun Strukturgenen, die abschnittsweise für die Synthese von jedem der neun Enzyme verantwortlich sind. Sie sind hintereinander auf der DNS angeordnet und bestehen aus rund 30000 Nucleotiden.

In Abb. 87 sind die Einzelheiten dieses Modells noch einmal für ein aus zwei Strukturgenen bestehendes hypothetisches Operon dargelegt. Das Endprodukt der Stoffwechselreihe bildet mit *dem* Protein einen Komplex, das vom Regulatorgen determiniert wird. Der Komplex stellt einen aktiven Repressor dar, der mit dem Operatorgen in Wechselwirkung tritt und damit die Transkription des Operons unterdrückt. Bei einer Überproduktion des Endproduktes wird die Biosynthese der dafür verantwortlichen Enzyme und damit die Synthese des Endproduktes selbst erniedrigt.

Mit Hilfe dieses Kontrollsystems ist die Aktivität der Strukturgene stets eine Funktion der cellularen Bedürfnisse, die bei wechselnden Wachstumsbedingungen stark schwanken können. Befindet sich in der Nährlösung der Mikroorganismen Histidin, so wird die Synthese der Histidinenzyme repremiert und hauptsächlich das exogene Histidin für den Zellstoffwechsel verwendet. Steht dagegen kein Histidin zur Verfügung, so wird das Operon derepremiert und Histidin entsprechend den Bedürfnissen der Zelle synthetisiert. Wenn wegen bestimmter Stoffwechselfehler der Zelle kein Histidin gebildet werden kann, führt die Derepression zu einer so stark erhöhten Synthese der Histidinenzyme, daß deren Menge 10% der Zellproteine ausmachen kann.

Die Repression stellt ein außerordentlich ökonomisches System dar, das der Zelle ermöglicht, unter normalen Bedingungen auf die Biosynthese einer Reihe von Enzymen zu verzichten. Erst im Notfall, z. B. bei Histidinmangel, werden auch diese Proteine synthetisiert. Daraus ergibt sich, daß die durch Repression kontrollierten Enzymsynthesen zu den anabolen Prozessen gehören.

Ein sehr eng mit der Repression verwandtes Kontrollsystem cellulärer Proteinsynthesen ist die Induktion. Wie nämlich ein Endprodukt durch Kombination mit einem Protein zur Bildung eines aktiven Rrepressors führen kann, ebenso kann auch ein Substrat die Synthese der zu seiner Metabolisierung notwendigen Enzyme kontrollieren. Dabei vereinigt sich das Substrat mit einem aktiven Repressor und inaktiviert ihn. Damit ist die Information der dem entsprechenden Operatorgen folgenden Strukturgene zur Transkription offen. Mit Hilfe der induzierbaren Enzyme vermag daher die Zelle, sich auf wechselnde Wachs-

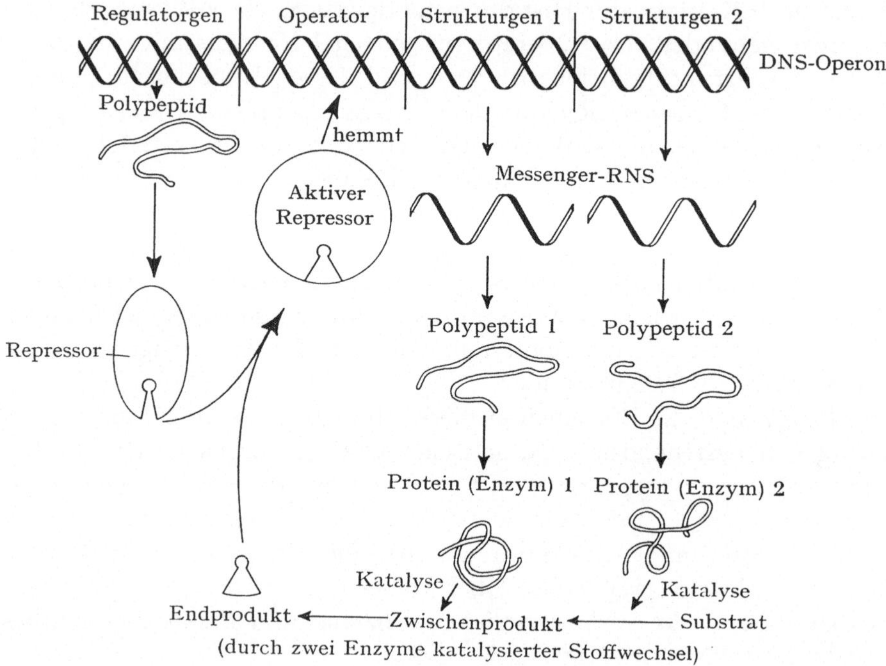

Abb. 87. Kontrolle der Proteinsynthese nach JACOB und MONOD. Ein vom Regulatorgen gesteuerter Repressor hemmt die Transkription eines bestimmten Strukturgens. Der Repressor ist ein allosterisches Protein, das nach Kontakt mit einem Effektor (hier einem Metabolit) durch „seinen" Operator gebunden wird.

tumsbedingungen einzustellen. So wächst E. coli normalerweise auf Glucose als Kohlenstoffquelle, vermag aber auch Lactose zu verwerten, in dem dieser Zucker die Synthese des Enzyms β-Galactosidase induziert, das zur Lactoseverwertung notwendig ist und normalerweise in den Zellen nicht vorhanden ist. Induzierbare Enzyme sind allgemein an katabolischen Stoffwechselreaktionen beteiligt.

Obwohl Repression und Induktion die Biosynthese zahlreicher Proteine kontrollieren, sind sie nicht bei allen Proteinsynthesen als Regulative wirksam. Viele Proteine werden nämlich unabhängig von der Menge Substrat oder Produkt gebildet, d. h. die entsprechenden Strukturgene werden fortlaufend mit einer Maximalgeschwindigkeit transkribiert. Für den Gehalt der davon abstammenden

Proteine müssen daher andere Kontrollmechanismen existieren. So könnte die Stabilität der spezifischen m-RNS unterschiedlich sein. Ist ein bestimmtes m-RNS-Molekül sehr stabil, so können davon nacheinander viele Proteinmoleküle übersetzt werden, ist es relativ instabil, so wird es bereits nach der Bildung weniger Proteinmoleküle zerfallen. In diesem Falle ergibt sich ein niedrigerer Gehalt an dem betreffenden Protein in der Zelle. Schließlich können Proteine selbst verschieden instabil sein. Das labilste Protein würde dann in geringster Menge vorkommen, das stabilste in relativ großer Menge. Schließlich ist es auch möglich, daß die Syntheserate der m-RNS von den verschiedenen Strukturgenen unterschiedlich groß ist, ohne daß dabei die klassischen Mechanismen Repression und Induktion beteiligt sind. Die davon abgeleiteten Proteine lägen dann ebenfalls in unterschiedlicher Menge entsprechend der unterschiedlichen m-RNS-Menge vor. Auch die Translationsrate könnte unterschiedlich sein, so daß in der Zeiteinheit von einer m-RNS mehr Protein codiert würde, von einer anderen weniger.

DNS- und RNS-Synthese

Die Regulation der DNS- und RNS-Synthese stellt ein besonders aktuelles Problem dar. Doch sind unsere Kenntnisse dazu noch sehr lückenhaft. Werden Mikroorganismen in einem Aminosäure-armen Medium kultiviert, so ist die RNS-Synthese stark gehemmt. Möglicherweise sind an der Hemmung die nun Aminosäure-freien Transferribonucleinsäuren beteiligt. Bei Aminosäuremangel nimmt deren Menge stark zu. Wenn ihr Gehalt relativ zu den mit Aminosäuren beladenen Transferribonucleinsäuren einen Grenzwert überschreitet, ist die RNS-Synthese gehemmt.

Durch Untersuchungen an Mikroorganismen fand man, daß die Replikation der DNS an einem bestimmten Punkt des ringförmigen Bakteriengenoms, dem Replikator, beginnt. Der Replikationscyclus beginnt dabei nur in Gegenwart eines Startermoleküls, eines Initiators. Dieser Initiator ähnelt den Repressoren. Beide regulieren die Fähigkeit bestimmter DNS-Bereiche, als Matrize für die Synthese von DNS bzw. RNS zu dienen. Während aber der Repressor die Transkription der DNS stoppt, startet der Initiator die Replikation der DNS. Nach der Verdopplung der DNS liegen die beiden Strangpaare noch so lange nah beieinander, bis die Zelle sich selbst geteilt hat.

Kontrollmechanismen höherer Organismen

In vielzelligen Organismen lassen sich weitere Regulationsmechanismen nachweisen. Hier genügen nicht mehr die nur innerhalb einer Zelle wirksamen Kontrollsysteme, sondern es werden auch weitreichende Regulationen benötigt. Sinkt z. B. der Sauerstoffgehalt im Gehirn, so muß das Herz stärker und schneller schlagen. Nach der Kontraktion der Gebärmutter und der darauffolgenden Geburt muß die Brustdrüse Milch sekretieren, um das Neugeborene am Leben halten zu können. Alle diese verschiedenen Phänomene müssen sich auf Vorgänge im molekularen Bereich zurückführen lassen. Die Komplexität dieser Kontrollsysteme kann man bereits beim Vergleich der DNS in Mikroorganismen und der in Säugetierzellen abschätzen, da die Säugetierzelle ca. 1000fach mehr DNS aufweist als die Bakterienzelle. Dementsprechend nimmt auch die Zahl der Gene und der regulativen Mechanismen gewaltig zu, die für die Menge und Aktivität der Proteine verantwortlich sind. Man kann zwischen drei Hauptsystemen unterscheiden, die für die Regulation beim Säugetier zur Verfügung stehen: a) das hormonelle System, b) ein System, das die Differenzierung, d. h. Spezialisierung der Zellen kontrolliert und c) das Nervensystem.

Hormone

Zu den Hormonen zählen Verbindungen sehr unterschiedlicher Struktur: Steroide und Proteine. Sie werden durch bestimmte Zellen der jeweiligen endokrinen Drüsen sekretiert und gelangen beim höheren Tier auf dem Blutweg in alle Körperteile. Die Hormonsekretion wird in erster Linie durch Rückkopplung gesteuert. Wenn z. B. der Wassergehalt des Blutes zu gering ist, so sekretiert der Hypophysenhinterlappen das Hormon Vasopressin, das nun die Wasserausscheidung der Niere reduziert. Hat sich umgekehrt der Wassergehalt des Blutes normalisiert, so ist die Vasopression-Sekretion gehemmt, und die Niere scheidet wieder vermehrt Wasser mit dem Urin aus.

Insulin erniedrigt den Blutzucker, indem es den Glucosetransport in die Zellen durch die Membran steuert.

Über den exakten molekularbiologischen Mechanismus, mit dem Insulin die Membranpermeabilität erhöht, ist allerdings noch nichts bekannt.

Dagegen wissen wir recht gut über die Wirkungsweise des Insektenhormons Ecdyson Bescheid. Ecdyson ist ein Steroid und wird von der Prothoraxdrüse der

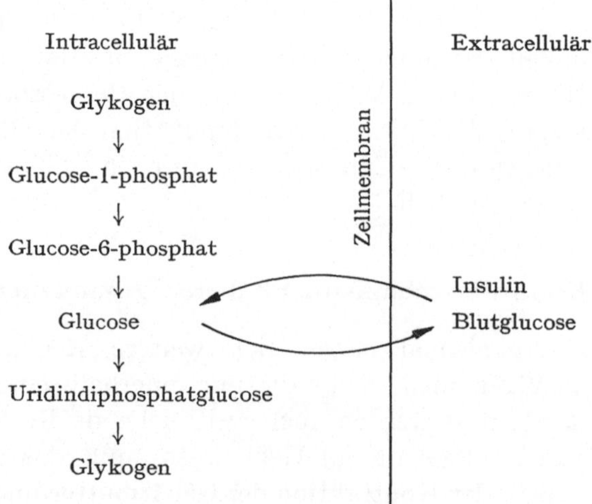

Abb. 88. Insulinwirkung bei der Regulation des Blutzuckers. Insulin erleichtert den Glucosetransport durch die Zellmembran, wonach der Zucker zur Glykogensynthese verwertet wird

Insektenklasse Diptera sekretiert. Diese Insekten durchlaufen in ihrem Leben eine Reihe von Stadien vom Ei über Larve und Puppe zum adulten Tier. Der Übergang von jedem Stadium in das folgende wird durch ein kompliziertes Regulationssystem beeinflußt. Ecdyson wird durch Diptera nur zu bestimmten Zeitpunkten im Larven- und Puppenstadium sekretiert. Das Hormon ermöglicht die Metamorphose, d. h. den Übergang vom Larven- ins Puppenstadium und schließlich zum Schmetterling. Injiziert man das Hormon einer Insektenlarve, so geht sie rasch in die Puppe über. Dabei wirkt das Hormon nicht direkt, sondern beeinflußt bestimmte Chromosomenabschnitte, die nun eine vermehrte Proteinsynthese auslösen. Erst diese Proteine lösen die Metamorphose aus.

Der Wirkungsort des Ecdysons auf dem Chromosom läßt sich mikroskopisch durch die sog. ,,Puff''-Bildung verfolgen. Hierbei kommt es zu einer örtlichen Verdickung auf dem Chromosom, die mit einem aktiven Genabschnitt identisch ist. An diesen Abschnitten erfolgt eine vermehrte m-RNS-Synthese, die wiederum für die nachfolgende vermehrte Proteinsynthese verantwortlich ist. Der Zusammenhang zwischen den jeweiligen chromosomalen Puffs und der Funktion dieser Gene wurde insbesondere nach einer ausführlichen Genkartierung möglich. Danach induziert Ecdyson nach Injektion in die Larven innerhalb weniger Minuten die Puffbildung eines ganz bestimmten Genabschnittes. Je größer die Hormondosis ist, je länger besteht der aufgeblähte Genbereich. Wird Ecdyson entzogen, so bildet sich das normale Chromosom zurück. Die gleiche Puffbildung beobachtet man bei der natürlichen Metamorphose der Larven.

Auf der Basis dieser und weiterer Experimente entwickelte P. KARLSON eine interessante Hypothese zum Wirkungsmechanismus des Ecdysons. Danach beeinflußt Ecdyson direkt die Transkription der DNS in m-RNS.

Das Hormon aktiviert spezifisch ein bestimmtes Gen, das die für die Synthese eines bestimmten Proteins notwendige Information trägt. Dieses Protein wird während der Verpuppung benötigt. Die Hypothese läßt sich durch eine Reihe von Experimenten stützen. Antibiotica, wie Streptomycin oder Puromycin, die die Translation der m-RNS in Protein hemmen, sollten ebenfalls die Verpuppung hemmen, aber ohne Einfluß auf die Puffbildung sein. Andererseits sollte z. B. Actinomycin sowohl Puffbildung als auch Verpuppung hemmen, da dieses Antibioticum direkt am Genom wirkt. Tatsächlich findet man im Experiment die vorausgesagten Hemmwirkungen.

Eine weitere Stütze erfuhr die Hypothese durch den Nachweis, daß es sich bei dem in Gegenwart von Ecdyson induzierten Protein um das Enzym Dopadecarboxylase handelt. Dieses Enzym ist bei Diptera nur während der Verpuppung nachweisbar und verantwortlich für die Bildung der Puppenhülle. Schließlich ließ sich auch zeigen, daß Ecdyson die Synthese einer spezifischen m-RNS stimuliert. Verwendet man diese m-RNS in einem zellfreien System, das aus Rattenleber gewonnen wurde, als Messenger, so läßt sich damit Dopadecarboxylase in vitro synthetisieren.

Möglicherweise läßt sich der für Ecdyson postulierte Wirkungsmechanismus auch auf andere Hormone übertragen. GARREN konnte für das adrenocorticotrophe Hormon (ACTH) zeigen, daß dieses Proteohormon in der Nebennierenrinde die Translationsgeschwindigkeit einer bestimmten m-RNS beschleunigt. Das dabei gebildete Protein ist relativ instabil und katalysiert die Bildung der Corticoide. Nur in Gegenwart von ACTH wird durch die hierbei gesteigerte Translation soviel Enzym nachgebildet, daß dessen Bildung gegenüber seinem Abbau überwiegt. In Abwesenheit von ACTH ist es dagegen nur in außerordentlich geringer Menge vorhanden. Solange das Protein benötigt wird, muß auch ACTH zugegen sein.

Man wird daher die Karlsonsche Hypothese daraufhin erweitern müssen, daß Hormone an verschiedenen Stellen der Proteinsynthese eingreifen können. Sie beeinflussen nicht nur die Transkription der Gene in m-RNS, sondern auch die Translation der m-RNS in Protein, die Sekundärstruktur der gebildeten Proteine und die Assoziation der Untereinheiten in zusammengesetzten Proteinen. Tatsächlich fand man, daß bestimmte Hormone die Quartärstruktur von Glutaminsäuredehydrogenase und damit ihre Substratspezifität beeinflussen. In all diesen

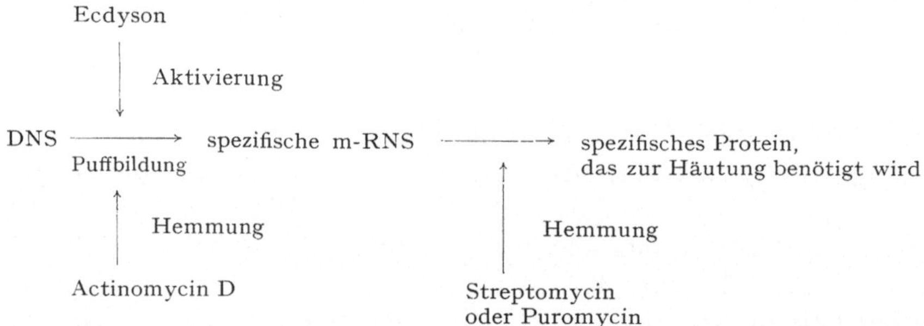

Abb. 89. Angenommener Wirkungsort für Ecdyson in Insektenlarven. Ecdyson verändert ein Chromosomensegment und aktiviert dadurch dessen Transkription. Die bei der Puffbildung und bei der Häutung ablaufenden Prozesse lassen sich durch geeignete Antibiotica arretieren. Damit wird deren Position während Transkription oder Translation der genetischen Information fixiert

Fällen kontrollieren daher Hormone nicht die Zusammensetzung der Proteine, sondern die in der Zelle verfügbare aktive Proteinmenge. Da die Hormone selbst einer außerordentlich empfindlichen Regulation unterliegen, können sie nicht nur die Proteinmenge, sondern auch den Zeitpunkt der erhöhten Proteinsynthese festlegen. Damit setzen sie den gesamten Organismus in die Lage, sich rasch einer veränderten Stoffwechsellage oder bestimmten anderen Anforderungen anzupassen.

Differenzierung

Zu den bis heute noch ungelösten Problemen gehört das Phänomen der Zelldifferenzierung während der Embryogenese. Warum sind sich z. B. zu bestimmten Zeitpunkten zwei Tochterzellen nicht mehr vollständig ähnlich? Im Gegensatz zu dem im Kapitel 11 beschriebenen Vorgang der Zellteilung, bei der die Tochterzelle stets exakte Kopien der mütterlichen Zelle sind, dürfen in gewissen Entwicklungsstadien höherer Organismen die Tochterzellen nicht mehr mit den mütterlichen Zellen identisch sein, weil der komplette Organismus ja gerade aus einer Vielzahl nicht identischer Zellen besteht.

Da eine differenzierte Leberzelle stets bei der Teilung wieder zwei Leberzellen liefert, muß die Differenzierung mit einer bestimmten Änderung des genetischen Materials einhergegangen sein. Andererseits wissen wir, daß die Gene in allen Zellen eines Individuums identisch sind. Die genetischen Unterschiede differenzierter Zellen können daher nicht auf der An- oder Abwesenheit bestimmter Genabschnitte beruhen. Wir müssen vielmehr annehmen, daß sich die Unterschiede darauf beziehen, daß bestimmte Genbereiche funktionell aktiv, andere inaktiv sind. So müssen in einer Muskelzelle die Gene für Actin- und Myosinsynthese funktionell aktiv sein, die für die Bildung von Hämoglobin dagegen vollständig inaktiv sein. Das Umgekehrte sollte für das genetische Material der Vorläufer der roten Blutkörperchen gelten. Zum Verständnis der Differenzierung benötigen wir daher einen Mechanismus für „ein" oder „aus" bestimmter DNS-Abschnitte auf den Chromosomen.

Zu diesem Problem stehen uns eine Reihe von Hypothesen zur Verfügung. Doch keine konnte bisher experimentell bewiesen werden. Sehr wahrscheinlich sind die positiv geladenen Histone mit der DNS assoziiert und für die Maskierung bestimmter DNS-Bereiche verantwortlich, die nun funktionell inaktiv sind. Histone kommen dagegen nicht in Mikroorganismen vor. Selbst wenn Histone tatsächlich für die Inaktivierung bestimmter Gene verantwortlich sein sollten, bleibt dennoch die Frage offen, wie die spezifische und selektive Inaktivierung gesteuert wird. Welcher Mechanismus regelt die spezifische Bindung der Histone an bestimmten Genbereichen während der Differenzierung? Wer steuert den Zeitpunkt innerhalb der einzelnen Entwicklungsstadien? Man kann hoffen, daß die Technik der Zellkultivierung differenzierter und auch undifferenzierter Säugetierzellen in naher Zukunft Aussagen zu diesen Problemen ermöglichen.

Zentralnervensystem

Das eleganteste Kontrollsystem steht den höheren Organismen mit ihrem Gehirn zur Verfügung. Während alle bisherigen Kontrollsysteme für die Entwicklung und das Wachstum der Organismen notwendig waren, vermögen die Lebewesen durch ihr Gehirn die Umwelt so zu ändern, daß sie ihren biologischen Bedürfnissen gerecht wird. Das Gehirn ist wesentlich komplizierter als alle bisher beschriebenen Systeme. Auch wenn man sich nur mit der Beschreibung eines Teilaspektes der Hirnfunktion, z. B. dem Gedächtnis, begnügt, wird man der Kompliziertheit dieses Systems gewahr. Tatsächlich sind wir bis heute noch nicht in der Lage, den verschiedenen Hirnfunktionen bestimmte biochemische Leistungen zuzuordnen. Das gilt auch für das Gedächtnis, die Lagerung und den Abruf der Erinnerungen, bei der Auslösung von bewußten Aktionen oder bei psychologischen Abwehrhandlungen. Doch stellt die Annahme, daß wir all diese verschiedenen Phänomene durch chemische Veränderungen beschreiben sollten, einen ersten wichtigen Schritt für das Verständnis dieser Probleme dar. Es besteht kein Zweifel, daß sich eines Tages diese Forschungsrichtung als ein außerordentlich interessantes Kapitel der Chemie biologischer Kontrollsysteme herausstellen wird.

Kapitel 13

Biochemie und Krankheit

Aus dem 16. Jahrhundert stammen unsere ersten Kenntnisse zur Anatomie des menschlichen Körpers, ohne daß davon die medizinische Praxis wesentlich beeinflußt wurde. Der Arzt verordnete Medikamente und Kuren, die häufig auf Aberglauben oder empirischen Erfahrungen beruhten. Zwar befinden sich unter den Arzneien eine Reihe von wirksamen Heilmitteln, die Mehrzahl war aber bar jeder pharmakologischen Aktivität. In den folgenden Jahrhunderten nahmen die Kenntnisse auf dem Gebiet der Chemie und Physik zu, Probleme der biologischen Funktionen wurden jedoch nur selten untersucht. Erst zu Beginn des 19. Jahrhunderts nahm die Physiologie ihren großen Aufschwung, in Deutschland mit MÜLLER, in Frankreich mit MAGENDIE, BERNARD und PASTEUR. Nachdem sich die wissenschaftliche Methodik bei der Untersuchung lebender Systeme bewährt hatte, erkannte man, daß sich damit ein außerordentlich fruchtbarer Wissenzweig eröffnete, der die Grundlagen zum Verständnis der Funktionen des lebenden Körpers und seiner Krankheiten legte.

Auch die Biochemie läßt sich in ihren Grundlagen bis zur Physiologie des beginnenden 19. Jahrhunderts zurückverfolgen. In diesem Kapitel sollen die markantesten Ereignisse, die für diese verhältnißmäßig moderne Entwicklung stehen, geschildert werden. Grundlage zum Verständnis aller Krankheiten ist die Annahme, daß für alle Abweichungen von der Norm Veränderungen auf molekularer Ebene verantwortlich sind. Tatsächlich hat sich in vielen Fällen gezeigt, daß erst durch die Untersuchungen auf der molekularen Ebene eine präzise Definition der Krankheit und ihrer Ursache möglich ist. Daraus läßt sich im günstigsten Fall eine spezifische Therapie ableiten. Allerdings ist die Mehrzahl der heute gebräuchlichen Medikamente auf rein empirischer Grundlage ausgewählt worden. Könnte man sie dagegen auf Grund bestimmter biochemischer Mechanismen ihren jeweiligen gewünschten molekularen Aufgaben anpassen, so ergäben sich daraus ungeahnte Möglichkeiten.

In der Regel wurden die zahlreichen Einzelheiten des normalen menschlichen Stoffwechsels erst durch Untersuchungen an Patienten bekannt, die an bestimmten Stoffwechselstörungen leiden. Auf diese Weise war die Untersuchung nicht nur für den behandelnden Arzt von Bedeutung, sondern lieferte auch wesentliche Einblicke für den Biochemiker. Die Krankheiten lassen sich in Gruppen einteilen. Dabei verwendet man die heute bekannten chemischen Änderungen als Merkmale.

Zur ersten Gruppe gehören „einfache chemische Krankheiten", die nach Ätiologie und Pathologie eindeutig definiert sind. Zur zweiten Gruppe gehören „komplexe chemische Krankheiten", bei denen sich zwar die Störungen auf chemische Fehlreaktionen zurückführen lassen, in denen jedoch nicht alle Symptome auf diese Weise erklärt werden können. Die dritte Gruppe besteht aus Krankheiten „die anscheinend nicht-chemische Ursachen haben", bei denen chemische Störungen nicht primär sind. Zwar lassen sich auch hier fundamentale molekularbiologische Störungen nachweisen, doch bleibt der Zusammenhang zwischen den Störungen und den Symptomen völlig unklar. Der Biochemiker wünscht sich selbstverständlich, daß sich alle Krankheiten auf klar definierte molekulare Mechanismen zurückführen ließen, d. h. daß die Krankheiten ausschließlich zur Gruppe 1 gehören sollten.

Einfache chemische Krankheiten

Hämoglobin besteht aus dem Porphyrinderivat Häm und einem Protein, dem Globin. Dieses Protein ist aus vier Untereinheiten aufgebaut, zwei α- und zwei β-Ketten, die in charakteristischer Weise zu einem dreidimensionalen Gebilde zusammengefügt sind. Auf diese Weise entsteht ein aus vier Hämgruppen und der tetrameren Proteinkomponente bestehendes Gebilde, das primär für den Transport von Sauerstoff und CO_2 verantwortlich ist. Das Hämoglobin befindet sich ausschließlich innerhalb der roten Blutkörperchen. Passieren diese Zellen die Lungen, so werden sie unter den Bedingungen eines relativ hohen Sauerstoffpartialdruckes mit Sauerstoff beladen, wobei sich ein Komplex zwischen Sauerstoff und den Hämgruppen bildet. Beim Durchgang durch den Körper geben die roten Blutkörperchen den Sauerstoff wieder ab, weil unter Bedingungen eines verminderten Sauerstoffpartialdruckes der Häm-Sauerstoffkomplex dissoziiert. Das Sauerstoff-arme Blut gelangt nun wieder in die Lunge und wird dort erneut mit Sauerstoff beladen. Umgekehrt nehmen die Hämoglobinmoleküle CO_2 aus den Geweben auf und geben es in der Lunge wieder ab.

1949 beobachtete LINUS PAULING erstmals, daß sich Varianten des normalen Hämoglobins durch ihre unterschiedliche elektrophoretische Beweglichkeit identifizieren lassen. In der Folgezeit stellte sich heraus, daß es außerordentlich viele verschiedene Hämoglobinarten beim erwachsenen Menschen gibt, die sich vom normalen Molekül des Erwachsenen (HbA von adult) deutlich unterscheiden. Die Varianten werden bei Patienten gefunden, die an einer Reihe von verschiedenen Krankheiten leiden. In allen Fällen handelt es sich um Änderungen im Proteinanteil des HbA. Bei der Elektrophorese, bei der Moleküle mit unterschiedlicher Ladungszahl voneinander getrennt werden können, lassen sich diese Hämoglobine gut von HbA abtrennen. PAULING postulierte zunächst, daß dieses unterschiedliche Verhalten der Hämoglobine auf den Ersatz einer oder weniger Aminosäuren durch andere Aminosäuren zurückzuführen ist, deren elektrische Ladungen nicht identisch sind. In der Folgezeit ließ sich diese Paulingsche Hypothese durch eine Vielzahl glänzender Arbeiten beweisen.

Inkubiert man Hämoglobin mit Trypsin, so werden jeweils die Arginyl- bzw. Lysylbindungen gespalten. Dies sind die Peptidbindungen zwischen den Carboxylgruppen von Arginin bzw. Lysin und der Aminogruppe einer beliebigen folgenden Aminosäure. Die Zahl der nach der Spaltung erhaltenen Peptidbruchstücke beträgt

eins + Argininreste + Lysinreste im Ausgangsprotein.

Trennt man dieses Peptidgemisch auf Filterbogen, die zunächst in einer Richtung chromatographisch in der Richtung senkrecht dazu elektrophoretisch

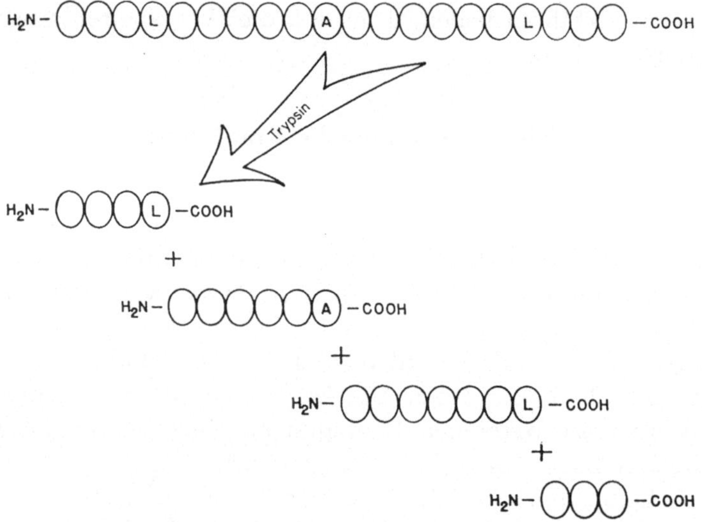

Abb. 90. Abbau eines hypothetischen Proteins durch Trypsin. Die Aminosäurereste werden durch Kreise symbolisiert, die Buchstaben L bzw. A bezeichnen die Stellen auf der Polypeptidkette, an denen die Aminosäuren Lysin bzw. Arginin stehen. Trypsin spaltet spezifisch nur nach diesen beiden Aminosäuren

getrennt wurden, so erhält man eine charakteristische Peptidkarte des jeweiligen Moleküls.

Jeder Fleck in dieser Peptidkarte steht für ein Peptid. Wie man sieht, weichen die vom normalen HbA oder vom HbS — einem Hämoglobin aus Patienten mit Sichelzellenanämie — stammenden Peptidkarten nur in dem Spaltstück Nr. 4 voneinander ab, das beim HbS an einer anderen Position auftaucht. Dieses Spaltstück enthält aus HbA acht Aminosäuren, die in der folgenden Reihenfolge miteinander verknüpft sind: Val–His–Leu–Thr–Pro–Glu–Glu–Lys. Die Zusammensetzung des entsprechenden Peptides aus HbS lautet dagegen Val–His–Leu–Thr–Pro–Val–Glu–Lys. HbS unterscheidet sich demnach von HbA durch den Austausch von Glu gegen Val. Da die Seitenkette von Valin ungeladen, die von Glutaminsäure dagegen negativ geladen ist, müssen sich entsprechend auch die Gesamtladungen der beiden analogen Peptide Nr. 4 unterscheiden, so daß deren elektrophoretische Beweglichkeit ebenfalls verschieden ist.

Für die Substitution einer Aminosäure durch eine andere innerhalb eines Peptides bestehen bestimmte Regeln. Zunächst beruht sie nicht auf einem zufälligen Ereignis, da die Substitution in allen Hämoglobinmolekülen eines Patienten mit Sichelzellanämie erfolgt. Tatsächlich muß man den Fehler auf der DNS suchen, bei der innerhalb der Nucleotidsequenz für HbA beim Codewort für Glutaminsäure ein Basenaustausch stattfand, so daß nunmehr Valin und damit das anormale HbS codiert wird. Dort heißt es an Stelle von GAA (für Glutaminsäure) nun GUA (für Valin). Die Hypothese eines Nucleotidersatzes steht im Einklang mit der Feststellung, daß Sichelzellenanämie erblich ist.

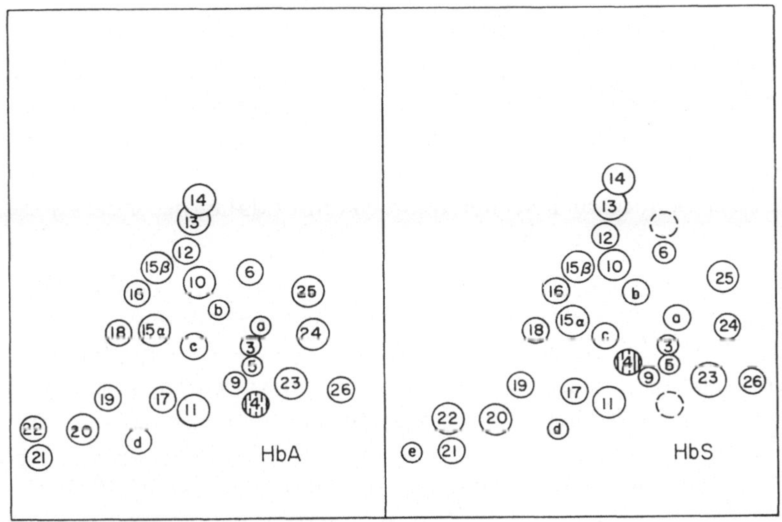

Abb. 91. Auftrennung eines Peptidgemisches (Peptidkarte) nach tryptischer Verdauung von HbA oder HbS. Das Peptid Nr. 4 bei HbA fehlt bei HbS und ist an eine neue Position gerutscht

Untersucht man die roten Blutkörperchen eines Patienten mit Sichelzellenanämie unter dem Mikroskop, so erscheinen sie normal, solange das in ihnen vorliegende HbS in der oxydierten Form vorliegt. Nach Abgabe von Sauerstoff nehmen die Zellen jedoch eine gestreckte sichelförmige Form an, worauf auch ihr Name zurückzuführen ist. Die Sauerstoff-freie Form von HbS ist deutlich unlöslicher als die entsprechende Form von HbA und bildet ein halbfestes Gel, das unter dem Mikroskop in Form länglicher Aggregate sichtbar wird. Die sichelzellenförmige Struktur der roten Blutkörperchen ist eine direkte Folge der in den Zellen präcipitierten Sauerstoff-freien HbS-Molküle. Die anormale Sichelzellenform der roten Blutkörperchen wird daher durch Bedingungen verstärkt, bei denen die Bildung der Sauerstoff-freien HbS-Moleküle begünstigt ist. So verstärkt ein Aufenthalt in großen Höhen (z. B. im Flugzeug ohne Druckkabine) oder ein verlangsamter Blutkreislauf besonders auf der venösen Seite der Zirkulation das Phänomen der Sichelzellenbildung.

Solange das Hämoglobin der Sichelzellen gelöst bleibt, bleibt die Sichelzellenanämie ohne krankhafte Symptome. Die glattrandigen plättchenförmigen roten

Blutkörperchen passieren die Capillaren außerordentlich leicht. In der Sichelzellenform führen die Zellen dagegen zu Gefäßverstopfungen, wodurch die Versorgung des entsprechenden Gewebes oder Organs mit Sauerstoff und Nährstoffen unmöglich wird. Mit dem dadurch ausgelösten gruppenweisen Zelltod ist ein Schmerz verbunden, der für die Sichelzellenanämie charakteristisch ist. Auf diese Weise läßt sich gut die Reihe der Effekte vom Symptom Schmerz über Gefäßverstopfung — hervorgerufen durch die Sichelzellen, in denen sich unlösliche HbS-Moleküle befinden — bis hin zu dem molekularbiologischen Phänomen des Ersatzes von Glutaminsäure durch Valin im HbS, Ersatz des Glu-Codons durch das Val-Codon auf der DNS zurückverfolgen.

Interessant ist die Frage, warum die Mutation HbA $\rightarrow$ HbS bei bestimmten Rassen häufiger auftritt. Der Zusammenhang wird durch die Tatsache beschrieben, daß der Malariaerreger in HbS-haltigen Blutzellen nicht überleben kann. Patienten mit Sichelzellenanämie tragen daher eine gewisse Immunität gegenüber Malaria. Das mutierte Hb-Gen bietet daher Menschen, die durch Malaria bedroht sind, einen relativen Schutz. Sichelzellenanämie kommt daher besonders dort häufig vor, wo Malaria endemisch auftritt.

Seit der Entdeckung des Strukturdefektes im HbS gegenüber HbA sind zahlreiche weitere abnormale Hämoglobinarten beschrieben worden, die bei anderen Blutkrankheiten vorkommen. Dabei sind ebenfalls in der Mehrzahl der Fälle Aminosäuresubstitutionen für die Variation verantwortlich. Mit großer Wahrscheinlichkeit sind zahlreiche Variationen bis heute noch nicht bekannt geworden, weil die dabei ausgetauschten Aminosäuren keine Änderung der Aktivität des Hämoglobins verursachen. Die neuen Hämoglobinmoleküle füllen alle normalen Funktionen der roten Blutkörperchen aus, so daß sie in der Regel keine krankhaften Symptome verursachen.

In einigen Fällen ist allerdings die Fähigkeit zum Sauerstofftransport gestört: man spricht von der Methämoglobinämie. Die anormalen Hämoglobine tragen den Buchstaben M. Methämoglobin enthält Fe^{+++}, während HbA Fe^{++} enthält. Nach Sauerstoffaufnahme geht in HbA Fe^{++} in Fe^{+++} über, das leicht wieder in die zweiwertige Form übergeht. Bei Hämoglobin M verläuft diese Reduktion langsamer. Dadurch ist der Sauerstofftransport erheblich gestört. Molekularbiologisch läßt sich die HbM-Variation auf einen Austausch von Histidin_{58} in der α-Kette durch Tyrosin erklären.

Zunächst erscheint es unverständlich, warum der Austausch einer Aminosäure in einer der zwei Peptidkettenpaare des Hämoglobins zu einer drastischen Aktivitätsänderung führt. Der Schlüssel zu diesem Phänomen liegt in der dreidimensionalen Struktur des Moleküls. Die Polypeptidketten des Hämoglobins sind so gefaltet, daß sich bestimmte Aminosäuren in unmittelbarer Nähe des Eisenatoms des Häms befinden. Während im normalen Hämoglobin der dem Eisen benachbarte Histidinrest ohne Einfluß auf die Oxydationsstufe des Eisens ist, vermag nach Austausch des Histidins gegen Tyrosin im HbM diese neue Aminosäure das dreiwertige Eisen zu stabilisieren.

Auf diese Weise ist die Reaktionsfähigkeit des HbM charakteristisch verändert und führt zur angeborenen Methämoglobinämie, in der Eisen in der dreiwertigen Stufe fixiert ist. Als Folge ist der Komplex mit Sauerstoff wesentlich stabiler. Da Patienten mit diesem Leiden eine verminderte Blutkapazität zum Sauerstofftransport haben, werden sie bei körperlichen Anstrengungen kurzatmig und sind schnell erschöpft. Beide Symptome sind Zeichen eines allgemeinen Sauerstoffmangels.

Beim Albinismus handelt es sich primär um den Ausfall oder Mangel eines bestimmten Enzyms. Dabei kann man in der Regel nicht unterscheiden, ob die Krankheit auf der Synthese einer anormalen Enzymvariante, die katalytisch inaktiv ist, auf einer fehlenden Enzymsynthese überhaupt oder auf einem anormal

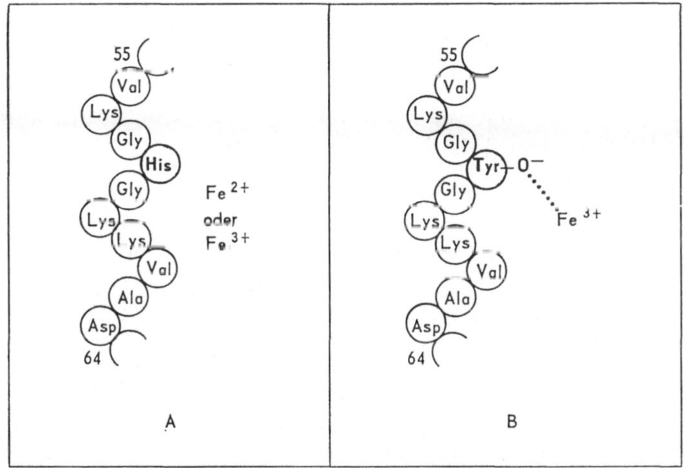

Abb. 92. Aminosäurereste Nr. 55 bis 64 in der α-Kette von HbA und von HbM_{Boston}. His_{58} geht in HbA keine Wechselwirkung mit Fe^{++} oder Fe^{+++} ein. Tyr_{58} stabilisiert in HbM_{Boston} die Oxydationsstufe Fe^{+++}

raschen Enzymabbau beruht. In jedem Falle läßt sich die fragliche Enzymaktivität nicht nachweisen. Beim Albinismus, einer erblichen Krankheit, besteht ein Melaninmangel. Melanin ist ein von Melanocyten gebildetes Pigment, und wird in der Haut, in Haarwurzeln und in der Netzhaut abgelagert. Bei einer bestimmten Form des Albinismus vermögen die Melanocyten nicht mehr das normale Pigment zu bilden, so daß sich daß klinische Bild eines allgemeinen Pigmentmangels mit milchweißer Hautfarbe, hellblauer Iris, weißem oder gelbem Haar und Pigmentmangel auf der Netzhaut ergibt, der zu verminderter Sehschärfe und erhöhter Lichtempfindlichkeit führt. Bei eingehender Untersuchung hat sich gezeigt, daß die Melaninbiosynthese an *der* Stelle der Reaktionskette blockiert ist, an der das Enzym Tyrosinase wirksam ist.

In dem Schema sind — durch ein * kenntlich gemacht — eine Reihe von Zwischenprodukten weggelassen worden. Durch den Tyrosinasemangel vermögen die Zellen nicht Tyrosin in Dopa-Chinon überzuführen, so daß die nachfolgende

Tyrosinase

Tyrosin → Dopa-Chinon

Melanin

Melaninsynthese blockiert ist. Der Tyrosinasemangel in den Melanocyten beruht auf einem Fehler im genetischen Apparat, der von den Eltern auf den Albino übertragen wird, so daß entweder eine inaktive oder überhaupt keine Tyrosinase gebildet wird. Wir müssen daher annehmen, daß der für die Tyrosinase verantwortliche Abschnitt auf dem Chromosom defekt ist.

Sowohl die mit der Änderung des Hämoglobins verbundene Verringerung der Sauerstoffkapazität als auch die mangelnde Tyrosinasebildung beim Albinismus gehören zur Gruppe der angeborenen Stoffwechselstörungen, häufig auch Enzymmangelkrankheiten genannt. All diesen Krankheiten ist die Tatsache gemeinsam, daß ein primär erblicher Defekt die Synthese eines Proteins beeinträchtigt. Wahrscheinlich existieren wesentlich mehr strukturell anormale Proteine, als sie bisher bekannt geworden sind. Jedoch handelt es sich dabei um funktionell kompetente Proteine, die trotz struktureller Änderung noch biologisch aktiv sind.

In Tabelle 15 sind eine Reihe angeborener Stoffwechselanomalien nachzulesen, wobei das jeweils veränderte Protein und das betroffene Gewebe bzw. Organ oder Stoffwechselsystem angegeben sind.

Vitamine werden als niedermolekulare Verbindungen definiert, die für den Stoffwechsel des Organismus benötigt und von ihm selbst nicht synthetisiert werden. Werden die Vitamine nur in ungenügender Menge mit der Nahrung zugeführt, so kommt es zur Störung des Stoffwechsels und damit zu einer Krankheit. Für jede Vitaminmangelkrankheit gibt es charakteristische Symptome. Wird der Vitaminmangel frühzeitig erkannt, so läßt sich die Krankheit durch Gabe des entsprechenden Vitamins wieder heilen.

In Tabelle 16 sind eine Reihe von Vitaminen zusammen mit ihren biologischen Funktionen aufgeführt. Dabei muß man berücksichtigen, daß die Vitamine in allen Zellen fungieren, obwohl sich die Symptome bei Vitaminmangel oft nur in bestimmten Organen bemerkbar machen. Die in der Tabelle genannten Verbindungen sind beim Menschen wirksame Vitamine. Sie brauchen jedoch nicht notwendigerweise Vitamine für andere Organismen zu sein. So vermag z. B. die Ratte Vitamin C selbst zu bilden, so daß es für dieses Tier als Vitamin keine Bedeutung hat.

Tabelle 15. *Angeborene Stoffwechselkrankheiten (Erbliche Enzymmangelkrankheiten)*

Krankheit	Anormales oder abwesendes Protein	Beeinträchtigtes Gewebe oder gestörtes Stoffwechselsystem
Akatalasie	Katalase	Gegenüber oralen Infektionen anfälliger
Phenylketonurie	Phenylalanin-hydroxylase	Umwandlung von Phenylalanin in Tyrosin
Alkaptonurie	Homogentisinsäure-oxidase	Stoffwechsel von Phenylalanin und Tyrosin
Albinismus	Tyrosinase	Melaninbildung
Galactosämie	Galactose-1-phosphat-Uridyltransferase	Umwandlung von Galactose in Glucose
Ahornsirupkrankheit	Verzweigtketten-Keto-säurendecarboxylase	Stoffwechsel von Valin, Leucin und Isoleucin
Favismus	Glucose-6-phosphat-Dehydrogenase	Primachin-Empfindlichkeit, Stoffwechsel der roten Blutkörperchen
Hämolytische Anämie	Pyruvatkinase	Glykolyse in roten Blutkörperchen
Suxamethonium-empfindlichkeit	Cholinesterase	Hydrolyse von Cholinestern
Sichelzellenkrankheit	Hämoglobin (β-Kette)	Funktion der roten Blutkörperchen
Afibrinogenämie	Fibrinogen	Blutgerinnung
Hämophilie	Antihämophiles Globulin	Blutgerinnung
Wilsonsche Krankheit	Unbekannt	Kupferstoffwechsel
Gicht	Unbekannt	Purinstoffwechsel
Lipoidose	Unbekannt	Fettstoffwechsel
Cystinurie	Unbekannt	Aminosäurentransport

Tabelle 16. *Vitamine und ihre Funktionen*

Vitamin	Funktion	Krankheit oder Symptom bei Vitaminmangel
A	Gesichtssinn (prosthetische Gruppe von Rhodopsin) somatische Bedeutung	Nachtblindheit Hautveränderungen
D	Knochenentwicklung (Regulation der Phosphatmenge)	Rachitis
K	Blutgerinnung (möglicherweise prosthetische Gruppe von Enzymen, die die Synthese von Blutgerinnungsfaktoren katalysieren)	Neigung zum Bluter
Thiamin	Energiestoffwechsel (Coenzym bei der α-Ketosäuren-Decarboxylierung)	Beriberi
Riboflavin	Intermediärstoffwechsel (Coenzym von Flavoproteiden)	Zungenentzündung Rhagaden an der Lippenschleimhaut
Nicotinsäureamid	Elektronentransport (funktionelle Gruppe in NAD^+ und $NADP^+$)	Pellagra

Die molekulare Grundlage für den Vitaminmangel läßt sich recht gut an Hand von Vitamin A beschreiben. Diese Verbindung besteht aus einem langkettigen Alkohol.

$$\begin{array}{l} \quad\;\; CH_3 \qquad\qquad\qquad\quad CH_3 \qquad\qquad\qquad\qquad CH_3 \\ \quad\;\; | \qquad\qquad\qquad\qquad\quad | \qquad\qquad\qquad\qquad\quad | \\ H_2C{-}C{=}C{-}CH{=}CH{-}C{=}CH{-}CH{=}CH{-}C{=}CH{-}CH_2OH \\ \;\;| \qquad\; | \\ H_2C\quad C{-}CH_3 \\ \quad\; C \quad\; CH_3 \\ \quad\; H_2 \end{array}$$

Vitamin A
(Coenzym von Rhodopsin)

Vitamin A fungiert als prosthetische Gruppe des Rhodopsins, das zu den Pigmentproteinen der Netzhaut zählt. Durch Belichtung erleiden diese Pigmente chemische Änderungen, die wiederum einen Reiz auf die Nervenfasern ausüben, die auf der Oberfläche der Netzhaut enden. Der Impuls wird schließlich durch die Sehnerven zum Gehirn geleitet. In der Summe von tausenden solcher Einzelimpulse entsteht im Gehirn das visuelle Bild. Änderungen in den Pigmentzusammensetzungen führen zwangsläufig zu Störungen des Sehvorgangs. So ist das Pigmentprotein, dessen prosthetische Gruppe Vitamin A ist, in Abwesenheit von Vitamin A inaktiv, d. h. der Patient leidet unter einer ausgeprägten Sehstörung. Darüber hinaus erzeugt Vitamin A-Mangel weitere Störungen, deren molekularbiologische Deutung jedoch noch aussteht.

Komplexe chemischer Krankheiten

An der Gicht sind in erster Linie Störungen im Purinstoffwechsel beteiligt, wobei der Harnsäuregehalt im Blut erhöht ist. Speziell beim Gelenkrheumatismus kann man zwei Typen unterscheiden: die akute Arthritis mit Gelenkentzündung einerseits und die pathologische Harnsäureablagerung in den Gelenken andererseits. Die Krankheit verläuft in der Regel in drei Stadien. Zunächst wird vermehrt Harnsäure gebildet, wobei ihr Gehalt im Blut um das Mehrfache ansteigt. Diesem Stadium folgen wiederholte arthritische Attacken, wobei sich eine starke Harnsäureablagerung in den Gelenken nachweisen läßt. Schließlich erfolgt ein allgemeiner Gelenkzerfall. Dabei geht häufig eine Niereninsuffizienz parallel, die insbesondere deshalb so bösartig ist, weil sie die bereits verminderte Harnsäureausscheidung noch weiter erniedrigt.

Harnsäure gehört zu den Endprodukten des normalen menschlichen Purinstoffwechsels. Die Purine dienen entweder als Nucleinsäurebaustein (s. Kapitel 3) oder sie wirken als Coenzyme (s. Kapitel 5). Harnsäure entsteht durch Desaminierung und Oxydation aus den übrigen Purinen.

Die Purine wiederum entstehen biosynthetisch aus bestimmten niedermolekularen Vorläufern.

Die Harnsäurebildung und -ausscheidung stehen unter normalen Bedingungen in einem Gleichgewicht, so daß der Gehalt im Serum bzw. die Gesamtmenge im

Körper nur innerhalb enger Grenzen schwanken. Bei Gelenkrheumatismus besteht dieses Gleichgewicht nicht mehr. Dabei steigen sowohl der Harnsäuregehalt des Blutes und insbesondere der Gesamtgehalt im Körper. Als Ursache für diese Störungen kommen entweder eine erhöhte Harnsäurebildung bzw. erhöhte Vor-

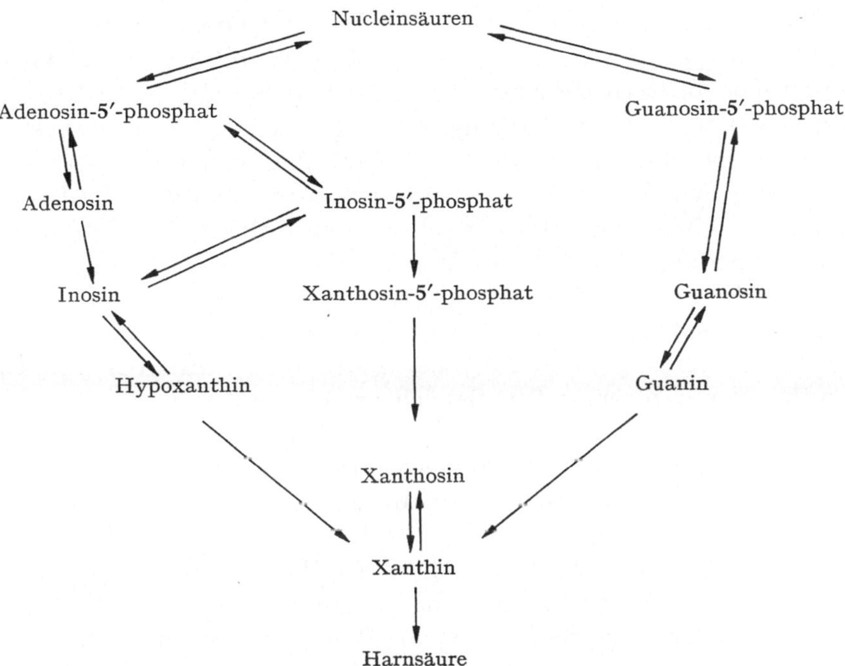

Abb. 93. Stoffwechselweg beim Purinabbau nach Spaltung der Nucleinsäuren

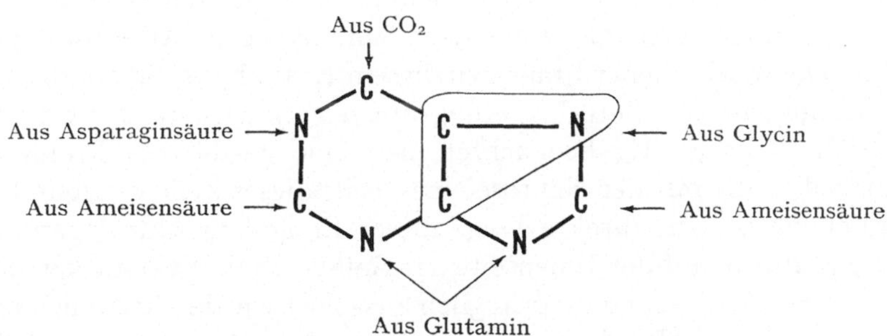

Abb. 94. Der Ursprung der Atome im Purinringsystem

läuferverwertung oder eine verminderte Harnsäureausscheidung durch die Niere in Frage. Wahrscheinlich ist die Überproduktion der Harnsäure das primäre Ereignis. In bestimmten Fällen und besonders im letzten Stadium der Krankheit besteht zusätzlich eine verminderte Harnsäureausscheidung. Im Gegensatz zu den Enzymmangelkrankheiten des vorigen Abschnittes lassen sich für die Arthritis bis jetzt noch keine definierten anormalen Enzymaktivitäten als Krankheitsursache festlegen. Wir können nur allgemein schließen, daß die Dysfunktion der am Purinstoffwechsel beteiligten Enzyme für diese Krankheit verantwortlich ist.

Anscheinend nicht-chemische Krankheiten

Zu den häufigsten Todesursachen zählt der Herzinfarkt. Das Wort Infarkt beschreibt dabei ganz allgemein den durch Sauerstoffmangel bedingten Tod einer Zellgruppe, beim Herzinfarkt einer Zellgruppe des Herzmuskels. Die Anoxie ist auf den partiellen oder vollständigen Verschluß einer Arterie zurückzuführen, die für die Versorgung dieses Herzmuskelbereiches verantwortlich ist. In Abhängigkeit von dem jeweils betroffenen Herzbereich und dem Umfang des Infarktes ist die Leistung des Herzens selbst beeinträchtigt. Ist die Störung groß, stirbt das Individuum selbst. Ist sie klein, so werden die toten Infarktzellen allmählich abgestoßen und an deren Stelle tritt ein faseriges Narbengewebe. Dieses Narbengewebe verstärkt zwar das beschädigte Herzgewebe, es vermag aber nicht die Funktionen der abgetöteten Myokardzellen zu übernehmen. Ein Herz mit einem mehr oder weniger großen Bereich an solchen Narbengeweben ist damit weniger funktionstüchtig als das normale Herz vor dem Infarkt.

Für den Mechanismus des Gefäßverschlusses, der dem Infarkt vorausgeht, fehlen uns noch weitgehend molekulare Mechanismen. Aus der Zusammenarbeit zwischen Pathologen, Klinikern und Biochemikern lassen sich vorläufig die folgenden Schlüsse ziehen. Beim Verschluß der Herzkranzgefäße lassen sich verschiedene Vorgänge unterscheiden: eine allmähliche Gefäßverengung als Folge einer Wandverdickung und die Bildung von Blutgerinnseln innerhalb des Gefäßes, die aber auch aus anderen Organen stammen können und mit dem Blut bis zum Herzen transportiert werden.

Die Gefäßverengung wird als das Ergebnis einer ganzen Serie pathologischer Veränderungen angesehen, die unter dem Sammelbegriff Atherosklerose laufen. Trotz zahlreicher noch offener Fragen zu diesem Krankheitsbild glaubt man heute, daß der Beginn mit der Fettablagerung auf der Innenseite der Gefäßwandung zusammenfällt. Gleichzeitig beobachtet man eine gesteigerte Proliferation der Innenwandzellen, die mit der Nekrose eines Teils dieser Zellen verbunden ist. Die Wandverdickung ist eine direkte Folge dieser Ereignisse. Nun lagern sich Blutplättchen und Fibrin auf der Innenseite der Gefäße ab und verstärken den Effekt, der durch die Fettablagerung ursprünglich ausgelöst wurde. Zusätzlich beobachtet man eine verstärkte Ca-Bindung in den nekrotischen Bereichen der Zellwand.

Umfang und Geschwindigkeit der Fettablagerung in den Gefäßwänden werden durch ein kompliziertes Zusammenspiel verschiedener Faktoren gesteuert. Tatsächlich scheint der Prozeß normalerweise in jedem Individuum abzulaufen. Nur wird die Ausbildung der Atherosklerose davon abhängen, ob das jeweilige Individuum nicht bereits aus anderen Gründen stirbt, bevor sich die atherosklerotischen Symptome zeigen. Die Atherosklerose wird durch die Zusammensetzung der Nahrung beeinflußt. Eine fettreiche Nahrung begünstigt den Prozeß. Einen deutlichen Einfluß scheint auch das Geschlecht zu haben, denn bei Frauen kommt der Herzinfarkt seltener vor. Schließlich begünstigen andere Krankheiten einen erhöhten Fettgehalt im Blut. Solche Personen sind für Atherosklerose prädisponiert. Zu ihnen zählen Diabetiker und Patienten mit bestimmten genetisch bedingten Fettstoffwechselstörungen.

Bei der Bildung des Blutgerinnsels innerhalb eines Blutgefäßes läuft der komplexe Vorgang der Blutgerinnung ab. Das Gerinnsel besteht aus einem Fibrinknäuel, in dem rote Blutkörperchen eingeschlossen sind. Seine Bildung erfolgt

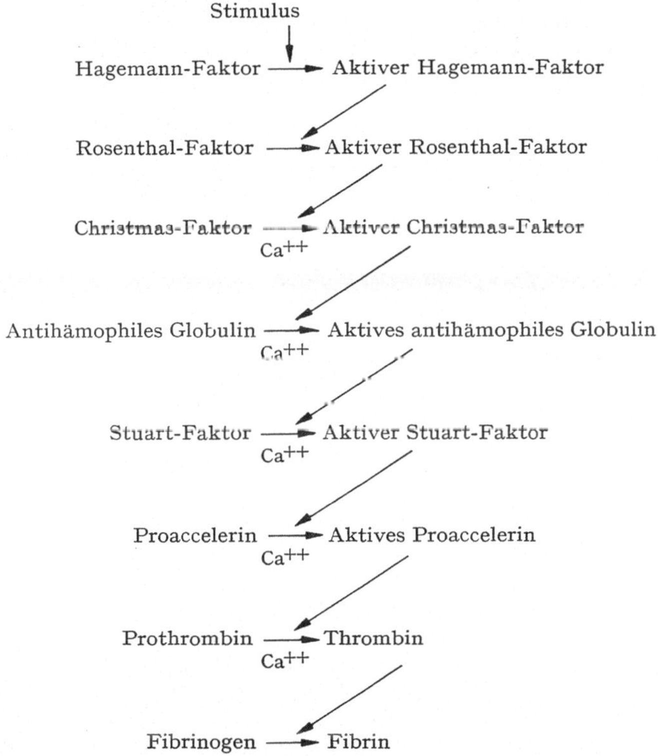

Abb. 95. Blutgerinnung. Nach einem Stimulus beginnt eine Reaktionsserie, in der jeweilig ein Produkt die Synthese des nächsten Produktes katalysiert

bevorzugt an der Gefäßwandung, und zwar meist dort, wo entweder die Gefäßwandung defekt oder der Blutstrom an dieser Zelle anormal ist. Das bedeutet, daß die Gerinnsel gerade dort fixiert werden, wo sich Fettablagerungen auf der Innenseite der Gefäße befinden und wo z. B. bei Verzweigungen der Blutgefäße Turbulenzen im Blutstrom auftreten. Das einmal fixierte Gerinnsel wächst sehr rasch und verschließt schließlich das Gefäß vollständig.

Der molekulare Mechanismus der Blutgerinnung ist so komplex, daß er an dieser Stelle nicht vollständig beschrieben werden kann. In Abb. 95 ist schematisch der Gerinnungsprozeß wiedergegeben. Konzentrieren wir uns lediglich auf zwei Stellen in diesem Prozeß. Das System besteht aus einer Serie chemischer Reaktionen, bei denen das jeweilige Produkt eines jeden Schrittes die Synthese des nächsten Produktes katalysiert, und schließlich Fibrin aus Fibrinogen gebildet ist. Fibrinogen ist ein lösliches Blutprotein, das nach Aktivierung des Blutgerinnungssystems in das unlösliche Fibrin übergeht. Als hochmolekulares Protein mit einem Molekulargewicht von 330000 besteht es aus sechs über Disulfidbrücken verbundenen Peptidketten, von denen es drei verschiedene im Fibrinogen gibt. Fibrinogen wird durch das proteolytische Enzym Thrombin zu Fibrin gespalten. Im Gegensatz zur Mehrzahl der Proteasen ist Thrombin hochspezifisch und spaltet nur Fibrinogen und dieses wiederum nur an vier bestimmten Stellen.

Aus dem vereinfachten Molekülmodell des Fibrinogens, in dem jedes Paar der identischen Peptidketten nur durch eine Kette vertreten ist, sieht man, daß zwei Spaltstücke durch Einwirkung von Thrombin aus Fibrinogen herausgelöst werden,

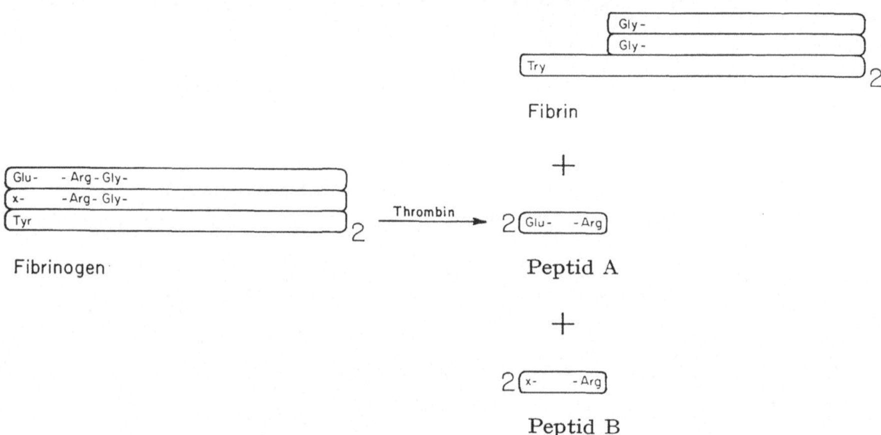

Abb. 96. Thrombin-katalysierte Umwandlung von Fibrinogen in Fibrin. Aus einem Fibrinogenmolekül entstehen dabei ein Molekül Fibrin sowie vier Peptide, d. h. zwei Peptid A-Ketten und zwei Peptid B-Ketten. Von den sechs Polypeptidketten des Fibrinogens sind nur drei gezeichnet, die mit den fehlenden drei Ketten identisch sind.

wobei jedesmal eine bestimmte Arg–Gly-Bindung in zwei der drei verschiedenen Peptidketten gelöst wird. Da Fibrinogen zwei Vertreter jedes Peptidkettentypes enthält, spaltet demnach Thrombin insgesamt vier Peptidbindungen in jedem Fibrinogenmolekül. Die abgespaltenen Bruchstücke sind 19 (Peptid A) bzw. 21 Aminosäuren (Peptid B) lang.

Da die Fibrinmoleküle zur Bildung größerer Aggregate neigen, die schließlich in unlösliche Komplexe übergehen, ist damit die Blutgerinnung und auch die Bildung der Blutgerinnsel erklärbar. Nach der proteolytischen Spaltung mit Thrombin werden eine Reihe von chemisch reaktionsfähigen Bereichen auf dem Fibrinmolekül von außen zugänglich, die vorher im Fibrinogen verdeckt waren. Sie ermöglichen die Wechselwirkungen zwischen den Fibrinmolekülen unter Bildung der unlöslichen Aggregate.

Das bei der Fibrinogenspaltung gebildete Peptid B zeigt in vitro eine interessante Wirkung. Es verstärkt die Wirkung des Proteohormons Bradykinin auf die Kontraktion der glatten Muskulatur. Sollte diese Wirkung auch in vivo stattfinden, so würden bei der Fibrinogenspaltung in Fibrin gleichzeitig zwei Effekte wirksam. Zum einen ermöglicht Fibrin die Blutgerinnung und damit den Verschluß eines beschädigten Blutgefäßes. Zum anderen verstärkt das Spaltprodukt Peptid B die Kontraktion der glatten Muskulatur an der Gefäßwand und unterstützt damit die Blutgerinnung, indem der Blutfluß reduziert wird.

Obwohl einerseits die Blutgerinnung zu den lebensnotwendigen Mechanismen gehört, die ein Überleben des Individuums nach Verletzungen ermöglicht, führt andererseits die Blutgerinnung durch die Gerinnselbildung zum lebensgefährlichen Herzinfarkt. Dieses paradoxe Phänomen wird nicht nur bei der Blutgerinnung beobachtet, sondern auch bei zahlreichen anderen physiologischen Prozessen. Hierzu gehört das immunologische System der höheren Tiere. Es ist lebensnotwendig, doch in bestimmten Fällen leitet es tödliche Prozesse ein, abhängig von den besonderen Umständen, in denen sich das Individuum befindet.

Bei der Beschreibung der molekularen Vorgänge beim Herzinfarkt sind nicht nur die Vorgänge bei der Blutgerinnung, sondern auch beim Fettstoffwechsel wichtig. Dabei zeigt sich, daß der Infarkt das Endglied einer langen Reihe molekularer Ereignisse ist. Gerade wegen der Vielfältigkeit dieser Faktoren entsteht zunächst der Eindruck, daß der Infarkt keine molekulare Grundlage hat. Bei intensiver Prüfung kann man aber tatsächlich jedem Symptom eine genau definierbare chemische Reaktion zuordnen.

Diese hier so ausführlich für den Herzinfarkt beschriebenen Überlegungen gelten gleichermaßen für andere „nicht-chemisch bedingte" Krankheiten. Infektionskrankheiten konnten inzwischen hinsichtlich ihrer molekularbiologischen Mechanismen aufgeklärt werden. Die Feststellung, daß bei einem Patienten wegen einer bakteriellen Infektion bestimmte Krankheitssymptome bestehen, genügt heute dem Arzt nicht mehr. Vielmehr wird er die Frage nach den molekularen Zusammenhängen stellen, nach bakteriellen Toxinen, allergischen Reaktionen und Gewebsnekrosen.

Sind diese Fragen erst beantwortet, so sind damit die Grundlagen für eine rationale Therapie gelegt, mit der pathologische Veränderungen verhindert oder zumindest vermindert werden können. Krebs und Schizophrenie gehören zu den Krankheiten, bei denen in der letzten Zeit Versuche zur Klärung der molekularbiologischen Zusammenhänge unternommen wurden. Aus dem erfolgreichen Verlauf biochemischer Forschung kann man die Hoffnung schöpfen, daß bald für diese und weitere Krankheitsbilder alle noch ausstehenden Fragen gelöst werden können.

Mit den Kenntnissen, die für den Herzinfarkt und zahlreiche weitere Krankheiten die Grundlagen für die molekularen Zusammenhänge schufen, werden in Zukunft auch zahlreiche weitere Vorgänge geklärt werden können, die den Zusammenhang zwischen Biochemie und Krankheit beschreiben sollen. Aus der Kenntnis molekularer Mechanismen lassen sich die Mittel und Wege finden, mit denen die pathologischen Änderungen des kranken Körpers verhindert oder rückgängig gemacht werden können.

Kapitel 14

Pharmaka und Gifte

Das vielfältige und verzweigte Gebiet der Toxikologie und Pharmakologie läßt jeden Versuch scheitern, in aller Kürze die verschiedenen Pharmaka und Gifte oder auch nur die Prinzipien dieser Wissenschaften zu beschreiben. Es soll an dieser Stelle vielmehr an Hand weniger ausgewählter Beispiele gezeigt werden, daß pharmakologische und toxikologische Wirkungen auf den wechselseitigen Beziehungen bestimmter Moleküle mit bestimmten biochemischen Systemen beruhen. Dabei wird sich zeigen, daß dieselbe Substanz sowohl gutartig als auch giftig sein kann und daß zur Beschreibung der molekularen Wirkungen von Arzneimitteln und Giften die gleichen Grundprinzipien herangezogen werden können.

Das Konzept von Gift und Pharmakon

Die Definition des Giftes ist relativ und hängt von der Konzentration ab, mit der die Substanz in der Zelle vorliegt. Als Gift kann sowohl eine körpereigene als auch eine fremde Substanz wirken, wenn sie eine kritische Konzentration überschreitet. So ist Kochsalz in einer Konzentration von 0,1 M oder weniger beim Säugetier völlig harmlos, bei einer Konzentration von 1 M oder höher ist es dagegen stark toxisch. Dasselbe gilt für zahlreiche andere Salze. Andere Zelltypen, z. B. Mikroorganismen des Meeres, gedeihen in 1 M Kochsalzlösung sehr gut. Sie werden erst durch noch höhere Salzkonzentrationen getötet. Die unterschiedliche Empfindlichkeit verschiedener Zelltypen gegenüber zahlreichen Agentien wird gerade in der Chemotherapie der Mikroben ausgenutzt. So kann eine Substanz bactericid sein, ohne das menschliche Gewebe zu schädigen. Das bedeutet, daß ein Gift als Arznei dienen kann, wenn der Stoffwechsel des Wirtes genügend verschieden empfindlich ist im Vergleich zum Stoffwechsel des Krankheitserregers.

Pharmaka und Gifte unterdrücken, stimulieren oder modifizieren biochemische Prozesse, die als solche bereits im normalen Zellstoffwechsel vorkommen. So ist Digitalis außerordentlich nützlich bei der Behandlung von Herzfunktionsstörungen. Dabei korrigiert Digitalis die ungenügende Herzmuskelaktivität. Jedoch vermögen die Herzmuskeln nicht stärker zu kontrahieren, als sie dazu unter normalen Umständen in der Lage wären.

Unspezifische und spezifische Gifte

Es gibt Verbindungen, die bereits in extrem niedrigen Dosen sehr giftig sind. Zu ihnen zählen die gemeinhin als Gifte bezeichneten Verbindungen. Sie wirken über verschiedene Mechanismen, z. B. über eine Membranschädigung, durch Enzymhemmung oder durch Störung der Kontrollmechanismen der Zelle. Einige Gifte, wie die Schwermetallionen, reagieren mit einer Vielzahl cellulärer Komponenten, ohne bestimmte Verbindungen vorzuziehen. Unter Umständen reagieren sie zunächst vornehmlich mit weniger wichtigen Komponenten, und erst nach und nach werden auch die Verbindungen blockiert, die lebensnotwendig sind. Der toxische Effekt wird daher erst ab einer bestimmten Giftmenge merkbar. Dies ist der Grund dafür, daß diese Gifte in relativ hoher Konzentration wirken. Andere Gifte, wie die Blausäure, reagieren nicht mit ,,unwichtigen" Verbindungen, sondern inaktivieren gezielt eine lebensnotwendige Komponente. Blausäure ist Vertreter der spezifischen Gifte, die meist schon bei sehr niedrigen Dosen wirken. Sehr häufig sind Makromoleküle Ziel dieser spezifischen Gifte. Aus diesem Grunde können diese Verbindungen auch zur Struktur- und Funktionsbeschreibung der Makromoleküle dienen. Dieses Prinzip wurde z. B. bei der Untersuchung der Energieübertragung in Mitochondrien oder bei der Proteinbiosynthese angewandt, wobei der Vielschrittprozeß selektiv an bestimmten Positionen blockiert wird.

Penetration der Gifte

Ein Gift kann seine toxische Wirkung nur dann entfalten, wenn es tatsächlich bis zum empfindlichen Zellort vordringen kann. In der Zelle bestehen aber eine Reihe von Barrieren, die die Bewegung eines potentiellen Giftes einschränken. Im Falle der Schlangengifte wird ein Großteil dieser Barrieren allein dadurch umgangen, daß das Gift mit Hilfe der Giftzähne durch die Haut hindurch in das weiche Gewebe injiziert wird und über das lymphatische System alle Körperteile erreichen kann.

Bei einer bakteriellen Infektion bestehen dagegen zahlreiche Barrieren. Die intakte menschliche Haut ist gegenüber dem Angriff der auf ihr lebenden Mikroorganismen normalerweise resistent. Insbesondere das Bindegewebe der Haut bietet einen guten Schutz. Allerdings gibt es Bakterien, die Hyaluronidase ausscheiden, durch die die am Aufbau des Bindegewebes beteiligten Mucopolysaccharide abgebaut werden. Ist dieses Gewebegerüst erst beschädigt, so können die Bakterien relativ rasch ihre Toxine ausscheiden, die schließlich zum Zerfall des Gewebes führen.

Mit der Bezeichnung Pharmakon ist stets die Frage nach der Dosierung des Stoffes verbunden. Für jede Arznei existiert eine Minimaldosis, unterhalb der kein nachweisbarer Effekt mehr besteht. Steigt die Dosis an, so verstärkt sich allmählich der Effekt bis zu einem Plateau. Eine weitere Konzentrationserhöhung bringt keine weiteren pharmakologischen Vorteile. So vermögen 10 g Aspirin das Fieber eines Patienten nicht schneller zu senken als 1 g Aspirin, weil bereits 1 g im Plateaubereich dieses Pharmakons liegt. Für viele Arzneimittel lassen sich keine vergleichbaren Dosisplateaus festlegen. So bewirken niedrige Barbituratdosen eine psychische Entspannung, mittlere Dosen vertiefen den Schlaf, hohe Dosen führen aber zu tiefer Bewußtlosigkeit und Tod. In diesem Fall gehen mit steigenden Dosen des Pharmakons kontinuierlich die verschiedenartigen Wirkungen ineinander über. Außerdem kann man sehen, daß sich alle Pharmaka bei hohen Konzentrationen wie Gifte verhalten. Der therapeutische Index wird zur Charakterisierung eines Arzneimittels herangezogen und leitet sich aus dem Verhältnis der toxischen Konzentration zur pharmakologisch wirksamen Konzentration ab. Ist der therapeutische Index groß, so ist die Anwendung der Arznei relativ gefahrlos, ist der Index klein und fast 1, so muß die verwendete Dosis mit größerer Sorgfalt festgelegt werden. Liegt der Wert sogar unter 1, so kann die Verbindung nicht mehr als Arznei im engeren Sinne angesehen werden. Sie wird dann lediglich in bestimmten Sonderfällen, z. B. bei der Tumortherapie, eingesetzt.

Die meisten Arzneimittel beeinflussen mehrere Stoffwechselreaktionen gleichzeitig. Andere können jedoch außerordentlich selektiv wirken und verändern nur eine bestimmte Reaktion, dies allerdings auch in verschiedenen Organen oder Geweben. Dadurch werden in der Regel zahlreiche verschiedene Effekte ausgelöst Dazu kommen noch die sog. Seiteneffekte, die insbesondere bei der praktischen Anwendung beim Patienten zu berücksichtigen sind.

Ausgewählte Beispiele

Das erste brauchbare Anticoagulans, Dicumarol, ist mit einer interessanten Entdeckungsgeschichte verbunden. 1920 beobachteten Tierärzte eine neue Rinderkrankheit, bei der die Tiere häufig verbluteten. Es stellte sich heraus, daß diese als Süßpflanzenkrankheit bezeichnete Störung auf ein Gift zurückzuführen war, daß bestimmte Wiesenpflanzen enthielten. Nach intensiven Forschungsarbeiten, an denen insbesondere K. P. Link und H. A. Campbell von der Universität von Wisconsin beteiligt waren, wurde dieses Gift als Dicumarol [3,3′-Methylen-bis (4-hydroxycumarin)] identifiziert. Der anticoagulierende Effekt des Dicumarols beruht darauf, daß es die Bildung von Prothrombin hemmt.

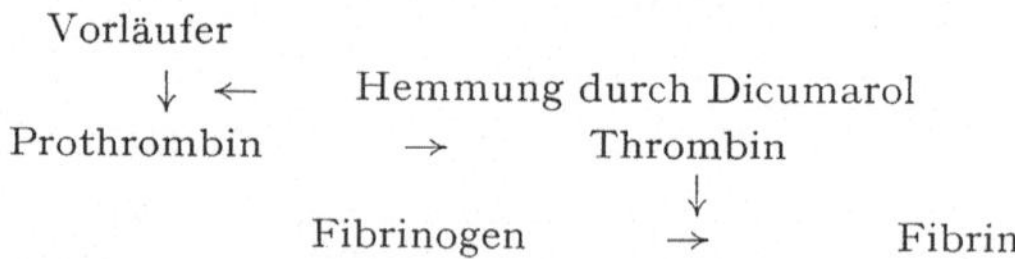

Prothrombin wird in der Leber synthetisiert und kommt normalerweise im Blut vor. Bei Verletzungen wird Prothrombin katalytisch in Thrombin umgewandelt, das wiederum die Fibrinsynthese katalysiert, wodurch die Gerinnung eingeleitet wird. Thrombin verhält sich wie eine Protease, das das lösliche Fibrinogen unter Kettenverkürzung in das unlösliche Fibrin überführt. Dicumarol hemmt die Gerinnung durch Entzug des Prothrombin und damit alle an der Blutgerinnung folgenden Reaktionen. Auf welche Weise die Prothrombinsynthese gehemmt wird, ist allerdings noch unklar. Es lassen sich hierzu nur einige vorläufige Betrachtungen anstellen. Hierbei spielt Vitamin K eine Rolle. Vitamin K-Mangel erzeugt hämorrhagische Symptome, vergleichbar mit der Dicumarolvergiftung. Interessanterweise ist ein Vitamin K-Mangel stets mit einem Prothrombinmangel verbunden. Werden mit der Nahrung zu geringe Vitamin K-Mengen aufgenommen, so wird durch die Leber auch zu wenig Prothrombin gebildet. Vitamin K und Dicumarol weisen eine außerordentlich ähnliche Struktur auf.

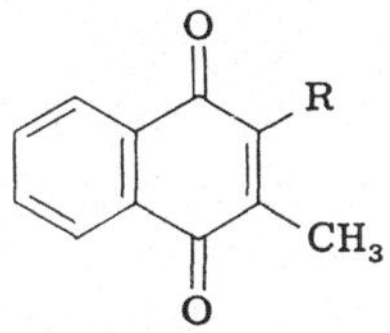

Vitamin K

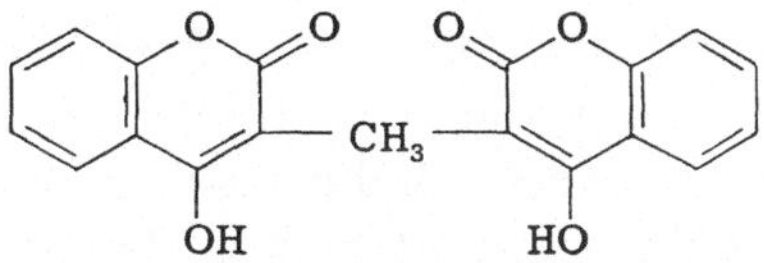

Dicumarol

Aus der Strukturanalogie und den entgegengesetzten Wirkungen beider Verbindungen sind zahlreiche unterschiedliche Hypothesen abgeleitet worden. Am wahrscheinlichsten ist die Beteiligung des Vitamins K als prosthetische Gruppe eines Enzyms bei der Prothrombinbildung oder -freisetzung. Dicumarol wird möglicherweise durch das gleiche Enzym gebunden, vermag aber nicht die Funktion des Vitamins zu übernehmen. Das bedeutet, daß das üblicherweise Vitamin K-haltige Enzym nach Dicumarolbindung biologisch inaktiv ist. Aus diesem Grunde kann eine rasche Vitamin K-Gabe auch die Giftwirkung des Dicumarols aufheben, weil beide Verbindungen um den gleichen Acceptor konkurrieren. Durch eine genügend große Vitamin K-Menge wird schließlich Dicumarol vom Enzym verdrängt.

Anticoagulantien werden heute in der Medizin bei Thrombose und Gefäßverschlüssen des Herzens und anderer Organe verwendet. Auf der Grundlage unserer Kenntnisse über die Struktur von Vitamin K und Dicumarol sind zahlreiche weitere Medikamente entwickelt worden, die die Dicumarolwirkung noch übertreffen.

Zu den sog. Nervengasen gehört Diisopropylfluorphosphat (DFP), das nach vollständiger Lähmung zum Tode führt. Relativ spät erkannte man, daß diese Verbindung nicht nur ein Gift, sondern auch ein Medikament sein kann. Es wird zur Behandlung der krankhaften Muskelschwäche eingesetzt. Auch hier wurden später noch weitere ähnliche Verbindungen entwickelt, die an die Stelle von DFP getreten sind. Doch ist die Wirkungsweise in allen Fällen identisch, so daß sie auch an Hand von DFP erläutert werden kann.

Hierzu muß zunächst der Mechanismus beschrieben werden, mit dessen Hilfe motorische Nervenimpulse die Muskelkontraktion auslösen. OTTO LOEWI beschrieb in den 20er Jahren die Bedeutung der Neurohormone bei der Übertragung der Nervenimpulse. Hierzu zählt in erster Linie Acetylcholin, das an zahlreichen Stellen des Nervensystems wirkt. An dieser Stelle interessiert nur dessen Funktion an den Nervenenden unmittelbar am Muskelgewebe. Bei der Übertragung des Nervenimpulses auf die Muskeln wird Acetylcholin freigesetzt, das als chemisches Signal zur Muskelkontraktion wirkt. Auch hier sind die Einzelschritte des ganzen komplexen Vorgangs noch nicht vollständig geklärt. Im wesentlichen handelt es sich um eine durch Acetylcholin auf der Muskelfaseroberfläche ausgelöste Zustandsänderung von A nach B. Die Kontraktion ist eine direkte Folge dieser Zustandsänderung. Ist Acetylcholin verbraucht, so geht die Muskelfaser sofort in den Zustand A zurück und kann nun erneut stimuliert werden. Ist dagegen Acetylcholin dauernd zugegen, so bleibt der Muskel im Zustand B und ist nicht weiter stimulierbar. Während der normalen Muskelkontraktion werden die Impulse in außerordentlich kurzen Zeitabständen übertragen. Für die Aufrechterhaltung oder die wiederholte Stimulation der Kontraktion muß daher notwendigerweise Acetylcholin rasch inaktiviert werden. An diesem Vorgang ist das Enzym Cholinesterase beteiligt. Es katalysiert die hydrolytische Spaltung des Acetylcholins zu Cholin und Essigsäure.

$$\underset{\text{Acetylcholin}}{(CH_3)_3N^+{-}CH_2{-}CH_2{-}O{-}\overset{\overset{\displaystyle O}{\|}}{C}{-}CH_3} + H_2O \xrightarrow{\text{Cholinesterase}} \underset{\text{Cholin}}{(CH_3)_3N^+{-}CH_2{-}CH_2{-}OH} + \underset{\text{Essigsäure}}{CH_3{-}\overset{\overset{\displaystyle O}{\|}}{C}{-}OH}$$

Die Bedeutung der Cholinesterase bei der Muskelkontraktion ist besonders seit den Arbeiten von D. NACHMANSOHN klargeworden. DFP hemmt dieses Enzym. Das bedeutet, daß in Gegenwart von DFP Acetylcholin kontinuierlich an der Muskelfaser den Zustand B stabilisiert, so daß der Muskel durch keinen weiteren Stimulus erregbar ist. Treffen wiederholte Nervenimpulse auf den DFP-gehemmten Muskel, so bewirkt dies lediglich eine Anhäufung von Acetylcholin, ohne daß die Muskelzelle zur Kontraktion in der Lage ist. Der Tod durch DFP tritt schließlich durch Hemmung der zur Atmung notwendigen Muskeln ein.

Da die Wirkung von DFP auf der Bindung durch Cholinesterase beruht, läßt sich ein geeignetes Gegengift dadurch konstruieren, daß DFP durch einen anderen Acceptor abgefangen wird. Es zeigte sich, daß Pyridin-2-aldoxim (2-PAM) mit DFP eine stabile Verbindung eingeht.

$$\underset{\text{2-PAM}}{H_3C{-}\overset{+}{N}\text{(Pyridinring)}{-}\underset{H}{C}{=}N{-}OH} + \underset{\text{DFP}}{F{-}\overset{\overset{\displaystyle O}{\|}}{\underset{OCH(CH_3)_2}{P}}{-}OCH(CH_3)_2} \longrightarrow \underset{\text{DFP-2-PAM Komplex}}{H_3C{-}\overset{+}{N}\text{(Pyridinring)}{-}\underset{H}{C}{=}N{-}O{-}\overset{\overset{\displaystyle O}{\|}}{\underset{OCH(CH_3)_2}{P}}{-}OCH(CH_3)_2} + HF$$

Die Entwicklung von 2-PAM ist besonders deshalb so wichtig, weil DFP und andere ähnlich wirkende Medikamente in bestimmten Fällen beim Menschen angewendet werden, wobei jedoch nicht selten Überdosierungen auftreten, weil der therapeutische Index dieser Verbindungen nahe 1 liegt. 2-PAM vermag die sonst tödlichen Folgen einer DFP-Überdosierung rasch aufzuheben.

Bei der schweren Muskelschwäche handelt es sich um eine Krankheit, bei der sowohl die Acetylcholinsynthese (oder -freisetzung) und die Acetylcholinempfindlichkeit der Muskelfaser herabgesetzt sind. Der Nervenimpuls ist daher zu schwach, um eine Muskelkontraktion auslösen zu können. Verbindungen, die die Menge des verfügbaren Acetylcholins erhöhen, vermögen daher dieses Krankheitsbild zu verbessern. Zu diesen Verbindungen gehört neben DFP das Neostigmin.

Beim tonischen Muskelkrampf liegt eine Krankheit vor, bei der gerade das entgegengesetzte Phänomen zur Muskelschwäche zu beobachten ist. Hier besteht eine gesteigerte Empfindlichkeit der Muskelfaser gegenüber Acetylcholin. Das bei einem normalen Nervenimpuls sekretierte Acetylcholin ist so effektiv, daß die Muskelfaser nicht mehr vom Zustand B in A zurückkehren kann. Ein Medikament gegen diese Krankheit sollte in erster Linie die Empfindlichkeit der Muskelfaser gegenüber Acetylcholin herabsetzen. Diese Eigenschaft hat Curare, ein Pfeilgift der südamerikanischen Indios, das den besiegten Gegner durch Lähmung tötet. Heute verwendet man Curare zur Muskelentspannung insbesondere bei operativen Eingriffen. Obwohl DFP und Curare das gleiche Symptom, die Muskellähmung, erzeugen, sind die Mechanismen ihrer Wirkungen demnach völlig verschieden.

Schlangen, Spinnen und Wespen gehören zu den Lebewesen, die außerordentlich giftige Sekrete bilden. Sie sind in der Regel für das jeweilige Tier von großem Nutzen, da diese Gifte entweder zum Fang der Beute oder zur Verteidigung verwendet werden. In Schlangengiften ist u. a. die Phospholipase enthalten, die die Hydrolyse des Lecithins katalysiert.

$$\underset{\text{Lecithin}}{\begin{array}{l} R_1COOCH_2 \\ \quad | \\ RCOOCH \qquad O \\ \quad | \qquad\quad \| \\ \quad CH_2O{-}P{-}OCH_2CH_2N^+(CH_3)_3 \\ \qquad\qquad | \\ \qquad\qquad OH \end{array}} \xrightarrow[+H_2O]{\text{Phospholipase A}} \underset{\text{Lysolecithin}}{\begin{array}{l} R_1COOCH_2 \\ \quad | \\ HOCH \qquad O \\ \quad | \qquad\quad \| \\ \quad CH_2O{-}P{-}OCH_2CH_2N^+(CH_3)_3 \\ \qquad\qquad | \\ \qquad\qquad OH \end{array}} + \underset{\text{Fettsäure}}{RCOOH}$$

Aus den Giftzähnen der Schlangen wird das Gift in den Körper des Beutetieres injiziert, in dem sich das Gift rasch verteilt. Besonders empfindlich ist das Blut, da das aus Lecithin gebildete Lysolecithin als Detergens und damit hämolytisch wirkt. Die Folge ist ein rascher Abbau der Membran der roten Blutkörperchen.

Schlangengifte haben sich überdies für den Biochemiker als außerordentlich wichtige Quelle für eine Vielzahl von Enzymen herausgestellt. Die Phospholipase führte zur Strukturaufklärung von Phospholipiden und zur Charakterisierung membrangebundener Zellkomponenten. Ferner lassen sich aus Schlangengift zahlreiche Proteasen, Aminosäureoxidasen und Hemmstoffe der Cholinesterase isolieren. Diese Hemmstoffe sind für die rasche Lähmung der Beutetiere verantwortlich; das Gift der Kobra enthält einen besonders aktiven Cholinesteraseinhibitor.

Bakterien scheiden in ihr Nährmedium Stoffe aus, die sehr giftig sind. So ist das α-Toxin von Clostridium perfringens eine stark hämolytisch wirkende Lecithinase. Außerdem scheiden diese Zellen Kollagenase aus, die Kollagen — wichtigster Baustein des Bindegewebes — hydrolysiert. Kollagenase führt zum raschen Zerfall des tierischen Gewebes, so daß Kollagenase-sekretierende Mikroorganismen besonders leicht in das Gewebe des Wirtstieres einzudringen vermögen. Clostridium botulinum bildet ein Toxin, das das stärkste bekannte Gift überhaupt ist. 1 mg davon genügt, um 1 Million Mäuse zu töten; beim Menschen tritt der Tod sehr rasch durch eine Schädigung des Zentralnervensystems ein. Das von bestimmten Streptococcusarten gebildete Streptolysin S gehört zu den hämolytischen Toxinen und setzt in den davon befallenen Zellen bestimmte Enzyme frei. Diese Enzyme bewirken wiederum eine Reihe pathologischer Veränderungen.

Sulfonamide sind die ersten wirksamen Chemotherapeutica, die zur Bekämpfung verschiedener bakterieller Krankheiten entwickelt wurden. Prototyp aller Sulfonamide ist das Sulfanilamid. Seine bakteriostatische Wirkung beruht auf der Hemmung der Folsäuresynthese. Wie bereits im Kapitel 5 besprochen wurde, dient Folsäure als Coenzym und wird in zahlreichen Bakterienarten synthetisiert. An dem Enzym, das die Verknüpfung von p-Aminobenzoesäure mit den übrigen Bausteinen der Folsäure katalysiert, greift Sulfanilamid an.

$H_2N-C_6H_4-COOH$

p-Aminobenzoesäure

$H_2N-C_6H_4-SO_2NH_2$

Sulfanilamid

Wegen der strukturellen Ähnlichkeit zwischen diesen beiden Verbindungen ersetzt Sulfanilamid das normale Substrat p-Aminobenzoesäure an dem Enzym, vermag aber nicht von diesem Enzym in Folsäure inkorporiert zu werden. Auf diese Weise bildet sich in den Bakterien ein Folsäuremangel aus, so daß die Bakterien nicht mehr wachsen können. Es ist klar, daß nur solche Mikroorganismen durch Sulfonamide gehemmt werden, die Folsäure über den p-Aminobenzoesäureeinbau bilden. Der Mensch selbst wird durch Sulfonamide nicht beeinträchtigt, da er Folsäure mit der Nahrung aufnimmt und nicht auf eine Eigensynthese angewiesen ist. Interessanterweise können die Sulfonamid-gehemmten Mikroorganismen ihren Folsäurebedarf nicht aus der Folsäure decken, die mit der Nahrung dem Wirt zugeführt wird.

Zu den wichtigsten Ereignissen in der Chemotherapie bakterieller Krankheiten gehört die Entdeckung des Penicillins. Dieses Antibioticum wird durch Penicilliumarten gebildet und kommt in einer großen Zahl von Varianten vor, denen jedoch der durch die gestrichelte Linie gekennzeichnete Molekülteil stets gemeinsam ist.

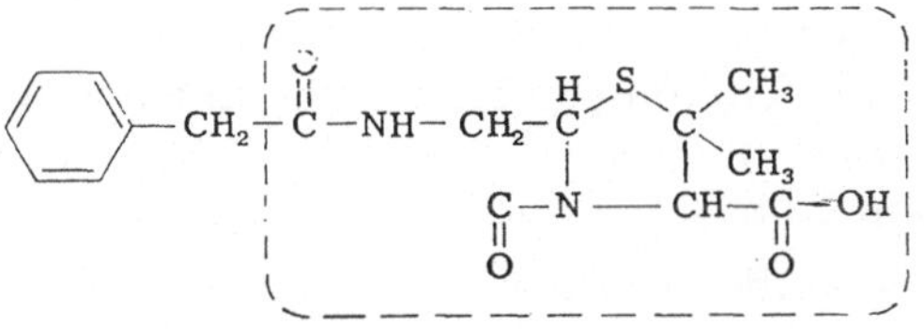

$$\text{C}_6\text{H}_5\text{—CH}_2\text{—CO—NH—CH}_2\text{—C(H)}\overset{\text{S}}{\frown}\text{C(CH}_3)_2\text{; C(=O)—N——CH—C(=O)—OH}$$

Benzylpenicillin

Penicillin hemmt den Bau der bakteriellen Zellwand, so daß keine Zellteilung mehr stattfinden kann. Aus diesem Grund ist der bakteriocide Effekt des Penicillins in schnell wachsenden Zellpopulationen stärker ausgeprägt als in langsam wachsenden. Auf die menschlichen Zellen wirkt Penicillin nicht, da sie keine der Biosynthese der bakteriellen Zellwand vergleichbaren Prozesse durchführen.

Mikroorganismen werden manchmal gegenüber Penicillin resistent, da sie vermehrt ein Enzym bilden, das Penicillin abbaut. Diese Penicillinase baut das Antibioticum ab, bevor es zu wirken vermag. Verändert man durch chemische Synthese die Struktur des Penicillins, z. B. durch Einbau der β-Äthoxynaphthylgruppe an Stelle des Benzylrestes im Penicillin

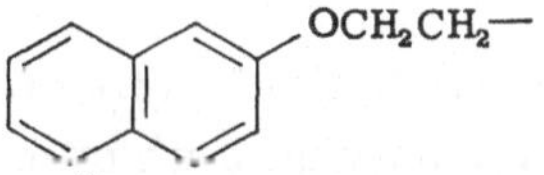

$$\text{C}_{10}\text{H}_7\text{—OCH}_2\text{CH}_2\text{—}$$

β-Äthoxynaphthyl-Rest

so vermag Penicillinase nicht mehr dieses Penicillinderivat abzubauen. Sind daher die Keime gegenüber Benzylpenicillin resistent geworden, so können sie durch Äthoxynaphthylpenicillin wieder gehemmt werden.

Metalle im Allgemeinen, und Schwermetalle im Besonderen stellen sehr starke Zellgifte dar. So gehören Blei, Quecksilber und Arsen zu den schon lange bekannten Metallgiften. Sie reagieren mit Proteinen und einigen Co-Enzymen und verändern dabei deren biologische Aktivität. Häufig setzen sie sich mit den Sulfhydrylgruppen der Proteine um, z. B. dreiwertiges Arsen mit zwei benachbarten Sulfhydrylresten eines Proteins. Im Falle der Brenztraubensäure- und α-Ketoglutarsäuredehydrogenase der Mitochondrien reagiert Arsenik mit der Liponsäure.

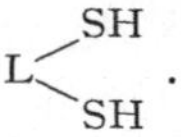

$$\text{L}\begin{smallmatrix}\text{SH}\\\text{SH}\end{smallmatrix}\ .$$

Die komplexierte Liponsäure kann nun keine reversiblen Redoxreaktionen mehr eingehen, und das dazugehörige Enzym ist inaktiv geworden.

Eine Schwermetallvergiftung kann durch solche Mittel aufgehoben werden, die die Schwermetall-Proteinkomplexe spalten und dabei selbst das Metall binden. Dieser neue Komplex wird anschließend über die Nieren ausgeschieden. Auf dieser Grundlage wirkt das im zweiten Weltkrieg gegen das Arsen-haltige Kampfgas Lewisit entwickelte „British Anti-Lewisit" BAL

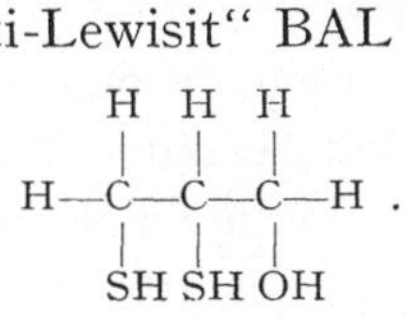

$$\begin{array}{ccccccc} & & \text{H} & \text{H} & \text{H} & & \\ & & | & | & | & & \\ \text{H} & \text{—} & \text{C} & \text{—C—} & \text{C} & \text{—} & \text{H}\ . \\ & & | & | & | & & \\ & & \text{SH} & \text{SH} & \text{OH} & & \end{array}$$

BAL trägt die für die Bindung des Arsens typischen Mercaptogruppen, vermag Arsen von den Proteinkomplexen wieder abzulösen und wirkt daher als Antidot einer Schwermetallvergiftung. Das gleiche gilt für die Wirkung bei anderen Schwermetallvergiftungen, wie die durch Cadmium, Quecksilber und Kupfer. Die Entwicklung dieses Gegengiftes war in erster Linie durch die Kenntnis der Wirkungsweise der Schwermetallgifte möglich geworden.

In neuerer Zeit wird BAL durch einen anderen Komplexbildner verdrängt, das Äthylendiamintetraacetat EDTA. Auch diese Verbindung bildet stabile Komplexe mit Metallionen, die als Chelate bezeichnet werden.

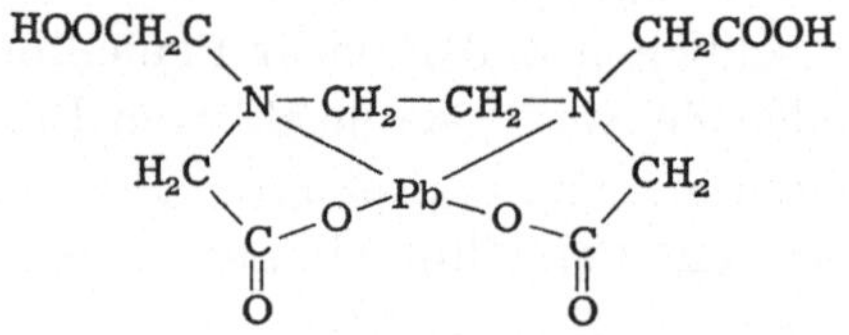

```
HOOCH2C                  CH2COOH
       \                /
        N—CH2—CH2—N
       /  \        /  \
   H2C     \      /    CH2
      \     Pb          /
       C—O/    \O—C
       ‖              ‖
       O              O
```

Blei-Chelat mit EDTA

Solche Schwermetall-EDTA-Chelate werden ebenfalls über die Nieren ausgeschieden.

Blausäure bildet mit dem Ferri-Ion der Cytochromoxidase einen Komplex. Der entsprechende Komplex mit Fe^{+++} des Methämoglobins ist nicht so stabil, und Fe^{++} aus Hämoglobin oder Oxyhämoglobin ist völlig inert gegenüber Blausäure. Demnach erfolgt die primäre Störung durch Blausäure innerhalb der mitochondrialen Elektronentransportkette. Als Folge davon werden keine Elektronen mehr vom reduzierten Cytochrom c auf den molekularen Sauerstoff übertragen. Mit dem Rückgang des Elektronentransportes geht auch die ATP-Bildung zurück, bis schließlich der Organismus stirbt. Als Gegenmittel bietet sich die Komplexbildung zwischen Methämoglobin und Cyanid an. Zwar ist diese Wechselwirkung schwach, doch kommen im Körper des Säugetieres rund 1000mal mehr Hämoglobinmoleküle als Cytochromoxidasemoleküle vor. Werden demnach genügend Hämoglobinmoleküle in Methämoglobin umgewandelt, so steht dadurch eine genügend wirksame Konkurrenzreaktion zur Verfügung. Diese Umwandlung wird durch $NaNO_2$ ausgelöst. Nach der Injektion von Natriumnitrit wird i.v. Natriumthiosulfat injiziert, das den Cyanomethämoglobinkomplex unter Bildung des relativ harmlosen Thiocyanates spaltet, der ebenfalls über die Nieren eleminiert wird. Die Umwandlung von Hämoglobin in Methämoglobin stellt den kritischen Teil dieser Behandlung dar. Einerseits muß genügend Methämoglobin gebildet werden, andererseits muß aber auch genügend Hämoglobin verfügbar bleiben, um noch den Sauerstofftransport im Blut zu gewährleisten.

Seit über zwei Jahrzehnten werden in der ganzen Welt Anstrengungen gemacht, um Antitumor-wirksame Pharmaka zu entwickeln, die selektiv das Wachtum der Tumorzellen hemmen. Trotzdem hat man bis jetzt nur wenige wirksame Medikamente gefunden. Dazu gehören cytotoxische Wirkstoffe, die zur vorübergehenden Besserung maligner Prozesse führten. Prinzipiell sind sie gegenüber jeder Zelle des Säugetieres toxisch. Doch ist die Tumorzelle sowohl durch ihr schnelleres Wachstum als auch durch ihre Fähigkeit zur selektiven Akkumulation dieses Wirkstoffes besonders empfindlich.

Als besonders cytotoxisch haben sich Folsäureantagonisten erwiesen. So verdrängt Methotrexat die Folsäure in einer bestimmten Reaktion und bewirkt damit eine Störung in der Nucleinsäurenbiosynthese.

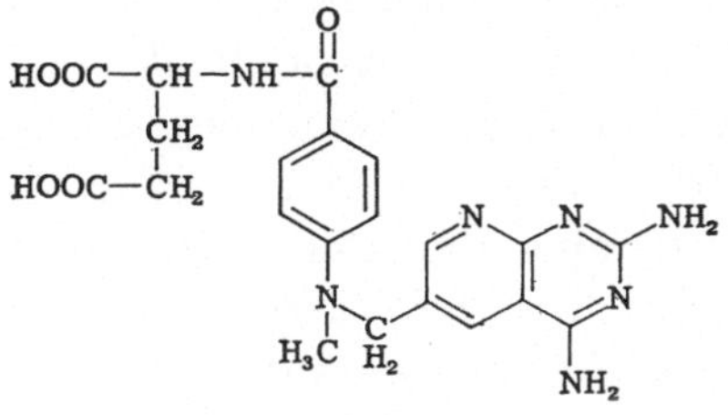

Methotrexat

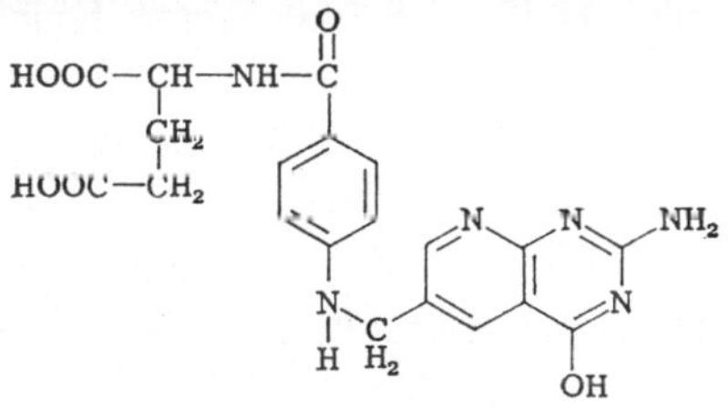

Folsäure

Als Folge davon bleibt die Zellteilung aus und die Zellen verharren in der Metaphase. Die scheinbare Spezifität des Methotrexates auf das Wachstum der Tumorzellen beruht in erster Linie auf deren größerer Wachstumsrate. Doch werden auch alle normalen Zellen in ihrem Wachstum gehemmt. Das bedeutet, daß insbesondere nach längerer Anwendung dieses Wirkstoffes eine allgemeine Störung des Organismus mit den Symptomen des Folsäuremangels nachweisbar wird.

In bestimmten Fällen lassen sich radioaktive Isotope zur Behandlung maligner Tumoren einsetzen. Die radioaktive Strahlung ionisiert das umgebende Gewebe und es kommt zur Bildung chemischer Radikale, die außerordentlich reaktionsfreudig sind. So bildet Wasser unter der Einwirkung von ionisierenden Strahlen über eine Reihe von Zwischenverbindungen die freien Radikale $OH^\cdot$ und $H^\cdot$, die nun als raktionsfähige Spaltprodukte eine große Zahl weiterer Verbindungen um- oder abbauen können.

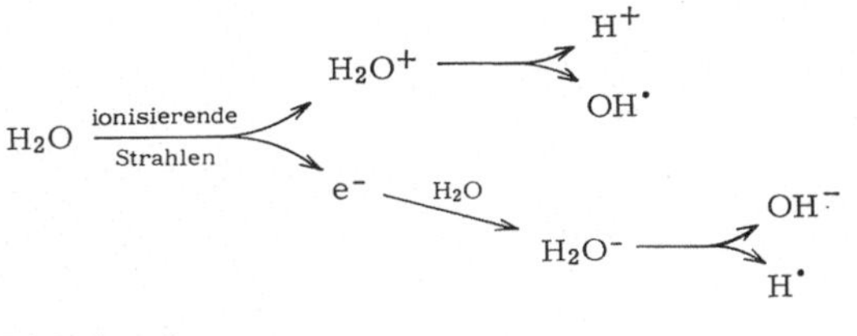

$$H_2O \xrightarrow[\text{Strahlen}]{\text{ionisierende}} H_2O^+ + e^-$$

$$H_2O^+ \longrightarrow H^+ + OH^\cdot$$

$$e^- \xrightarrow{H_2O} H_2O^- \longrightarrow OH^- + H^\cdot$$

Da solche freien Radikale innerhalb sehr kurzer Zeit, meist innerhalb einer millionstel sec, bereits wieder zerfallen, können sie sich in dieser Zeit nicht weit von ihrem Entstehungsort entfernen. An der Stelle innerhalb der Zelle, an der diese Radikale gebildet werden, werden sie demnach auch ihre Wirkung entfalten. Die idealsten Bedingungen liegen dann vor, wenn sich das radioaktive Isotop nur innerhalb des Tumors befindet. In einigen bestimmten Fällen beobachtet man tatsächlich, daß die applizierte radioaktive Verbindung nur durch die Tumorzellen angereichert wird. So akkumulieren maligne Tumoren der Schilddrüse radioaktives Jod, das dort zur selektiven Zerstörung des Tumors dient.

Neben der Strahlentherapie der Tumoren sind trotz aller Anstrengungen noch keine großen Fortschritte in der Chemotherapie der malignen Erkrankungen erzielt worden. Zum Teil beruht dies darauf, daß unsere Kenntnisse zu den molekularen Grundlagen der Tumorentstehung noch sehr lückenhaft sind und daher auch keine Voraussagen für eine gezielte Entwicklung von Chemotherapeutica möglich sind. Hinzu kommt, daß wir nicht mit genügender Sicherheit Unterschiede im Stoffwechsel maligner und normaler Zellen beschreiben können. Bei bakteriellen Erkrankungen finden wir genügend Kriterien, die zur Unterscheidung des bakteriellen Stoffwechsels von dem der tierischen Zelle geeignet sind. Auf Grund dieser Unterschiede konnte man die antibakteriellen Wirkstoffe mit großem Erfolg entwickeln. Bei den Tumorzellen handelt es sich dagegen um Zellen des Säugetiers, zwischen denen sich häufig nur vage und oft kaum gesicherte Unterschiede nachweisen lassen. Lediglich das erhöhte Zellwachstum bleibt als wesentliches Kriterium maligner Zellen bestehen. Doch gerade dieses Phänomen reicht nicht aus, um eine spezifische Therapie der Tumoren aufbauen zu können.

Kapitel 15

Universelle biochemische Fakten

Nahezu in jedem Kapitel dieses Buches wurde das Konzept universeller biochemischer Reaktionen erwähnt, d. h. die Tatsache, daß in verschiedenen Formen des Lebens gleiche Eigenschaften, Systeme und Prinzipien zu finden sind. Dieses Konzept soll an dieser Stelle systematisch entwickelt werden, wobei gleichzeitig die Voraussetzungen für eine allgemeine und universelle Erkenntnis des Lebens geschaffen werden. Die Tatsache universeller biochemischer Prozesse unterstreicht die Konstanz aller biologischer Grundeigenschaften und Systeme seit der Entwicklung des Lebens auf der Erde vor zwei Billionen Jahren. In den folgenden Abschnitten sollen diese unveränderten Merkmale lebender Systeme im einzelnen besprochen werden.

Zunächst lassen sich alle lebenden Systeme auf das Prinzip der Zelle zurückführen. Ein Membransystem, die Plasmamembran, umschließt alle für das Leben charakteristischen Komponenten. Prinzipiell wäre auch denkbar, daß der Nucleus in einem, die Mitochondrien davon getrennt in einem anderen Bereich lokalisiert sind. Dies trifft jedoch nicht zu, sondern die Zelle kann als kleinste komplette Einheit lebender Systeme aufgefaßt werden.

Am Aufbau beteiligt sich als wichtigste Atomgruppe das Sextett C, H, O, N, P und S. Dieser Gruppe läßt sich noch das Septett, bestehend aus Na, K, Mg, Ca, Fe, Co und Mn, zuordnen. Es ist kein Fall bekannt, wo eines dieser Atome durch ein anderes ersetzt ist, das nicht auf dieser Liste steht. Zwar finden wir zusätzliche Komponenten, aber nie weniger. Man kann daher verallgemeinern, daß bestimmte Atome von der Natur ausgewählt wurden und in allen Formen lebender Systeme vorkommen.

Von den unzähligen möglichen Varianten organischer Moleküle kommen ebenfalls nur bestimmte wenige in den lebenden Organismen vor, von den Hexosen die Glucose und Fructose, bei den Triosen der Glycerinaldehyd, bei den Fettsäuren die Palmitinsäure und Stearinsäure, Purine wie Adenin und Guanin, Pyrimidine wie Thymin, Uracil und Cytosin. Auch werden jeweils bestimmte optische bzw. geometrische Isomeren bevorzugt, z. B. D- gegenüber L-Glucose, Fumarsäure gegenüber Maleinsäure, ein bestimmtes Isomeres des Squalens gegenüber einer Vielzahl möglicher Strukturisomerer. Schließlich ist in allen Zellen die Gruppe von 20 Aminosäuren Grundlage der vererbbaren Eigenschaften, wobei zwar in bestimmten Fällen Aminosäurevarianten auftreten, die jedoch nie an die Stelle der 20 Aminosäuren treten können. Stets sind die Varianten zusätzliche Bausteine und nie Alternativen zu den Grundkomponenten der belebten Natur.

Eine relativ begrenzte Zahl von Cofaktoren und prosthetischen Gruppen fungiert als wesentlicher Teil katalytischer Prozesse. Selbst bei Zellen unterschiedlicher Art und Herkunft findet man die gleichen Verbindungen wie NAD^+, $NADP^+$, CoA, Liponsäure, Biotin, Riboflavin, Hämin, Thiamin, Pyridoxin, Coenzym Q, Vitamin K, Folsäure, Vitamin B_{12}, ATP und viele weitere. Die Isoprenseitenkette des Coenzyms Q mag in verschiedenen Species kürzer oder länger sein, der Benzochinonring bleibt dagegen stets unverändert. ATP kann in bestimmten biologischen Prozessen durch CTP oder andere Nucleosidtriphosphate ersetzt werden. Aber auch diese Änderung ist ohne wesentliche Bedeutung, da die Nucleotide aus deren Diphosphaten nach Phosphatübertragung aus ATP entstanden sind.

Bei den Makromolekülen sind nicht bestimmte spezifische Vertreter universell, sondern bestimmte Typen. So sind DNS und RNS die für die Vererbung verantwortlichen Verbindungsklassen. Sie sind zweifellos in jedem Zelltyp voneinander verschieden, der molekulare Aufbau, die Grundregeln ihrer Struktur sind dagegen in allen Zellen gleich. Ebenso dienen in allen Zellen Proteine als Instrumente enzymatischer Aktivität. Von keiner anderen Verbindungsklasse sind Reaktionen bekannt geworden, die denen der Proteine in vivo gleichen. Schließlich sind die micellaren Lipide stets das Kennzeichen biologischer Membranen. In diesem Sinne verhalten sich die Lipide wie Makromoleküle. Die Micellen weisen einen hydrophoben Innenraum und eine polare Oberfläche auf. Beide Eigenschaften sind eng mit den langkettigen Fettsäureresten bzw. den hydrophilen Lipidgruppen, wie Phosphat, Sulfat, Cholin oder Zucker, verbunden. Membrane tierischer Zellen enthalten vorzugsweise Phospholipide, die der pflanzlichen Zelle außerdem Glyko- und Sulfolipide.

Bei der Energiegewinnung und -übertragung beobachtet man ebenfalls unveränderliche Merkmale. Stets verbindet ATP die verschiedenen Energie-transformierenden Systeme. Und nur drei verschiedene Prozesse sind bekannt, die eine Oxydation mit der Synthese von ATP koppeln. In keinem lebenden System sind Abweichungen von diesem Schema beobachtet worden. Die bei ATP-abhängigen Reaktionen wirksamen Kinasen können zwar variieren, das Prinzip der Kinasereaktionen ist aber immer identisch. Die drei verschiedenen gekoppelten Reaktionen kommen nicht immer gleichzeitig vor. In Pflanzenzellen sind alle drei Systeme nebeneinander aktiv, in tierischen und bakteriellen Systemen fehlen die Chloroplasten. Bestimmte anaerobe Zellen begnügen sich nur mit dem glykolytischen System. Mitochondrien und Chloroplasten stellen eng verwandte Systeme dar, in denen die mit der Oxydation gekoppelte ATP-Synthese lediglich durch den Mechanismus unterschieden werden kann, durch den Elektronen freigesetzt werden.

Alle Stoffwechselreaktionen und -wege erweisen sich in den verschiedenen Organismen als außerordentlich ähnlich oder gar identisch und sind offensichtlich weitgehend unverändert aus den mannigfaltigen evolutionären Ereignissen hervorgegangen. So erfolgt die Oxydation der Fettsäuren, die Glykolyse, der Citronensäurecyclus, die Synthese der Fettsäuren, Phospholipide, Nucleinsäuren und Proteine in allen untersuchten Organismen über die gleichen Zwischenstufen mit Hilfe gleicher oder ähnlicher Enzyme in der gleichen Reihenfolge.

Alle Zellen weisen Membranstrukturen mit bestimmten Eigenschaften auf. Die Membrane sind entweder vesiculäre oder tubuläre Lipoproteidsysteme, die aus einer strukturierten Oberfläche — den Membranuntereinheiten — und einem strukturfreien Innenraum bestehen. Ohne Ausnahme sind die Energie-übertragenden Systeme membran-gebunden, die Mehrzahl der Stoffwechselprozesse ebenfalls. Auf die universellen Merkmale der aus Lipoiden aufgebauten Membranen wurde bereits früher hingewiesen. In allen Zellen findet man gleichartige Wechselwirkungen zwischen Proteinen und Membranen, die zu charakteristischen Assoziaten führen. Wegen der Universalität der Membranstrukturen ist es sehr wahrscheinlich, daß in den verschiedenen Organismen die Membranbildung selbst über gleiche oder sehr ähnliche Reaktionsketten erfolgt.

Die Reihenfolge von DNS, RNS und Protein bei Niederlegung, Abruf und Ausdruck der Information der Zelle ist in allen Organismen identisch. Stets ist die DNS der eigentliche Informationsträger, die RNS die für die Informationsübertragung verantwortliche Komponente, und Proteine bilden das Endglied des Informationsflusses. Art und Weise der Information — der genetische Code — sind ebenfalls universell.

Die Vorgänge bei der DNS-Synthese und der Zellteilung laufen bei allen Zellen gleichartig ab. Das gleiche gilt für die Replikation und Segregation der Chromosomen. Obwohl wir nicht alle Einzelschritte bei der Zellteilung kennen, läßt sich zumindest aus cytologischen Untersuchungen schließen, daß diese Vorgänge tatsächlich in allen Zellen gleichartig verlaufen.

Für die Steuerung biochemischer Reaktionen sind eine Reihe von Kontrollmechanismen, z. B. Endproduktthemmung, Repression und Induktion, sowohl bei Bakterien als auch bei Säugetierzellen nachgewiesen worden. Allerdings sind bestimmte Kontrollmechanismen höherer Organismen in niederen Lebensformen nicht vorhanden, z. B. das Hormonsystem. Doch stellen diese Regelvorgänge nur Spezialfälle des gleichen Prinzips dar, das für alle Lebewesen gilt.

Es ist sehr wahrscheinlich, daß gleichartig wirkende Enzyme auch gleichartig aufgebaut sind. Für die Enzyme der Redoxreaktionen ist dies voll bestätigt worden. Cytochrom c hat stets die gleiche prosthetische Gruppe und die gleiche Aminosäuresequenz in der Nähe der prosthetischen Gruppe. Allgemein kann man sagen, daß die Art des aktiven Zentrums, die Zusammensetzung der funktionellen Gruppen und die Reihenfolge der während der enzymatischen Katalyse ablaufenden Einzelreaktionen weitere Kriterien sind, die für eine große Reihe verschiedener Enzyme gleich oder ähnlich sind. Bei genauer Betrachtung findet man nur wenige unterschiedliche Wirkmechanismen für die Vielzahl aller Enzyme.

Vergleichende Biochemie

Die vergleichende Biochemie beschreibt die unterschiedlichen biochemischen Systeme, Verbindungen und Mechanismen der verschiedenen Organismen. Dabei liegt der Schwerpunkt der Untersuchungen auf dem Nachweis bestimmter Unterschiede und Variationen im Zusammenhang mit den universellen biochemischen Systemen. So enthalten die Chloroplasten der grünen Pflanzen stets Chlorophyll, doch enthält nicht jede Pflanzenzelle Chlorophyll, da nicht jede Zelle Chloroplasten enthält. Diese Zellen enthalten dann auch keine photosynthetisierenden Enzyme. Etwas Ähnliches beobachtet man im Vergleich zwischen aeroben und anaeroben Zellen. Nur die aeroben Zellen weisen die Enzyme des Citronensäurecyclus auf, die anaeroben Zellen enthalten sie nicht immer. Hefezellen können sowohl aerob als auch anaerob wachsen. Die anaeroben enthalten keine Mitochondrien. Werden sie aerob weiterkultiviert, so bilden sie nun Mitochondrien. In allen Organen und Geweben, in denen Kontraktionen stattfinden, besteht das zur Kontraktion geeignete Element aus Actomyosin. Die Grundlage für dessen Wirkung ist dabei universell für alle Muskelzellen. Bei den photoempfindlichen Systemen der Tiere sind Verbindungen beteiligt, deren Chemie der des Rhodopsins ähnelt. Die Wirkung verläuft stets analog den Vorgängen auf der Netzhaut des Auges. Ebenso variieren die embryologischen Prozesse von Organismus zu Organismus, ihre molekularen Mechanismen sind — soweit bekannt — jedoch gleich. In all diesen Fällen handelt es sich demnach um Vorgänge, die nach dem gleichen Wirkungsmechanismus ablaufen, jedoch nicht universell vorkommen.

Mitochondrien kann man als Prototyp eines Membransystems auffassen. Die Unterschiede zwischen Mitochondrien verschiedener Herkunft entsprechen den vielfältigen Variationen, die man bei Membranen selbst findet. Sowohl Mitochondrien tierischer Zellen als auch Chloroplasten der Pflanzenzelle bestehen aus einem System miteinander verbundener Membranen, der Außenmembran mit ihren zahlreichen Enzymsystemen (z. B. Citronensäurecyclus, β-Oxydation und Synthese der Fettsäuren, Oxydation von β-Hydroxybuttersäure) und der Innenmembran mit den Cristae, die aus Elementarpartikel aufgebaut sind, die für die Hauptfunktion der Mitochondrien, der Kopplung des Elektronentransportes mit der ATP-Synthese und Ionentranslokation, verantwortlich sind. Das Muster der von der Außenmembran katalysierten Reaktionen ist für verschiedene Mitochondrienarten verschieden. Alle jedoch zeigen den Prozeß der gekoppelten ATP-Synthese und Ionentranslokation, aber nur bestimmte vermögen β-Hydroxybuttersäure zu oxydieren oder Benzoesäure mit Glycin zu Hippursäure zu kondensieren. Auch kann die Fettsäureoxydation bei Mitochondrien verschiedener Herkunft verschieden schnell sein. Dies alles bedeutet, daß für jede Mitochondrienart ein charakteristisches Enzymspektrum existiert, in dem bestimmte Verhältnisse im Gehalt der einzelnen Enzyme zueinander für diese Organelle definiert sind. Darüber hinaus variiert in verschiedenen Mitochondrien der Anteil der Innen- und Außenmembran zueinander, womit große Volumenunterschiede verbunden sind. Mitochondrien aus Herzmuskeln weisen Cristae auf, die sich quer durch die Organelle von einer Wand zur anderen ziehen. Mitochondrien aus der Leber haben dagegen Cristae, die schlauchartig nur wenig in den Innenraum eindringen. Bei Bakterien läßt sich in der Regel keine mitochondriale Struktur definieren. Aus elektronenoptischen Aufnahmen kann man aber schließen, daß der Aufbau der Plasmamembran der Bakterien aus dreiteiligen Elementarpartikeln prinzipiell dem der Mitochondrienmembranen ähnelt.

Die Innenmembran der Mitochondrien besteht aus sich immer wiederholenden Elementarpartikeln, die die Enzyme zum Elektronentransport und zu den Kopplungsreaktionen enthalten. Mitochondrien aus Herzmuskeln weisen vier verschiedene Membranuntereinheiten auf, von denen drei mit den drei Phosphorylierungsschritten beim Elektronentransport verbunden sind. Bei Mitochondrien aus Ascaris lumbricoides, einem Darmparasiten, findet ein abgekürzter Elektronentransport statt, bei dem nur ein Phosphorylierungsschritt nachweisbar ist. Dementsprechend ist auch die Anzahl unterschiedlicher Membranuntereinheiten bei diesen Mitochondrien verringert. Bei Bakterien, die Nitrat reduzieren können, wird auf der letzten Stufe Nitrat statt Sauerstoff akzeptiert. Dabei sind die Cytochrome a und a_3 beteiligt, Kupfer läßt sich nicht nachweisen. Ähnliche Variationen werden für den Beginn der Reaktionskette beim Eintritt der Elektronen in den Transportprozeß beobachtet. So kann z. B. auch α-Glycerinphosphat als Elektronendonator fungieren, bei Bakterien kann es anorganisches Eisen, molekularer Wasserstoff oder Ameisensäure sein. Diese Variationen entsprechen jedesmal einer unterschiedlichen Zusammensetzung der Innenmembran aus neuen oder veränderten Membranuntereinheiten.

Außerordentlich große Unterschiede findet man in der Lipidzusammensetzung der Mitochondrien verschiedener Herkunft. Mitochondrien tierischer oder pflanzlicher Zellen enthalten hoch ungesättigte Fettsäuren, die entsprechenden Strukturen in Bakterien haben einfach ungesättigte Fettsäuren. Mitochondrien der Herzmuskeln enthalten Aldehyde in der Phospholipidfraktion, meist als Vinyläther, während Lebermitochondrien Aldehyd-freie Lipide aufweisen. In jedem Falle sind aber Lipide Hauptbestandteile der Mitochondrien. Alle diese hier beschriebenen Variationen in Struktur und Funktion der Mitochondrien stellen nur einen Ausschnitt des Phänomens dar, daß Mitochondrien trotz unterschiedlicher biologischer Funktionen im Detail stets ihre Hauptfunktionen unabhängig von ihrer Herkunft ausfüllen.

Nur in höheren Organismen findet man den vollständigen Mitoseapparat. So fehlen in der Pflanzenzelle bei der Teilung Centriolen und Aster. In Protozoen erfolgt keine Kernteilung, sondern die Spindel bildet sich innerhalb des Kernes. In bestimmten Zellen teilt sich der Kern, wonach sich die Zellwand um die vorgeformten Nuclei legt. Schließlich weisen Muskelzellen mehrere Nuclei pro Zelle auf. In Darmzellen der Stechmücke und bei bestimmten Pflanzenzellen erfolgt überhaupt keine Zellteilung und daher auch keine Abtrennung von Tochternuclei. Nach der Teilung verbleiben die Chromosomen gemeinsam im Kern. Bei bestimmten Zellen erfolgt bei der Zellteilung eine ungleichmäßige Verteilung des ursprünglichen Zellmaterials auf die Tochterzellen. Und dennoch erfolgen in allen geschilderten Fällen Zellteilung, Nucleinsäurereplikation und Proteinsynthese nach den gleichen Grundprinzipien. Die Unterschiede beziehen sich stets nur auf Abweichungen im Detail.

Bei vielzelligen Organismen verteilen sich die DNS-Moleküle auf eine bestimmte Anzahl von Chromosomen innerhalb des Nucleus. Jedes einzelne DNS-Molekül, d. h. jedes Chromosom, trägt eine unterschiedliche genetische Information. Bei Bakterien liegt die DNS in Form eines einzigen Moleküls und frei vor. In höheren Organismen ist die DNS dagegen mit basischen Proteinen, z. B. Histonen, verknüpft. Die Zellkerne einer jeden Species enthalten eine charakteristische Zahl von Chromosomen, und jedes einzelne Chromosom hat eine bestimmte Form. Dabei bleibt die Frage offen, auf welche Weise die DNS in den Chromosomen angeordnet ist, wieviel DNS-Moleküle pro Zelle tatsächlich vorhanden sind, und ob die DNS frei vorliegt oder an Histonen gebunden ist. Wesentlich ist vielmehr, daß die DNS ein lineares Polymeres aus Nucleotiden ist, die in einer Doppelhelix angeordnet sind. Dieses Makromolekül kontrolliert die Biosynthese der Proteine, wobei die Rolle der m-RNS bei der Informationsübertragung universell zu sein scheint. Die Proteinsynthese erfolgt stets an den Ribosomen unter Beteiligung von Transfer-RNS, Aminosäuren und aktivierenden Enzymen.

DNS-haltige Viren enthalten neben ihrem Strukturprotein noch genetisches Material, die DNS. Um sich zu vermehren, müssen sie eine Zelle infizieren, in der sie ihre DNS replizieren und ihr Protein bilden können, aus denen schließlich neue Viren aufgebaut werden. Der Aufbau der viralen DNS und Proteine erfolgt mit Hilfe der cellulären Komponenten, so daß daraus auf die Universalität des Codes geschlossen werden kann, der zumindest für den Virus und die infizierte Zelle übereinstimmen muß.

Als Variation des Vererbungsmechanismus muß man die RNS-haltigen Viren ansehen. Sie enthalten innerhalb ihres Proteinmantels nicht DNS sondern RNS. Dennoch erfolgt nach der Infektion einer Wirtszelle an dieser RNS mit Hilfe verschiedener Komponenten der infizierten Zelle die Synthese der Virusproteine und der Virus-RNS. Dabei fungiert die Virus-RNS als Messenger-RNS und daher als DNS-unabhängige Matrize zur Proteinsynthese. Norbert Zinder konnte aus einem RNS-Virus die RNS isolieren und im zellfreien System nach Nirenberg an dieser Virus-freien Matrize die Synthese neuer Virusproteine nachweisen. Dieser Versuch ist ein außerordentlich wichtiger Hinweis auf die biologische Bedeutung der zellfreien Proteinsynthese. Darüber hinaus lassen sich mit dieser Methode weitere Fragen klären. Ursprünglich stammte das zellfreie System zur Proteinsynthese aus E. coli, dem natürlichen Wirt des Virus. Verwendet man eine zellfreies System aus Euglena gracilis, einem Organismus, der nie durch diesen Virus infiziert wird, so wird dennoch an der Virus-RNS auch Virusprotein gebildet. Daraus muß man erneut auf die Universalität des genetischen Codes schließen.

In bestimmten Nucleinsäuren kommen neben den bekannten Purinen und Pyrimidinen noch seltene Basen vor. So enthalten bestimmte Phagen in ihrer

DNS an Stelle von Cytosin Hydroxymethylcytosin, obgleich die DNS der Wirtszelle nur Cytosin enthält. Demnach muß der Phage erst die Information zur Synthese dieser seltenen Base zur Verfügung stellen. Auch in diesem Falle sind Phage und infizierte Bakterienzelle gut aneinandergepaßt, weil die Proteinsynthese in beiden Organismen nach den gleichen Grundregeln abläuft. Gleichzeitig muß man daraus schließen, daß Viren und Phagen keine besonderen Lebensformen, sondern Teil eines Systems sind, das lediglich besonderer Voraussetzungen bedarf.

Cytochrom c ist eine der universellen Komponenten der mitochondrialen Elektronentransportkette und ist auch in Bakterien beim analogen Prozeß beteiligt. In allen lebenden Organismen läßt sich Cytochrom c mit einem Molekulargewicht von etwa 13000 nachweisen. Vergleicht man die Aminosäuresequenzen von verschiedenen Cytochrom c-Species aus Organismen, die während der Evolution zu sehr verschiedenen Zeitpunkten entstanden sind, so findet man bei insgesamt 60 der 104 Aminosäurepositionen Änderungen. Dennoch sind Molekülgröße, Art des gebundenen Häms und Art der Hämbindung, die Fähigkeit zur Komplexbildung mit Phospholipiden usw. unverändert geblieben. Bestimmte Aminosäuresequenzen sind unversehrt aus der Evolution des Proteins hervorgegangen. Dazu gehören die zwei Cysteinreste, durch die die Hämgruppe am Protein fixiert ist. Auch die Sequenz 70 bis 80 scheint von besonderer Bedeutung für das Protein zu sein. Allerdings können wir deren Funktion nicht näher definieren. Insgesamt müssen bestimmte Bereiche auf dem Protein für die katalytische Wirkung verantwortlich sein, deren Änderung nicht ohne Einfluß auf die Funktion des Enzyms bliebe. Änderungen außerhalb dieser Bereiche werden dagegen nur funktionelle Variationen mit sich bringen, wobei andererseits nur bestimmte Modifikationen erlaubt sind. So darf der Ersatz nicht zur Änderung der Polypeptidfaltung führen, weil dadurch selbstverständlich die katalytische Aktivität beeinflußt wird. Bleiben dagegen durch den Aminosäureersatz Geometrie, Größe und Chemie des Cytochroms unverändert, so hat der Ersatz keine nachteiligen Folgen.

Aus der Assoziation bestimmter Stoffwechselprozesse mit Membranen ergeben sich für die dabei möglichen Variationen bestimmte Folgerungen. Jedes einzelne Enzym, das an einem Membran-gebundenen Stoffwechsel beteiligt ist, hat zwei Funktionen. Zum einen ist es ein Katalysator in einer Reaktionsfolge, zum anderen ist es ein integrierter Bestandteil der Membran selbst. Jede Änderung in der katalysierten Reaktionsfolge führt zu einer synchronen Änderung der Membran selbst, wenn die ursprüngliche Stoffwechselkette erhalten bleiben soll. Die Notwendigkeit, selbst bei geringfügigen evolutionären Änderungen des Proteins gleichzeitig eine bestimmte Zahl weiterer Parameter der Membran zu verändern, stellt eine wichtige Barriere dar, die die evolutionären Änderungen dieser membrangebundenen Stoffwechselprozesse weitgehend eingeschränkt. So fungieren die Enzyme der Glykolyse (fixiert in der Plasmamembran) und die des Citronensäurecyclus (fixiert in der äußeren Mitochondrienmembran) auch über größere evolutionäre Zeitabstände hinweg in gleicher Reihenfolge und mit gleichem

Wirkungsmechanismus. Das Entsprechende gilt für die Enzyme der Fettsäureoxydation und -verlängerung, die ebenfalls auf der Außenmembran der Mitochondrien lokalisiert sind.

In Kapitel 5 wurde bereits auf die Universalität der Coenzyme und prosthetischen Gruppen hingewiesen. An dieser Stelle soll nach den Gründen für diese Universalität gesucht werden. Zu den Cofaktoren, die an Membran-assoziierten Stoffwechselketten beteiligt sind, gehören Flavin, Pyridoxin, Cysteamin, Hämin und Coenzym Q. Wie aber im vorigen Abschnitt gezeigt wurde, bewirkt die Membranassoziation eine gewisse Konstanz gegenüber evolutionären Änderungen. Jede Eigenschaftsänderung der funktionellen Gruppe des Cofaktors muß zwangsläufig zu Änderungen einer ganzen Reihe damit verbundener Membrankomponenten führen. Zunächst müßte das neue Coenzym seinem Protein angepaßt werden. Dieses geänderte Protein müßte einer nun geänderten Membran eingepaßt werden. Innerhalb der Membran bestehen jedoch nur sehr enge Toleranzen, so daß Änderungen nur in einem begrenzten Umfang möglich sind. Damit ist aber auch die Möglichkeit zur Modifikation der Cofaktoren begrenzt.

Aus den uns heute verfügbaren Daten muß man schließen, daß die an der Replikation und Energieübertragung beteiligten Enzyme während der Evolution als erste aufgebaut wurden und später nur geringfügigen Änderungen unterworfen waren. Tatsächlich finden wir keine Lebensformen, die für diese Grundaktivitäten Alternativlösungen einsetzen. Diese Konstanz gegenüber evolutionären Änderungen betrifft nicht nur Replikation und Energieübertragung, sondern ist in gewissem Umfange auch für alle weiteren biochemischen Systeme gültig. Das bedeutet jedoch nicht, daß evolutionäre Änderungen ausgeschlossen oder gar verboten sind. Diese Änderungen betreffen jedoch stets nur das Detail, nicht die Prinzipien biologischer Mechanismen.

Kapitel 16

Evolutionäre Prozesse und universelle Mechanismen

Bei der Annahme bestimmter universeller Eigenschaften für alle Zellen hat man immer wieder versucht, die Gültigkeit universeller Systeme nachzuprüfen. Abgesehen von bestimmten Ausnahmen, bei denen verschiedenartige biochemische Mechanismen in unterschiedlichen Zellen beobachtet wurden, fand man zahlreiche weitere Fakten, die die These der universellen Mechanismen bestätigen.

Versucht man diese universellen Prozesse im Zusammenhang mit der Evolution der Lebewesen zu sehen, so wird man der ältesten Form der Lebewesen, von der alle Tiere, Pflanzen und Mikroorganismen abstammen müssen, die Eigenschaft „universell" zuordnen müssen. Die Eigenschaften eines jeden Lebewesens müssen sich auf eine bestimmte Weise von den universellen Eigenschaften dieses Stammorganismus ableiten lassen. Die wichtigsten Prozesse bei dieser Darwinschen Entwicklung sind Mutation und natürliche Auswahl. Dabei erfolgt die Mutation ungezielt und unabhängig von den jeweiligen Umweltfaktoren. In einer gegebenen Zellzahl erfolgen die Mutationen mit einer definierten und meist niedrigen Häufigkeit. Ob das mutierte Gen überlebt, hängt nun davon ab, ob die neuen Eigenschaften für die Zelle und damit für den Organismus von Vorteil sind. An dieser Stelle wird daher das evolutionäre Ereignis der Mutation durch Umweltfaktoren beeinflußt. Änderungen der Umwelt können eine bestimmte sonst vorteilhafte Mutation als weniger günstig einstufen.

Als sehr schönes, wenn auch extremes Beispiel kann eine bestimmte Baummotte, Biton betularia, aus der Gegend um Birmingham gelten. Solange man zurückdenken konnte, war dieses Insekt stets weiß gewesen und auf den hellfarbenen Baumästen kaum zu sehen, wodurch ein gewisser Schutz vor ihren natürlichen Feinden, den Vögeln, bestand. Nach der Industrialisierung Birminghams und dessen Umgebung wurden die hellfarbenen Bäume schnell dunkel und die weißen Insekten fielen weitgehend dem Vogelfraß zum Opfer.

Die bei diesen Insekten wie bei jedem anderen Organismus vorkommenden Mutationen führten zur Entwicklung gefärbter Tiere. Das normale Gen, das für die weiße Farbe verantwortlich ist, mutierte nach „gefärbt". Diese mutierten dunklen Insekten haben nun eine erhöhte Überlebenschance, während sie früher auf den hellfarbenen Bäumen eher entdeckt wurden. Die natürliche Selektion entschied gegen die dunklen. Nach der Änderung der Umwelt waren dagegen diese

A

Abb. 97. Schwarzer und weißer Vertreter von Biton betularia auf hellgefärbtem bzw. rußgeschwärztem Baumstamm in der Nähe von Birmingham

dunklen Tiere begünstigt und mit enormer Geschwindigkeit wurde die weißfarbene Population der Insekten durch schwarzfarbene ersetzt.

Während der Evolution der Lebewesen sind eine Vielzahl solcher Umweltfaktoren geändert worden. Bei jedem Ereignis fand die Selektion eines bestimmten mutierten Organismus auf Kosten eines anderen statt. Ist die Mutation erst genetisch fixiert, so wird sie von nun an konstant auf alle weiteren Generationen weitergegeben, ebenso wie es für die vorher „normalen" Gene galt.

Eine Zelle muß eine Reihe von Eigenschaften haben, um der Darwinschen Auslese unterliegen zu können. So muß sie ein organisiertes genetisches Material enthalten und die Fähigkeit aufweisen, dieses genetische Material gleichmäßig auf die Tochterzellen zu verteilen. Schließlich kann eine Mutation nur dann von funktioneller Bedeutung sein, wenn sie tatsächlich funktionelle oder strukturelle Änderungen einleitet. Aus diesem Grunde muß die Zelle als weitere Eigenschaft ein System zur Proteinsynthese aufweisen. Schließlich kann der evolutionäre Prozeß nur dann zur Abtrennung von den nichtmutierten Zellen führen, wenn sie tatsächlich durch eine Membran voneinander unterscheidbar sind. Ferner benötigen die Zellen ein System zur Bildung energiereicher Verbindungen, mit

Abb. 97 B

deren Hilfe die biochemischen Funktionen überhaupt ablaufen können. Damit sind wir aber gerade bei der Grundausstattung angelangt, die im Kapitel 1 für die Minimalzelle definiert wurde. Wir sind demnach nicht nur auf Grund universeller biochemischer Prozesse auf die Eigenschaften der Minimalzelle gestoßen, sondern auch mit Hilfe genetischer Betrachtungen, nämlich, daß bereits die Zelle, die die biochemischen Leistungen der Minimalzelle ausführen kann, einer Darwinschen Auslese unterliegen kann.

Andererseits kann die Darwinsche Selektion erst dann stattfinden, wenn diese Grundaktivitäten der Minimalzelle zur Verfügung stehen. Vor diesem Zeitpunkt lief die Evolution demnach nach anderen Gesetzen ab. Wie dies geschah, ist uns nicht bekannt, und wir sind auf Spekulationen hinsichtlich der spontanen Bildung organischer Moleküle, primitiver Formen energiebildender Prozesse, die als Vorgänger von Glykolyse und oxydativer Phosphorylierung anzusehen sind, und vieler weiterer Systeme angewiesen. In Abb. 98 ist diese Organisationsform auf jeder Stufe der Evolution definiert. Unter den angegebenen sieben Einzelstufen bedeutet der Schritt von den Makromolekülen zu den Zellen das wichtigste Ereignis

Abb. 98. Evolutionäre Stadien in Richtung hochentwickelter und komplexer Systeme

in der Evolution des Lebens auf der Erde. Während aber alle anderen Schritte — wenn auch vielleicht nur fehlerhaft — interpretiert werden können, liegen gerade für diese wichtige Stufe keine eindeutigen Vorstellungen vor. Dieser Sprung ist so phantastisch, daß er durch keine nachprüfbare Hypothese beschrieben werden kann. Es ist ein Problem, das uns in faszinierender Weise herausfordert. Aber zumindest heute noch ist keine Lösung auf die Frage nach dem Ursprung des Lebens auf der Erde sichtbar und vielleicht wird man es nie erfahren.

Kapitel 17

Aspekte biochemischer Forschungen

Die Kenntnis der Tendenzen und Aspekte biochemischer Forschungen ist ein Teil des Verständnisses der Biochemie selbst. Dies wird besonders deutlich, wenn man sich die Geschichte der Biochemie vor Augen führt. Daraus lassen sich zwanglos all die Probleme ableiten, die als Hauptaufgaben zur Lösung durch die Biochemie in der Zukunft anstehen.

Die drei Phasen biochemischer Forschung

In der zweiten Hälfte des 19. Jahrhunderts haben sich Biochemiker in erster Linie um die Isolierung, chemische Beschreibung und Charakterisierung der in lebenden Systemen vorkommenden Verbindungen verdient gemacht. Dabei wurden zahlreiche Methoden entwickelt, die zum Nachweis und zur Beschreibung dieser Verbindungen notwendig waren und damit der Grundstein für die moderne Biochemie gelegt. Die genaue Analyse der Proteine, Lipide und Kohlenhydrate war die Voraussetzung für alle späteren ungleich schwierigeren Untersuchungen. In dieser Zeit stand daher der analytische Chemiker im Mittelpunkt der Forschungen und es wurden zahlreiche neue Techniken zur Analyse und Isolierung der Naturstoffe beschrieben. Etwa um das Jahr 1925 war diese Phase der chemischen Grundlagen zur Biochemie abgeschlossen. Die wichtigsten Verbindungsgruppen der Zelle waren definiert worden, Zusammensetzung und manchmal auch Strukturen bekannt.

In den 30er Jahren begann eine zweite Phase der Biochemie mit Untersuchungen über die Enzymologie und den Stoffwechsel der Zelle. Man definierte die verschiedenen Enzymkategorien und die Bedeutung der Enzyme beim Stoffwechsel der Zellen. Etwa um das Jahr 1950 lag der Höhepunkt der Arbeiten, die systematisch die Isolierung und Charakterisierung von hunderten verschiedener Enzyme beschrieben. In dieser zweiten Phase, die etwa 25 Jahre währte, wurden alle wesentlichen Stoffwechselsysteme beschrieben. Die in der Zwischenzeit entwickelten Techniken, z. B. Spektralphotometrie im sichtbaren und ultravioletten Bereich, die Ultrazentrifugation, die Glaselektrode, Papier- und Säulenchromatographie, und die Verwendung radioaktiver Isotopen haben wesentlich zu den Erfolgen der Biochemie in dieser Zeit beigetragen. Dabei wurden die Methoden oft so verfeinert, daß man mit Hilfe von Enzymen die Struktur der Naturstoffe aufklären konnte.

Nach 1950 begann die dritte Phase der Biochemie, in der der Versuch unternommen wurde, die verschiedenen Phänomene und Prozesse der belebten Natur auf der molekularen Ebene zu definieren. Das betrifft insbesondere die biologischen Reaktionen, an denen Makromoleküle teilnehmen. Auf diese Weise wird sowohl der biologische Teil der Untersuchungen betont, weil das intakte biologische System als Versuchsobjekt dient, als auch der chemische Bereich der Experimente, weil die Probleme mit exakten physikalischen und chemischen Methoden geklärt werden. Für den Biochemiker ist es daher wichtig, daß er beide Arbeitsrichtungen versteht, wenn die Biochemie eine lebendige und instruktive Wissenschaft bleiben soll. Es darf weder eine nur analytische, auf der Beherrschung methodologischer Aspekte ausgerichtete Wissenschaft, noch ausschließlich eine davon losgelöste Untersuchung biologischer Probleme sein. Erst durch die Verknüpfung der Methodik mit den damit lösbaren Problemen ergeben sich die großen und eindrucksvollen Ergebnisse der modernen Biochemie.

Probleme der Zukunft

Die modernen Probleme der Biochemie lassen sich in zwei Gruppen teilen: 1. Untersuchung biologisch wichtiger Moleküle und Makromoleküle und 2. Untersuchung biologischer Systeme. In der ersten Gruppe werden die isolierten Verbindungen mit chemischen und physikalischen Methoden klar definiert und die Eigenschaften der Verbindung auf deren Zusammensetzung zurückgeführt. In der zweiten Gruppe werden in der Regel zusammengesetzte biologische Systeme entweder in der ganzen Zelle oder in zellfreien Systemen untersucht. Zwischen beiden Problemgruppen gibt es zahlreiche Übergänge, zumal sich die Ergebnisse der einen Gruppe häufig nur durch Befunde der anderen Gruppe erklären lassen.

Zu den wichtigsten Aufgaben der ersten Gruppe gehört die Chemie und Physik der biologisch wichtigen Makromoleküle. Diese Forschungsrichtung hat sich daher auch zu einem Zweig von Chemie und Physik entwickelt. Dabei liegt der Schwerpunkt der Untersuchungen auf der biologischen Bedeutung der mit physikalisch-chemischen Methoden beschriebenen Eigenschaften der Verbindungen, insbesondere der Kohlenhydrate, Proteine und Nucleinsäuren. Der Zusammenhang zwischen der dreidimensionalen Struktur und der Aminosäurensequenz der Proteine ist eines der hier interessierenden Fragen. Ein anderes Problem stellt die Frage nach den Wechselwirkungen zwischen den prosthetischen Gruppen und ihrem Protein und den Eigenschaftsänderungen dar, die beide Partner nach Assoziation aufzeigen. Zu den interessantesten Problemen überhaupt gehören die Untersuchungen über die Wirkungsweise der Makromoleküle, z. B. der Enzyme oder Nucleinsäuren.

Um die Funktion eines Makromoleküls in Abhängigkeit von seiner Struktur verstehen zu können, muß man von einer bekannten dreidimensionalen Konfiguration ausgehen. Aus dem Vergleich lassen sich Aussagen über die funktionellen Gruppen in der Nähe des aktiven Zentrums ableiten. Bei der Mehrzahl der Proteine fehlen uns noch solche Angaben, und nur in wenigen Ausnahmen können wir den katalytischen Prozeß mit genügender Sicherheit durch die Struktur des Proteins voraussagen.

Für jeden Typ eines Makromoleküls lassen sich unterschiedliche Wirkungsmechanismen nachweisen. So haben die Konformationsänderungen des Actomyosins nichts mit den Strukturänderungen beim Sauerstofftransport durch Hämoglobin gemeinsam. Auch für die Vorgänge bei der reversiblen Spaltung doppelsträngiger Nucleinsäuren in Einzelstränge gelten andere Regeln. Die molekulare Struktur der Membranen war bis vor kurzem noch völlig unerforscht. Erst in jüngster Zeit haben sich hierzu erste Ansätze gezeigt, und Art und Weise der Protein-Lipidassoziation sind heute Gegenstand interessanter Forschungen geworden. Aus der Kenntnis vom Aufbau der Membranen hofft man die Wirkungsweise zahlreicher Hormone und Pharmaka ableiten zu können, da diese Verbindungen über Eigenschaftsänderungen an Membranen wirken.

Untersuchung biologischer Systeme

Der Schwerpunkt künftiger biochemischer Forschungen wird auf der Untersuchung integrierter Systeme liegen. Dabei kann man eine Reihe von Fragestellungen unterscheiden. Nahezu abgeschlossen sind die Untersuchungen an Stoffwechselsystemen, d. h. den integrierten Multienzymkomplexen, bei denen die Einzelschritte, die daran beteiligten Komponenten und vieles mehr beschrieben werden. Meist steht lediglich die Lokalisation der verschiedenen Komplexe in der Zelle noch aus.

Als weitere Fragestellung bieten sich die physiologischen Funktionen an, z. B. die Blutgerinnung, Antikörperbildung, oxydative Phosphorylierung, Elektronen- und Ionentransport, die sämtlich Teil eines umfassenderen Komplexes sind. Die Proteinbiosynthese stellt ein Problem dar, das quer durch die verschiedenen definierbaren Fragestellungen verläuft. Zum einen sind daran Membransysteme beteiligt, z. B. das endoplasmatische Reticulum oder die Plasmamembran, zum anderen ein System von subcellularen Partikeln, den Ribosomen, sowie Stoffwechselsysteme, die für die Aktivierung und Polymerisation der Aminosäuren notwendig sind.

Aus dem Umfang dieser Fragenkomplexe ergibt sich, daß die Lösung nicht durch einen oder wenige Forscher bewältigt werden kann. Vielmehr müssen einzelne Teilprobleme aus dem Gesamtphänomen der Proteinbiosynthese herausgeschnitten und deren Lösung getrennt verfolgt werden. Die Beschreibung des genetischen Codes ist ein gutes Beispiel für diese Taktik. An Hand eines zellfreien proteinsynthetisierenden Systems läßt sich mit Hilfe eines synthetischen Messengers ein Protein bilden, dessen Aminosäurezusammensetzung eine direkte Aussage zum Code der eingesetzten synthetischen Ribonucleinsäure zuläßt. Obwohl die Entzifferung des genetischen Codes nur einen Teilaspekt innerhalb des ganzen Problems darstellt, ermöglicht sie jedoch wichtige Folgerungen und eröffnet neue Wege bei der Untersuchung der Proteinsynthese.

Interessante Fragen sind mit der Funktion der intakten Organe verbunden, die im Mittelpunkt zukünftiger Forschungen stehen werden. Hierzu gehört die Untersuchung von Struktur und Funktion des Herzmuskels, der Nierentubuli, des peripheren und zentralen Nervensystems. Ebenso sind eine große Reihe physiologischer Funktionen der Pflanzen noch ungeklärt. Auch hier müssen in der Regel erst kleinere Teilprobleme gelöst werden, ehe man an die Klärung des ganzen Systems herangehen kann.

Zu den schwierigsten Phänomenen gehören die Embryonalentwicklung beim befruchteten Ei, die Natur von Bewußtsein und Gedächtnis und schließlich die Vorgänge bei komplexen Krankheiten, bei denen der gesamte Organismus in Mitleidenschaft gezogen ist. Die Lösung dieser Probleme wird nur einer verfeinerten und umfassenden Forschung gelingen, der besondere Möglichkeiten und Techniken zur Verfügung stehen.

Dies läßt sich recht gut an Hand der Forschungsarbeiten über Mitochondrien belegen. Diese subcellularen Organellen bestehen aus einer komplizierten Ultrastruktur mit Innen- und Außemembran und besonderen Kompartimenten und hunderten verschiedener Proteine, die in unterschiedlicher Anordnung in den Membranuntereinheiten fixiert sind. Wir stellten fest, daß die Innenmembran für den Elektronentransport, die oxydative Phosphorylierung und die Ionentranslokation verantwortlich ist, dagegen in den Membranuntereinheiten der Außenmembran die Enzyme des Citronensäurecyclus, der Fettsäureoxydation und -synthese sowie weitere Hilfsreaktionen lokalisiert sind. Schließlich wird die biologische Qualität der Mitochondrien auch durch die Zusammensetzung der Lösung beeinflußt, in der die Organellen suspendiert sind. Änderungen in der Ionenkonzentration und -art rufen Schwellung oder Kontraktion der Mitochondrien hervor. Ein besonderes Problem liefert der Vergleich mitochondrialer Aktivitäten verschiedener Organe, und schließlich ist die evolutionäre Herkunft der Mitochondrien noch völlig unbekannt. Die einzelnen mit den Mitochondrien verbundenen Fragestellungen sind außerordentlich umfangreich und eng miteinander verknüpft. Ihre Lösung ist daher nur bei Berücksichtigung aller verschiedener Aspekte denkbar. Dies bedeutet wiederum, daß nicht viele einzelne Biochemiker an vielen einzelnen Problemen der Mitochondrien unabhängig voneinander arbeiten sollten, sondern vielmehr koordinierte Arbeitsgruppen gleichzeitig die Klärung der einzelnen Aspekte versuchen sollten. Auch hierfür steht ein Beispiel parat. So konnte die Gruppe um Jacob u. Monod am Institut Pasteur mit großem Erfolg die Regulation der Proteinbiosynthese bei Mikroorganismen aufklären.

Wie in diesem Falle ist jeweils für eine Gruppe von Forschern die Chance besonders groß, nach Lösung eines Teilproblems einen wichtigen Beitrag für das Gesamtproblem zu liefern. Alle Teilphänomene werden gleichzeitig nebeneinander untersucht. Durch den Kontakt und Erfahrungsaustausch zwischen den Gruppen wird die Arbeit jedes einzelnen befruchtet und die Einzelergebnisse zu einem sinnvollen Ganzen zusammengesetzt. Für die Koordination und Planung der Arbeiten in einem solchen Team bestehen allerdings besondere Anforderungen, wenn eine sinnvolle und geordnete Forschungsarbeit geleistet werden soll. Dazu kommt noch die Tatsache, daß die Experimente zu solch überraschenden Ergebnissen führen können, daß eine Weiterarbeit nach dem bisher verfolgten Plan unzweckmäßig wäre. Der Forschungsplan darf daher auch nicht zu starr und unelastisch sein, um sich nicht auf solche unvorhergesehenen Ereignisse einstellen zu können. Bedauerlicherweise findet man nur an wenigen Forschungsstätten der Welt solche Voraussetzungen, daß sich Gruppen von Wissenschaftlern mit dieser Taktik auf die Lösung der komplexen biologischen Probleme konzentrieren können. Oft muß man auch zunächst Mittel und Wege finden, um die individuellen Mitglieder einer solchen Gruppe von der Zusammenarbeit in diesem Rahmen zu überzeugen.

In einer lebendigen Wissenschaft wird stets ein Gleichgewicht zwischen geplanter und freier Forschung bestehen. Die Mehrzahl aller großen Entdeckungen ist zufällig gemacht worden. Dort wird stets der einzelne Forscher im Mittelpunkt stehen, und es kann niemand voraussehen, wie und wo Entdeckungen stattfinden. Andererseits wird die Untersuchung zusammengesetzter Systeme nur durch geplante Forschungsarbeit vorangetrieben werden können.

Stil biochemischer Forschung

Ebenso wie es viele Stilrichtungen in der Malerei oder Musik gibt, existieren mehrere verschiedene Arbeitsstile in der Biochemie. Hierbei handelt es sich nicht nur um die Unterscheidung zwischen experimenteller und theoretischer Forschung, sondern um weitere Untergruppen. So kann man die „Verallgemeinerer" und „Spezialisierer" finden, solche Forscher, die stets mit großer Präzision arbeiten und solche, die mit der Angabe der Größenordnung zufrieden sind, die Einzelgänger und die Geselligen, die nach Zusammenarbeit streben, der Anhänger besonderer Methoden und der Problem-orientierte Forscher. Viele Biochemiker sind nicht starr in diese Gruppen einzuordnen, sondern wechseln ihren Stil je nach Bedürfnis. Es ist an dieser Stelle überflüssig, die verschiedenen Stile zu analysieren oder ihren Wert zu definieren. Wichtig ist lediglich die Feststellung, daß kein Arbeitsstil wichtiger ist als der andere. Jeder Forscher muß seinen Stil finden, seinem Temperament und den Arbeitsmöglichkeiten angepaßt. In jedem Stil kann vorzügliche oder miserable Arbeit geleistet werden, und es kommt auf die Art und Weise an, in der man in dem gegebenen Rahmen die Arbeiten ausführt. So kann höchste Genauigkeit zu hervorragenden Ergebnissen führen, ebenso können exakte Messungen jedoch ohne jede Signifikanz sein. Der Experimentator, der sich mit der Angabe von Größenordnungen begnügt, kann bedeutende Entdeckungen machen, er kann sich aber auch in einer Flut von Irrtümern und Fehlern verlieren. Wichtig ist auch hier die Feststellung, daß man den verschiedenen Arbeitsstilen der Biochemie tolerant und aufgeschlossen gegenübertreten sollte. Aus der klassischen Animosität zwischen Experimentatoren und Theoretikern gingen eine Vielzahl von humorvollen Anekdoten hervor. Doch sind auch intolerante Formen in dieser Auseinandersetzung bekannt geworden. Dem enormen Tempo der molekularen Biologie, mit ihrem hohen Anteil theoretischer Arbeiten steht der klassische Biochemiker mit Ressentiments gegenüber. Diesem Tempo verdankt die Molekularbiologie eine Reihe fruchtbarer und wichtiger Theorien und Aussagen. Besonders der mathematische Biologe war lange Zeit besonderer Kritik seiner experimentierenden Kollegen ausgesetzt, bis er inzwischen in der Wissenschaft allgemein anerkannt wurde. Im Fortschritt der Wissenschaft werden stets neue Arbeitsstile entwickelt und den einzelnen Problemen angepaßt. Ein verantwortungsbewußter Wissenschaftler wird daher dieser Entwicklung mit Toleranz und Aufnahmebereitschaft entgegensehen.

Nachwort

In welchem Umfang ist die Hypothese, daß sich alle Aspekte des Lebens in bekannten oder erkennbaren physikalischen und chemischen Parametern darstellen lassen, gerechtfertigt? Bis heute sind uns keine Effekte in tierischen Systemen bekannt geworden, die dieser Annahme widersprechen. Andererseits darf man die Folgerungen nicht unbegrenzt ausdehnen. Auch aus der detailliertesten Beschreibung der molekularen Vorgänge eines lebenden Systems ist kein endgültiges und umfassendes Verständnis dieser Systeme möglich. Der biochemische Standpunkt ist lediglich ein Gesichtspunkt unter vielen weiteren. Auch kann die Biochemie nie an die Stelle der anderen biologischen Wissenschaften treten, sie eröffnet lediglich eine neue Dimension. Es wäre naiv, das menschliche Auge vollständig durch die Biochemie des Sehvorgangs allein oder durch die Anatomie des Auges zu beschreiben.

Zu den höchsten Zielen der Wissenschaft gehört der Versuch, aus der Vielzahl verwirrender Fakten die Grundprinzipien herauszuschälen, aus denen weitere Folgerungen und Voraussagen abgeleitet werden können. In der Physik ist dieses Ziel mit großem Erfolg erreicht worden. In der Biochemie ist dieses Ziel bereits in greifbare Nähe gerückt.

In diesem Buch sollten die komplexen Vorgänge in lebenden Systemen auf eine relativ kleine Zahl von Grundvorgängen reduziert werden. Es sollte das Verständnis des ganzen Systems aus der Kenntnis dieser Prinzipien folgen. Entsprechend wurde auf die systematische Beschreibung der vielen Einzeltatsachen der Biochemie verzichtet und statt dessen die wesentlichen Gedanken beschrieben, mit deren Hilfe ein sinnvolles Gebäude der Biochemie aufgerichtet werden kann. Viele Tatsachen der Biochemie werden sich bei späterer Nachprüfung als Irrtum, viele Theorien als sehr grobe Annäherung herausstellen, so daß die hier geschilderten Grundprinzipien nur als das Gerüst für ein endgültiges Bild dieser Wissenschaft gelten können. Die Überzeugung, daß das Wesentliche erkennbar ist, und daß die dabei gewonnenen Fakten zum Verständnis aller weiteren Phänomene dienen können, ist ein erster Schritt zu weiteren bedeutenden Erkenntnissen.

Sachverzeichnis